计算机类本科规划教材

Java语言
程序设计教程

骆 伟 主编
周绍斌 李迎秋 副主编

電子工業出版社
Publishing House of Electronics Industry
北京·BEIJING

内 容 简 介

本书从初学者的角度出发，基于Eclipse开发环境，从Java基础知识开始，到面向对象程序设计，最终完成对应用程序的开发。全书共17章，分别为：用Java向世界问好、体重指数计算器、猜数字游戏、复数类、货物管理、学生成绩评级、收费计算、加法计算器、用户注册界面、绘图板、键盘练习小游戏、记事本、电子时钟、模拟售票系统、自制浏览器、自制HTTP服务器、商品信息管理系统。本书案例丰富，每章以项目任务开头，引入当前章节的内容，最后通过知识扩展和强化训练，引出更广的知识点和更深入的需求，给予读者发挥和实现的空间。

本书可作为高等学校计算机科学与技术、软件工程等专业的教材，也可供Java应用程序开发人员参考。

图书在版编目（CIP）数据

Java语言程序设计教程/骆伟主编. —北京：电子工业出版社，2018.1
计算机类本科规划教材
ISBN 978-7-121-32715-5

Ⅰ. ①J… Ⅱ. ①骆… Ⅲ. ①JAVA语言－程序设计－高等学校－教材 Ⅳ. ①TP312.8

中国版本图书馆CIP数据核字(2017)第228900号

责任编辑：凌 毅
印 刷：北京捷迅佳彩印刷有限公司
装 订：北京捷迅佳彩印刷有限公司
出版发行：电子工业出版社
北京市海淀区万寿路173信箱 邮编：100036
开 本：787×1 092 1/16 印张：20 字数：528千字
版 次：2018年1月第1版
印 次：2022年7月第5次印刷
定 价：49.00元

前　言

面向对象软件开发方法已经成为计算机应用开发领域的主流技术，它从现实世界客观存在的事物出发来构造软件系统，并在其中尽可能运用人类的自然思维方式。Java 语言是应用最广泛的面向对象程序设计语言之一。它将数据及对数据的操作方法封装在一起，作为一个相互依存、不可分离的整体，这就是对象。对同类型对象进行抽象，形成类。这样，程序模块间的关系简单，程序模块的独立性、数据的安全性具有良好的保障，通过继承与多态性，使程序具有很高的可重用性，使得软件的开发和维护都更为方便。

本教材分三篇，分别为 Java 基础篇，面向对象程序设计篇和应用开发篇，共 17 章。

第 1 章用 Java 向世界问好，介绍了 Java 语言的特点和工作原理，以及 Java 开发工具包 JDK 和开发环境 Eclipse，然后带领读者完成了第一个 Java 应用程序的开发。

第 2 章体重指数计算器，介绍了变量、基本数据类型和运算符，并能使用 if 和 switch 语句对程序流程进行控制。

第 3 章猜数字游戏，介绍了 Java 语言中的 for、while 和 do-while 循环的用法。

第 4 章复数类，介绍了 Java 语言中的类和对象的声明与创建，以及构造方法的声明与使用。

第 5 章货物管理，介绍了变量的作用域、包、String 类和 ArrayList 类、访问控制修饰符和 static 修饰符。

第 6 章学生成绩评级，介绍了 Java 语言中的继承和多态、super 关键字、抽象方法和抽象类、数组的声明实例化。

第 7 章收费计算，介绍了接口的作用和用法。

第 8 章加法计算器，介绍了 Java 图形用户界面程序的基本过程，包括布局管理器、委托事件处理模型、动作事件处理方法。

第 9 章用户注册界面，介绍了 Java 语言中常用 GUI 组件，包括文本区、按钮、单选按钮、复选框和对话框等。

第 10 章绘图板，介绍了 Java 语言中在组件上绘图的方法，以及鼠标事件的处理方法，包括设置颜色和字体、绘制几何图形等。

第 11 章键盘练习小游戏，介绍了 applet 小程序的工作原理以及键盘事件处理方法。

第 12 章记事本，介绍了输入/输出相关类和接口的用法，以及异常处理机制。

第 13 章电子时钟，介绍了多任务程序的工作原理以及多线程程序的编写过程。

第 14 章模拟售票系统，介绍了解决多线程程序访问冲突的方法。

第 15 章自制浏览器，介绍了网络编程的基本方法，包括 InetAddress 类和 URL 类的用法。

第 16 章自制 HTTP 服务器，介绍了 Java 网络编程中相关接口的用法。

第 17 章商品信息管理系统，介绍了 JDBC 编程接口的用法。

书中的每一章均通过【项目任务】的形式抛出问题。通过【项目分析】对项目进行分析和分解。【技术准备】引入本章的核心知识点，并进行讲解，最终通过【项目学做】完成每章的项目。为了发挥读者的个人能动性，通常最后又加入了【知识扩展】和【强化训练】，为读者提供更多的发挥空间。

本书的作者由经验丰富的一线骨干教师组成，他们不仅在教学中积累了丰富的Java语言教学经验，而且参与了大量的基于 Java 项目的开发，有着丰富的实践经验。在长期的 Java语言教学中，他们总结了一套行之有效的教学方法，并将这套教学方法的精髓以及在开发过程和教学过程中积累的丰富素材融入这本教材中。本书由骆伟主编，周绍斌、李迎秋担任副主编。具体编写分工如下：第一篇由李迎秋编写；第二篇由骆伟编写；第三篇由周绍斌编写；参加编写工作的还有毕晓明。全书最后由骆伟负责统稿和定稿。

本书配有电子课件、源程序等教学资源，读者可以登录华信教育资源网（www.hxedu.com.cn）注册后免费下载。

由于时间和作者水平有限，书中难免有错误和不妥之处，恳请广大读者特别是同行专家们批评指正。您的任何意见和建议，都将是我们继续改进本书的动力。

目　　录

第一篇　Java 基础篇

第二篇　面向对象程序设计篇

第三篇 应用开发篇

第一篇　Java基础篇

第1章　用Java向世界问好

【本章概述】本章以项目为导向，介绍了编写Java程序的基本过程。通过本章的学习，读者能够了解Java语言的特点和工作原理，掌握JDK的安装和使用方法，能够使用JDK和Eclipse编写简单的Java应用程序。

【教学重点】Java语言的工作原理、JDK的用法和应用程序的开发过程。

【教学难点】JDK的用法。

【学习指导建议】学习者应首先通过学习【技术准备】，了解Java语言的特点和工作原理，掌握JDK的安装和使用方法，通过学习本章的【项目学做】完成本章的项目，通过【强化训练】巩固对本章知识的理解，最后通过【课后习题】进行学习效果测评，检验学习效果。

1.1　项 目 任 务

使用记事本分别编写第一个Java应用程序和Java applet小程序——“Hello World!”；使用集成开发环境(Eclipse)编写Java应用程序——“Hello World!”。

1.2　项 目 分 析

1．项目完成思路

根据项目任务描述的功能需求，本项目需要先搭建Java运行的环境，在记事本中编写Java应用程序和Java applet小程序，然后在Eclipse集成开发环境中再次编写Java应用程序，具体可以按照如下过程实现：

(1) 先安装JDK，配置环境变量。

(2) 记事本中编写Java应用程序，经编译和运行，控制台打印输出“Hello World!”，体会Java运行的机制。

(3) 记事本编写Java applet程序，浏览器输出“Hello World!”，体会Java applet和Java应用程序之间的区别。

(4) 在Eclipse中编写应用程序，控制台输出“Hello World!”，体会在集成开发环境中开发Java程序的步骤及方法。

2．需解决问题

(1) 如何搭建Java运行的环境？

具体需解决的问题包括：Java 程序要运行都需要什么环境？什么是JDK？如何下载并安装JDK？如何配置环境变量？

(2) 如何编写Java应用程序和Java applet程序?

具体需解决的问题包括：Java应用程序的结构是什么？Java applet程序的结构是什么？两种程序如何运行？

(3) 如何在集成开发环境Eclipse中编写并运行Java应用程序？

具体需解决的问题包括：Eclipse 如何使用？Eclipse 中如何书写 Java 程序？

解决以上问题涉及的技术将在 1.3 节详细阐述。

1.3 技术准备

1.3.1 Java 运行原理

Java 程序不必重新编译就能在各种平台上运行，从而具有很强的可移植性。网络上充满了各种不同类型的主机和操作系统，为使 Java 程序能在网络的任何地方运行，Java 源程序被编译成一种在高层上与机器无关的 byte-code(字节码)。这种字节码被设计在虚拟机上运行，由机器相关的解释程序执行。只要在处理器和操作系统安装 Java 运行环境，字节码文件就可以在该计算机上运行。

运行 Java 字节码需要解释程序将字节码翻译成目标机上的机器语言，Java 字节码的执行原理如图 1-1 所示。

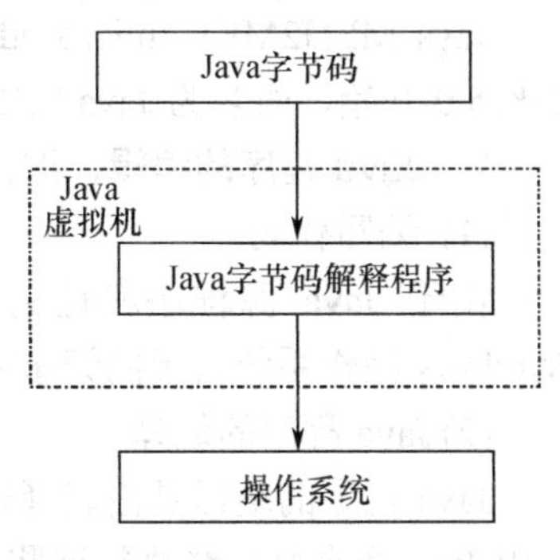

图 1-1 Java 字节码的执行原理

通过图 1-1 可以看出，字节码是在 Java 虚拟机上运行的，所以它的运行速度总是比 C 和 C++这类的编译语言要稍慢，但 Java 虚拟机的速度已经能够满足大多数应用程序的要求，尤其是随着 CPU 速度的不断提高，这种运行速度上的差异变得不再重要，用户更看重 Java 语言具有的其他良好特性，尤其是 Java 的 JIT(Just In Time)即时编译技术，能在一定程度上加速 Java 程序的执行速度。

1.3.2 JDK 简介

1. 什么是 JDK？

JDK 是利用 Java 技术进行软件开发的基础，包括 Java 运行环境(Java Runtime Environment)，一组建立、测试 Java 程序的实用程序，以及 Java 基础类库。Java 运行环境是可以运行、测试 Java 程序的平台，包括 Java 虚拟机、Java 平台核心类和支持文件。Java 类库包括语言结构类、基本图形类、网络类和文件 I/O 类。掌握 JDK 是学好 Java 语言的第一步。Sun 公司使用 JDK 发布 Java 的各个版本。本书所用到的 JDK 的版本是 jdk1.6.0，可以到 http://www.oracle.com/technetwork/java/index.html)下载，然后安装到系统中(安装方法及配置见本书配套的电子课件)。

JDK 中最常用的工具如下：

javac：Java 语言编译器，能将 Java 源程序编译成 Java 字节码。

java：Java 字节码解释器，可以用来运行 Java 程序。

appletViewer：Java 小程序浏览工具，用于测试并运行 Java 小程序。

jar：可将多个文件合并为单个 jar 归档文件。将 applet 或应用程序的组件(.class 文件、图像和声音)使用 jar 合并成单个归档文件时，可以用浏览器在一次 HTTP 传输过程中对它们进行下载，而无须对每个组件都要求一个新连接。

javadoc：javadoc 是 Java API 文档生成器，可以从 Java 源文件生成帮助文档。javadoc 解析 Java 源文件中的声明和文档注释，并产生相应的 HTML 帮助页。

javah：javah 从 Java 类生成 C 语言头文件和 C 语言源文件，使 Java 和 C 代码可以进行交互。

javap：将字节码分解还原成源文件，显示类文件中的可访问功能和数据。

jdb：Java 调试器，可以逐行执行 Java 程序，设置断点和检查变量，是查找程序错误的有效工具。

JDK 一般有 3 种版本。

Java SE(J2SE)，standard edition，标准版，是我们通常使用的一个版本，从 JDK 5.0 开始，改名为 Java SE。

Java EE(J2EE)，enterprise edition，企业版，使用这种 JDK 开发 J2EE 应用程序，从 JDK 5.0 开始，改名为 Java EE。

Java ME(J2ME)，micro edition，主要用于移动设备、嵌入式设备上的 Java 应用程序，从 JDK 5.0 开始，改名为 Java ME。

2．Java 程序的编辑、编译和执行

(1) 编写代码

由于 Java 源程序就是文本文件，所以可以用任何文本编辑工具进行编辑。最简单是 Windows 操作系统自带的记事本，当然也可以使用像 UltraEdit 这样的编辑工具。

(2) Java 程序的编译

Java 程序的编译是由编译器 javac.exe 完成的。javac 命令将 Java 源程序编译成字节码，然后用 Java 命令来解释执行这些 Java 字节码。Java 源程序必须存放在扩展名为.java 的文件中。对 Java 程序中的每一个类，javac 都将生成一个文件名与类名相同、扩展名为.class 的文件。默认编译器会把.class 文件放在 Java 文件的同一个目录下。

java 命令的用法：

```
javac  [选项]  Java 源文件名
```

例如，源文件为 Welcome.java，需要在命令提示符下输入如下命令：

```
javac Welcome.java
```

(3) Java 程序的执行

Java 程序的执行是由解释器 java.exe 完成的。

java 命令的用法：

```
java  [选项]  classname  [参数列表]
```

java 命令执行由 javac 命令输出的 Java 字节码文件，classname 是要执行的类名。在类名称后的参数都将传递给要执行类的 main 方法。

例如，要执行 Welcome.class 字节码文件，需要在命令提示符下输入如下命令：

```
java Welcome
```

Java 应用程序的编辑、编译和执行过程如图 1-2 所示。

编辑/修改源代码（.java文件）
Javac.exe编译源代码
字节码文件（.class文件）
Java.exe解释字节码
运行结果

图 1-2　Java 应用程序的编辑、编译和执行过程

【注意】

① classname 不包括扩展名，例如，要使用 java 命令运行 Welcome.class，则在命令行输入 java Welcome 就可以了，如果输入 java Welcome.class，则会发生错误。

② 如果源程序有语法错误，则在编译时会提示语法错误，必须修改程序，并重新编译，才能生成.class 文件。

③ Java 语言是区分大小写的，例如，关键字 public，如果写成 Public，则在编译时就会提示语法错误，Java 的文件名也是区分大小写的。

3．Java 的集成开发环境——Eclipse

Eclipse 是一种替代 IBM Visual Age for Java 可扩展的开放源代码 IDE，由 IBM 出资组建。很多用户愿意将它理解成专门开发 Java 程序的 IDE 环境，但根据 Eclipse 的体系结构，通过开发插件，它能扩展到任何语言的开发。由于 Eclipse 是一个开放源代码的项目，所以任何人都可以下载 Eclipse 的源代码，并且在此基础上开发自己的功能插件。Eclipse 框架灵活、扩展容易，因此很受开发人员的喜爱，目前它的支持者越来越多，成为 Java 最主要的开发工具之一。

1.3.3 Java 程序的分类

Java 程序分为两类。

1．应用程序(Java application)

应用程序是独立程序，与其他高级语言编写的程序相同，可以独立运行。应用程序能够在任何具有 Java 解释器的计算机上运行。

2．小程序(Java applet)

applet 是一种特殊的 Java 程序，它需要在兼容 Java 的 Web 浏览器中运行。Java applet 嵌入 HTML 页面中，以网页形式发布到 Internet。虽然 applet 可以和图像、声音、动画等一样从网络上下载，但它并不同于这些多媒体的文件格式，它可以接收用户的输入，动态地进行改变，而不仅仅是动画的显示和声音的播放。

由于 applet 可以从网络下载并在本地计算机上运行，所以 Java 在安全性方面对 applet 做了限制：

① 不允许 applet 访问本地计算机的文件系统；

② 不允许 applet 运行本地计算机的程序；

③ 不允许 applet 建立除下载它的服务器之外计算机的连接。

1.4 项 目 学 做

1．第一个 Java application——向世界问好

(1) 使用最简单的编辑程序方式用记事本编写程序，打开记事本，输入如下代码：

```
public class Welcome{
  public static void main(String[] args)
  {
    System.out.println("Hello World!");
  }
}
```

(2) 输入完成后，保存文件，文件命名为 Welcome.java，保存类型为所有文件。

(3) 编译源文件。使用 javac 命令对源文件进行编译。在控制台上输入 javac Welcome.java，如图 1-3 所示，编译后注意观察在源文件的同级目录下将生成一个 Welcome.class 的字节码文件。如果编译有错误，则修改源文件后重新进行编译。

(4) 运行程序。使用 java 命令执行 java 程序。在控制台上输入 java Welcome，控制台上将显示“Hello World!”，效果如图 1-4 所示。

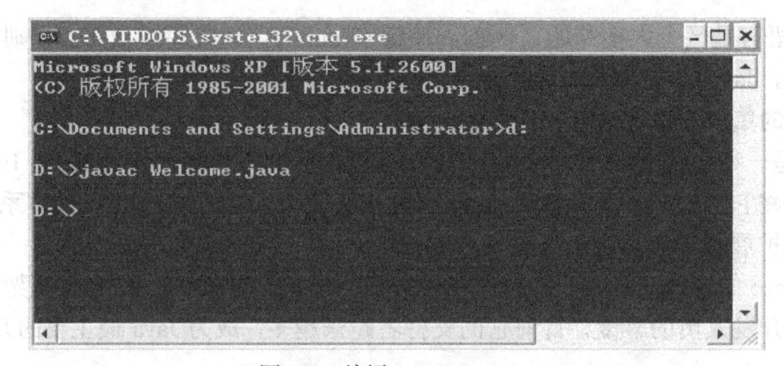

图 1-3　编译 Welcome.java

图 1-4　运行 Java 程序

【代码分析】

作为面向对象的语言，Java 要求所有的变量和方法都必须封装在类(class)或接口(interface)中。类是 Java 程序的基础，所有的 Java 程序都是由类组成的，Java 程序至少包含一个类，每个类从声明开始，定义自己的数据和方法。

整个类定义由花括号括起来。在该类中定义了一个 public static void main(String[] args) 方法，其中 public 表示访问权限，表明所有的类都可以使用这一方法；static 指明该方法是一个类方法，它可以通过类名直接调用；void 则指明 main( )方法不返回任何值。main 方法是一个特殊的方法，它是每一个应用程序所必需的，是应用程序解释执行的入口。Java 程序中可以定义多个类，每个类中可以定义多个方法，但是最多只能有一个公共类。main 方法的方法头格式是确定不变的，必须带有字符串数组类型的参数，例如：public static void main(String[] args)。

main 方法的参数是一个字符串数组 args，虽然在本程序中没有用到，但是必须列出来。

main 方法中只有一行语句：System.out.println("Hello World!")，其作用是向控制台输出字符串"Hello World!"。

Java 源程序文件都保存在以.java 为扩展名的文件中。如果类被 public 修饰，则这个源程序文件的名字必须和该类的类名一致(包括大小写在内)；如果类没有被 public 修饰，则无此限制。在这个程序中公共类的名字是 Welcome，所以源程序文件的名字必须是 Welcome.java，否则，在使用 javac 命令进行编译时，就会发生错误。

2．第一个 Java applet——向世界问好

(1) 在记事本中编写如下代码，并命名为 WelcomeApplet.java。

```
import java.awt.Graphics;
public class WelcomeApplet extends java.applet.Applet
{
```

```
    public void paint (Graphics g)
    {
      g.drawString("Welcome to Java!",10,10);
    }
}
```

(2) 在控制台输入 javac WelcomeApplet.java，编译该程序，生成 WelcomeApplet.class 文件。

(3) 在记事本中编写如下代码，并命名为 WelcomeApplet.html。

```
<html>
  <head>
    <title> applet 例子 </title>
  </head>
  <body>
    <applet code=" WelcomeApplet.class" width=200 height=40>
    </applet>
  </body>
</html>
```

(4) 使用浏览器直接运行 WelcomeApplet.html 文件，效果如图 1-5 所示。

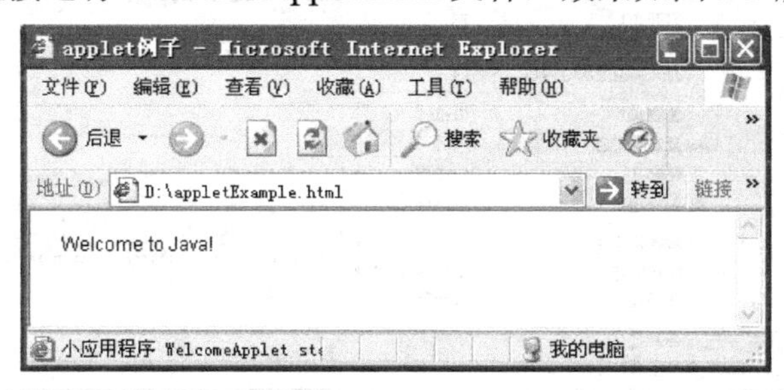

图 1-5 浏览器运行 Java applet 程序

【代码分析】

这是一个简单的 Java applet，第一行“import java.awt.Graphics”引入了 Graphics 类。程序中首先声明一个公共类 WelcomeApplet，用 extends 指明它是 Applet 的子类，所有的 applet 程序都是 Applet 类的子类。applet 程序显示功能是在方法 paint( )中执行的。paint( )方法是类 Applet 的一个方法，其参数是图形对象 Graphics g，通过调用对象 g 的 drawString( )方法就可以显示输出。这个程序中没有实现 main( )方法，这是 applet 与应用程序的区别之一。为了运行该程序，程序文件的文件名应该为 WelcomeApplet.java，编译后得到字节码文件 WelcomeApplet.class。由于 applet 中没有 main( )方法作为 Java 解释器的入口，因此我们必须编写 HTML 文件，其中用<applet>标记来启动 WelcomeApplet，code 指明字节码所在的位置，width 和 height 属性指明 applet 所占的大小，然后用浏览器来运行它。

3. Eclipse 下用 Java 向世界问好

(1) 在 Eclipse 中新建工程 Java01，新建类 Welcome.java，在编辑器区域编写代码，如图 1-6 所示。

(2) 单击“保存”命令保存，如果没有语法错误，Eclipse 会直接对源代码进行编译。要运行该程序，需要右击 Welcome.java 文件，从快捷菜单中选择“运行方式”下面的“Java 应用程序”，如图 1-7 所示。

(3) 在控制台中显示该程序的运行结果“Hello World!”，如图 1-8 所示。

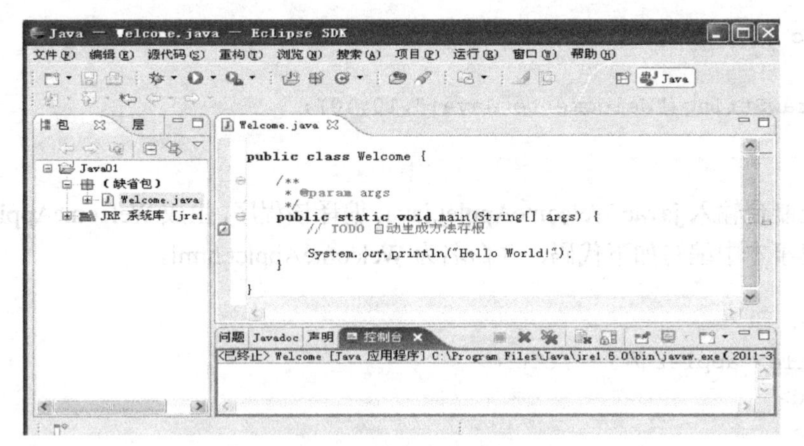

图 1-6　Eclipse 中编写代码

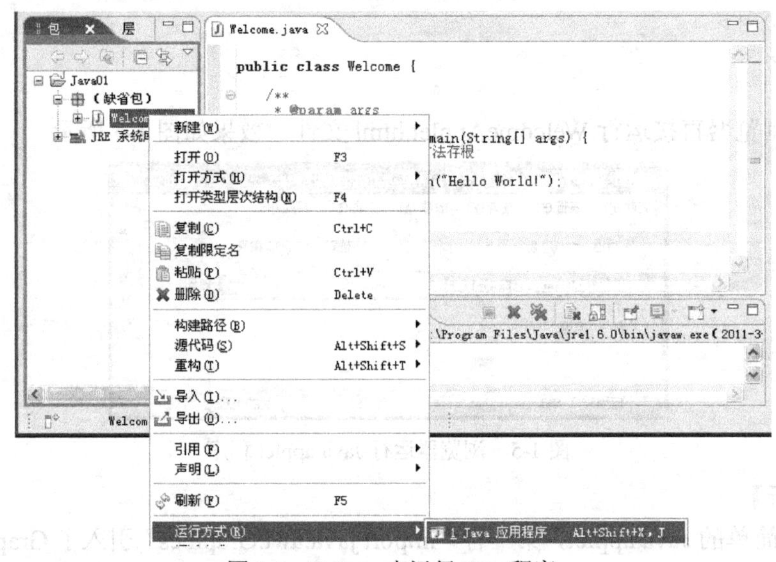

图 1-7　Eclipse 中运行 Java 程序

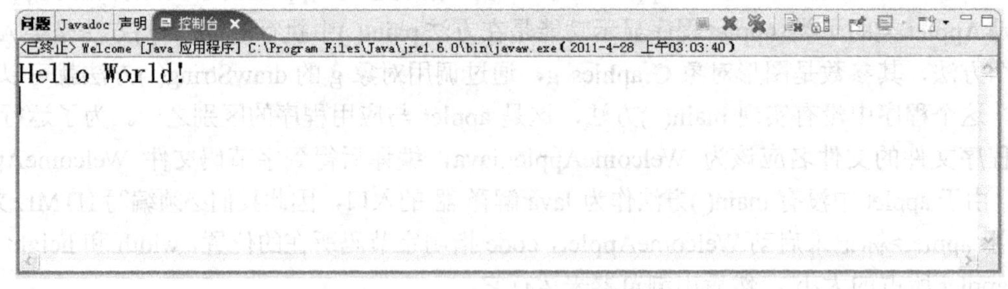

图 1-8　Eclipse 中程序运行结果

1.5　知 识 拓 展

常用的 Java 集成开发环境有如下几种。

1．Borland 公司的 JBuilder

Borland 公司的开发工具以其功能强大、使用方便在计算机界享有盛誉，从 Turbo Pascal 到 Delphi、从 Turbo C 到 Borland C++再到 C++ Builder，都是集成开发环境的经典之作。JBuilder

是支持最新 Java 标准的企业级跨平台开发环境，它的可视化工具和向导使 Java 应用程序的快速开发变得可以轻松实现。

2．JCreator

JCreator 是由 Xinox Software 公司开发的 Java 集成开发环境(IDE)。它的设计接近 Windows 界面风格，JCreator 为用户提供了相当强大的功能，如：个性化设置、语法高亮、行数、多功能编译器、向导功能以及完全可自定义的用户界面。JCreator 最大特点是与 JDK 的完美结合，JCreator 相对来说比较简单，对计算机的系统配置要求不高。

3．Visual J＃.NET

Visual J＃.NET 是 Microsoft 公司开发的 Java 集成开发环境，严格来说，Visual J＃.NET 已经不是真正的 Java 了，而是微软版的 Java。Visual J＃.NET 保持了微软开发环境一贯所具有的良好的用户界面，但它必须在安装了 Microsoft.NET Framework 的计算机上运行，限制了它的应用范围。

1.6 强化训练

编写程序输出以下信息：

```
***************************
*      Welcome To Java!   *
***************************
```

1.7 课后习题

1．Java 区分大小写吗?Java 关键字是大写还是小写?

2．Java 源程序文件的扩展名是什么?字节码文件的扩展名呢?

3．编译 Java 程序的命令是什么?

4．运行 Java 程序的命令是什么?

5．在控制台(显示器)上显示字符串的语句是什么?

6．应用程序和 applet 之间的区别是什么?怎样运行应用程序?怎样运行 applet?

第 2 章　体重指数计算器

【本章概述】本章以项目为导向，介绍了 Java 语言的基本符号、基本数据类型和运算符，以及分支流程控制语句。通过本章的学习，读者能够掌握 Java 语言中变量的用法，能够使用运算符构建表达式，能够使用 if 或 switch 语句对程序流程进行控制。

【教学重点】Java 语言标识符、数据类型和分支流程控制语句。

【教学难点】分支流程控制语句。

【学习指导建议】学习者应首先通过学习【技术准备】，了解 Java 语言的基本符号、基本数据类型和运算符，以及分支流程控制语句的语法形式。通过学习本章的【项目学做】完成本章的项目，通过【强化训练】巩固对本章知识的理解，最后通过【课后习题】进行学习效果测评，检验学习效果。

2.1　项 目 任 务

完成体重指数的计算：体重指数(又称身体质量指数，英文为 Body Mass Index，简称 BMI)，是用体重千克数除以身高米数的平方得出的数字，是目前国际上常用的衡量人体胖瘦程度以及是否健康的一个标准。男性低于 20，女性低于 19，属于过轻；男性 20～25，女性 19～24，属于适中；男性 25～30，女性 24～29，属于过重；男性 30～35，女性 29～34，属于肥胖；男性高于 35，女性高于 34，属于非常肥胖。专家指出最理想的体重指数是 22。本项目的任务：编写程序，当输入性别、身高、体重后能计算出体重指数。

2.2　项 目 分 析

1．项目完成思路

(1) 输入相应的信息，包括性别、身高、体重；

(2) 根据输入的身高、体重计算体重指数；

(3) 根据性别及计算出的体重指数给出相应的健康报告。

2．需解决问题

(1) 项目中需要输入和输出体重指数等信息，这些输入和输出的数据应该保存到变量中，变量该如何使用？

(2) 不同的数据需要保存到不同类型的变量中，Java 中都有哪些基本数据类型？

(3) 数据的处理，比如体重指数的计算需要借助除法和乘法运算来完成，Java 还有哪些运算符？

(4) 项目的运行，将根据性别的不同，体重指数位于不同的区间，健康的报告情况也不同，不同的情况要有不同的处理，需要应用选择结构。选择结构如何使用？

解决以上问题涉及的技术将在 2.3 节详细阐述。

2.3 技术准备

2.3.1 变量

变量主要用于保存输入、输出和程序运行过程中的中间数据。在 Java 中，每一个变量都属于某种类型。使用变量之前，先要对变量进行声明。

1. 声明变量

在声明变量时，变量所属的类型位于前面，随后是变量名，格式如下：

变量类型　变量名

下面是声明变量的一些例子：

```
int age;
double salary;
String name;
```

在以上例子中声明了 3 个变量，变量类型分别是 int、double 和 String，变量名分别为 age、salary 和 name。

【注意】在 Java 中，声明变量是一条完整的语句，每一个声明语句后面都要有分号。也可以在一行语句中同时声明多个变量，例如：

```
int x,y;
```

不过，为了提高程序的可读性，尽量使用逐行声明变量，这样，程序结构比较清晰。

2. 初始化变量

声明一个变量后，要想在程序中使用该变量，必须经过赋值对其进行初始化。变量的数据类型必须与赋给它的数值数据类型相匹配，例如：

```
int age;
age=20;
System.out.println(age);
```

这样，在屏幕上将打印变量 age 的值 20。也可以将变量的声明和赋值写在一条语句中，如下：

```
int age=20;
System.out.println(age);
```

2.3.2 标识符

标识符是用户定义的，用于表示变量名、类名、接口名、方法名、方法参数名等的符号。标识符的命名应该符合一定的规则，标识符命名规则如下：

(1) 由字母、数字、下画线或$符号组成，对标识符的长度没有特别限制；

(2) 必须以字母、下画线或$符号开头；

(3) 标识符区分大小写；

(4) 标识符不能使用系统的保留字。

下面的标识符是合法的标识符：

test　　字母组成。

test2　　字母和数字组成。

test_3　　字母、数字、下画线组成。

$test　　字母和美元符号组成。

下面的标识符是不合法的标识符：

2a　　　不能以数字开头。

test-3　　“-”不是指定的字符。

class　　是系统的保留字。

2.3.3 Java 的基本符号

和其他语言相同，Java 程序也是由多个文件组成的，每个文件又由很多的代码行组成，每个代码行是由一些基本符号组成的。本节讨论组成 Java 程序的相关符号。

1．数字常量

数字常量是由 0～9 这 10 个符号组成的数字序列，用于表示数字。可以使用负号“-”和数字一起表示负数，例如 123，35，-222 等。

在 Java 中不但可以用十进制数来表示整数，还可以用八进制数和十六进制数来表示整数。如果以 0 为前缀，则表示八进制的整数，例如 015 表示 13，而不是 15；如果整数以 0X 或 0x 为前缀，则表示十六进制的整数，例如 0x15 表示 21，而不是 15。

如果表示小数，则可以使用“.”分隔符，例如 9.3，10.2 等。如果整数部分是 0，则可以省略，例如“0.5”也可以写成“.5”。

2．字符常量

Java 中的字符采用 Unicode 编码方式，Unicode 编码字符是用 16 位无符号整数表示的，可以表示目前世界上大部分文字语言中的字符。

Java 中的字符常量是使用单引号括起来的单个字符，例如：'a'。字符常量可以是数字，例如'0'，不表示数字 0，而表示字符“0”。在 Java 中使用 Unicode 编码，所以字符常量可以用于表示一个汉字，例如'中'。

3．字符串常量

字符串常量是使用双引号括起来的字符序列，例如"Hello,字符串"，即使双引号中只有一个字符，也是字符串常量。

4．布尔常量

布尔类型的常量有两个：true 和 false。true 表示“真”，false 表示“假”。

2.3.4 数据类型

Java 有 8 种基本数据类型，各种基本数据类型在内存中占用的位数和表示的范围见表 2-1。

表 2-1 Java 基本数据类型

基本数据类型	位数	表示范围
byte	8 位	-128~127
short	16 位	-2^{15}~$2^{15}-1$
int	32 位	-2^{31}~$2^{31}-1$
long	64 位	-2^{63}~$2^{63}-1$
float	32 位	-3.4028235×10^{38}~3.4028235×10^{38}
double	64 位	$\pm1.7976931348623157\times10^{308}$之间
char	16 位	采用 Unicode 编码，可以表示中文
boolean		值只能为 true 或者 false

1. byte 类型

byte 类型变量的定义和赋值：

```
byte b = 1;
```

2. short 类型

short 类型变量的定义和赋值：

```
short s = 2;
```

3. int 类型

int 类型变量的定义和赋值：

```
int i = 3;
```

通常情况下，int 型应用较多。

4. long 类型

long 类型变量的定义和赋值：

```
long n = 10L;
```

程序中如果需要使用 long 型，则需要在数值中添加后缀“L”或“l”。

5. float 类型

float 类型变量的定义和赋值：

```
float f1 = 11.5f;
```

【注意】float 类型的常量必须在数字后面使用“f”或“F”标识，如果浮点数不加后缀，则它的默认类型为 double 类型，例如，写成 float f1 = 11.5，编译的时候将会出错。

6. double 类型

double 类型变量的定义和赋值：

```
double dd = 28.5;
```

通常情况下，double 型应用较多。

7. char 类型

字符类型变量的定义和赋值：

```
char c = 'a';
```

字符常量使用单引号括起来，另外下面的写法也是正确的：

```
char c=98
```

实际上 98 是字符 b 的编码，和 c='b'的效果是完全相同的。在为字符类型变量赋值的时候，可以使用转义字符。

```
char c = '\\';
```

8. boolean 类型

布尔类型的常量只有 true 和 false，所以对布尔类型的变量只能赋值 true 或者 false。布尔类型的变量的定义和赋值如下：

```
boolean bb = true ;
boolean success = false;
```

变量的定义和赋值可以分开进行，例如：

```
long n1;
n1 = 33;
```

【注意】变量的作用范围，可以把小作用范围值赋给大作用范围的变量，但是不能把大作用范围值赋给小作用范围的变量，例如：

```
byte b2 = 43444;
```

这个赋值就会产生错误，因为byte表示的范围是-128～127，43444超出了byte类型能够表示的范围。

2.3.5 数据类型转换

1. 自动转换

Java中整型、浮点型、字符型被视为简单数据类型，这些类型由低级到高级分别为

byte→(short，char)→int→long→float→double

自动转换是指不用任何特殊的说明，系统会自动将其值转换为对应的类型。Java 中，低级的数值可以自动转换为高级的类型，转换实例如下：

```
byte b=27;
char c='a';
int i=b; //将byte转换为int
short s=b; //将byte转换为short
long l=c; //将char转换为long
float f=50;//将int转换为float
double d1=l;//将long转换为double
double d2=f;//将float转换为double
```

【注意】如果低级类型为char型，向高级类型(整型)转换时，将转换为对应Unicode码值，例如：

```
char c='a';
int i=c;
System.out.println("output:" i);
```

输出：

```
output:97
```

2. 强制类型转换

在Java中，有时需要将高级数据转换成低级的类型，这种转换可用强制类型转换完成。强制类型转换的语法格式：

目标变量=(转换的目标类型)待转换的变量或数值;

例如：

```
float f = (float)10.1;
int i = (int)f;
```

【注意】boolean类型不能和任何数据类型进行类型转换。

3. 运算过程中的类型转换

不同类型的数据进行运算的时候，系统会强制改变数据类型，见例2-1。

【例2-1】因运算过程中类型转换导致出错的程序。

```
// TypeConvert.java
public class TypeConvert {
    public static void main(String[] args) {
      byte b1 = 3;
      byte b2 = 4;
      byte b3=b1+b2;
    }
}
```

在编译时会报下面的错误：

```
Exception in thread "main" java.lang.Error: Unresolved compilation problem:
  Type mismatch: cannot convert from int to byte
  at TypeConvert.main(TypeConvert.java:6)
```

原因在于执行 b1+b2 的时候，系统会把 b1 和 b2 的类型都转换成 int 类型后再计算，计算的结果也是 int 类型，所以把 int 类型赋值给 byte 类型，这时就产生了错误。

类型转换的基本规则如下：

① 操作数中如果有 double 类型，则会转换成 double 类型；

② 如果有 float 类型，则会转换成 float 类型；

③ 如果有 long 类型，则会转换成 long 类型；

④ 其他的都会转换成 int 类型。

如何解决上面的错误呢？可以参考例 2-2。

【例 2-2】 例 2-1 经修改，可以正常编译和运行的程序。

```
// TypeConvert2.java
public class TypeConvert2 {
    public static void main(String[] args) {
      byte b1 = 3;
      byte b2 = 4;
      // 对计算结果进行强制转换
      byte b3 = (byte)(b1+b2);
    }
}
```

2.3.6 运算符

1. 算术运算符

标准的算术运算符有：+、-、*、/和%，分别表示加、减、乘、除和求余。另外，“+”和“-”也可以作为单目运算符，表示“正”和“负”。

【例 2-3】 下面的程序演示了这几个运算符的用法。

```
// MathmeticsOperationTest.java
public class MathematicsOperatorTest {
     public static void main(String[] args) {
          // 定义整形变量 a,b，分别赋值 20 和 7
          int a=20;
          int b=7;
          // 进行加、减、乘、除和求余运算
          int sum = a+b;
          int sub = a-b;
          int mul = a*b;
          int div = a/b;
          int res = a%b;
          // 输出运算的结果
          System.out.println("a="+a+"  b="+b);
          System.out.println("a+b="+sum);
          System.out.println("a-b="+sub);
```

```
        System.out.println("a*b="+mul);
        System.out.println("a/b="+div);
        System.out.println("a%b="+res);
    }
}
```

运行结果如下：

```
a=20   b=7
a+b=27
a-b=13
a*b=140
a/b=2
a%b=6
```

【注意】整数运算的结果仍然是整数，例如：12/8 = 1，而不是 1.5。

2．赋值运算符

(1) 基本赋值运算符

“=”是赋值运算符，其实前面的很多例子都用到过。

用法：左边是变量，右边是表达式。

作用：把右边的表达式的值赋给左边的变量。

例如：

```
int a = 5;  //直接赋值
a = a+3;    //赋给表达式
```

(2) 复合赋值运算符

赋值运算符与其他运算符结合使用完成赋值的功能，见例 2-4。

【例 2-4】复合赋值运算符使用的程序。

```
// CompoundOperator.java
public class CompoundOperator {
    public static void main(String[] args) {
        // 使用复合赋值表达式计算 a+3，并把结果赋值给 a
        int a = 3;
        a += 3;
        // 不使用复合赋值表达式计算 b+3，并把结果赋值给 b
        int b = 3;
        b = b+3;
        // 分别输出 a 和 b 的值
        System.out.println("a = "+a);
        System.out.println("b = "+b);
    }
}
```

运行的结果如下：

```
a = 6
b = 6
```

基本格式：

```
a X = b;
```

其中，“X”表示运算符，可以是各种运算符。

作用：使用左值与右值进行基本的“X”运算，然后把运算的结果赋值给左值，相当于下面的代码：

```
a = aXb;
```

大部分的运算符都可以和赋值运算符结合使用构成复合赋值运算符。

3．自增、自减运算符

(1) 自增运算符

自增运算符的基本功能就是把自身加 1，假设操作数是 x，自增运算符可以有两种格式：

```
x++
++x
```

两种格式的效果是一致的，都是把 x 的值加了 1，相当于：

```
x = x+1;
```

但是，当自增运算符和赋值运算符一起使用时，两种格式的效果是不一样的，例如：

y = x++; 与 y = ++x;

前者相当于：

```
y = x;
x = x+1;
```

后者相当于：

```
x = x+1;
y = x;
```

【例 2-5】 自增运算符使用的程序。

```
// AddOne.java
public class AddOne {
    public static void main(String[] args) {
        int x1=3;
        int x2=3;
        // ++在后面
        int y1 = x1++;
        // ++在前面
        int y2 = ++x2;
        System.out.println("y1="+y1+" y2="+y2);
    }
}
```

运行结果如下：

```
y1=3 y2=4
```

【注意】 操作数在前面先赋值；操作数在后面后赋值。

(2) 自减运算符

自减运算符的用法与自增运算符完全相同，进行自减操作。下面的实例是把例 2-5 中的“++”改为“--”而形成的：

```
public class SubOne {
    public static void main(String[] args) {
        int x1=3;
        int x2=3;
        // --在后面
        int y1 = x1--;
```

```
        // --在前面
        int y2 = --x2;
        System.out.println("y1="+y1+" y2="+y2);
    }
}
```

请读者自行分析程序的运行结果。

【注意】操作数在前面先赋值；操作数在后面后赋值。

4．比较运算符

比较(关系)运算符用于对两个值进行比较，其返回值为布尔类型。

关系运算符有：>、>=、<、<=、= =、!=，分别表示大于、大于等于、小于、小于等于、等于、不等于。

基本用法：

```
exp1 X exp2
```

其中，exp1 和 exp2 是两个操作数，可以是表达式；X 表示某种关系运算符，如果 exp1 和 exp2 满足“X”关系，则结果为 true，否则结果为 false。例如 5>3，结果为 true，4!=6 结果为 true。

【例 2-6】比较运算符使用的程序。

```
// CompareOperator.java
public class CompareOperator {
    public static void main(String[] args) {
        int a = 3;
        int b = 4;
        boolean bigger = a>b;
        boolean less = a<b;
        boolean biggerEqual = a>=b;
        boolean lessEqual = a<=b;
        boolean equal = a==b;
        boolean notEqual = a!=b;
        System.out.println("a="+a+" b="+b);
        System.out.println("a>b:"+bigger);
        System.out.println("a<b:"+less);
        System.out.println("a>=b:"+biggerEqual);
        System.out.println("a<=b:"+lessEqual);
        System.out.println("a==b:"+equal);
        System.out.println("a!=b:"+notEqual);
    }
}
```

运行结果如下：

```
a=3 b=4
a>b:false
a<b:true
a>=b:false
a<=b:true
a= =b:false
a!=b:true
```

【注意】

① 这些符号都是英文的，不能使用中文。

② “==”与“=”容易混淆，比较相等不能写成“=”。

5. 逻辑运算符

在 Java 中，逻辑运算符只能对布尔类型数据进行操作，其返回值同样为布尔类型的值。逻辑运算符有：&&、||、!、|、&、^。运算规则如下：

“&&”和“&”是逻辑与，只有当两个操作数都为 true 时，结果才为 true。

“||”和“|”是逻辑或，只有当两个操作数都为 false 时，结果才为 false。

“!”是逻辑非，如果操作数为 false，则结果为 true，如果操作数为 true，则结果为 false。

“^”是逻辑异或，如果两个操作数不同，则结果为 true，如果两个操作数相同，则结果为 false。

【例 2-7】逻辑运算符使用的程序。

```
// LogicOperator.java
public class LogicOperator {
    public static void main(String[] args) {
       // 定义布尔类型的变量 b1 和 b2，并分别赋值
       boolean b1 = true;
       boolean b2 = false;
       // 进行各种布尔运算，并输出结果
       System.out.println("b1="+b1+" b2="+b2);
       System.out.println("b1&&b2="+(b1&&b2));
       System.out.println("b1&b2="+(b1&b2));
       System.out.println("b1||b2="+(b1||b2));
       System.out.println("b1|b2="+(b1|b2));
       System.out.println("!b1="+(!b1));
       System.out.println("b1^b2="+(b1^b2));
    }
}
```

运行结果为：

```
b1=true b2=false
b1&&b2=false
b1&b2=false
b1||b2=true
b1|b2=true
!b1=false
b1^b2=true
```

“&&”和“&”从运行结果来看是相同的，但是运行的过程不一样。看下面的例子。

【例 2-8】逻辑运算符中“&&”和“&”使用的程序。

```
// FastLogicOperator.java
public class FastLogicOperator {
    public static void main(String[] args) {
        int a = 5;
        int b = 6;
        int c = 6;
        // &&进行逻辑运算
```

```
        System.out.println((a>b) && (a>(b--)) );
        //使用&进行逻辑运算
        System.out.println((a>c) & (a>(c--)) );
        System.out.println("b="+b);
        System.out.println("c="+c);
    }
}
```

运行结果为：

```
false
false
b=6
c=5
```

从这个结果可以看出，“&&”和“&”的运算结果相同，但是b和c的值不同。使用“&&”时，后面的表达式没有计算，所以b的值没有发生变化；使用“&”时，后面的表达式进行计算了，所以c的值发生了变化。而实际上，进行与运算只要前面的表达式是false，结果就是false，所以后面就不用计算了，“&&”运算符正是使用了这个特性。

“||”和“|”的区别也是这样，只不过当||前面为真时，||后不进行计算。

【注意】“&&”和“||”是快速运算符，但是不能保证后面的表达式执行。

6．位运算符

计算机中数字都是以二进制数形式存储的，位运算符用来对二进制数位进行逻辑运算，操作数只能为整型或字符型数据，结果也是整型数。

位运算符有：&、|、~、^，分别表示按位与、按位或、按位非和按位异或。在运算过程中，对两个操作数的每一位进行单独的运算，把运算后的每一位重新组合成数字。

例如：15&3

15表示成二进制数为：0000 0000 0000 1111

3表示成二进制数为：0000 0000 0000 0011

进行按位与，得到：0000 0000 0000 0011

结果就是3。

例2-9包含4个位运算符。

【例2-9】位运算符使用的程序。

```
// BitOperator.java
public class BitOperator {
    public static void main(String[] args) {
        int a = 15;
        int b =3;
        // 按位与，并输出结果
        System.out.println("a&b="+(a&b));
        // 按位或，并输出结果
        System.out.println("a|b="+(a|b));
        // 按位进行异或，并输出结果
        System.out.println("a^b="+(a^b));
        // 按位取反，并输出结果
        System.out.println("!a="+(~a));
```

```
    }
}
```

运行结果如下：

```
a&b=3
a|b=15
a^b=12
!a=-16
```

7．移位运算符

移位运算符同样是对二进制位进行操作。

移位运算符有 3 个：

```
<<        左移
>>        右移
>>>       无符号右移
```

(1) 左移

基本格式：

```
x<<y
```

其中，x 是要移位的数，y 是要移动的位数。结果相当于 x 乘以 2 的 y 次方，例如 5<<2 相当于 $5*2^2$，结果为 20。

(2) 右移

基本格式：

```
x>>y
```

其中，x 是要移位的数，y 是要移动的位数。移位之后，如果是整数，则高位补 0，如果是负数，则高位补 1。结果相当于 x 除以 2 的 y 次方，例如 5>>2 相当于 $5/2^2$，结果为 1。

(3) 无符号右移

基本格式：

```
x>>>y
```

其中，x 是要移位的数，y 是要移动的位数。移位之后，高位补 0。所以，如果是正数，则结果与有符号右移的结果相同。如果是负数，则移位之后会变成整数，因为高位补 0，高位 0 就是正数。

【例 2-10】移位运算符使用的程序。

```
int a,b,c;
a = 15;
b = -15;
c = 2;
System.out.println("----------左移运算符-----------");
System.out.println("a="+a+" b="+b+" c="+c);
System.out.println("a<<c= "+(a<<c));
System.out.println("b<<c= "+(b<<c));
a = 15;
b = -15;
System.out.println("----------右移运算符-----------");
System.out.println("a="+a+" b="+b+" c="+c);
System.out.println("a>>c= "+(a>>c));
System.out.println("b>>c= "+(b>>c));
```

```
a = 15;
b = -15;
System.out.println("----------无符号右移运算符-----------");
System.out.println("a="+a+" b="+b+" c="+c);
System.out.println("a>>>c= "+(a>>>c));
System.out.println("b>>>c= "+(b>>>c));
```

运行结果为：

```
----------左移运算符-----------
a=15 b= -15 c=2
a<<c= 60
b<<c= -60
----------右移运算符-----------
a=15 b= -15 c=2
a>>c= 3
b>>c= -4
----------无符号右移运算符-----------
a=15 b= -15 c=2
a>>>c= 3
b>>>c= 1073741820
```

【注意】

① 无符号右移的结果都是正数，不管操作数是正数还是负数。

② 左移和右移，对于正数和负数移位结果可能是不相同的，但符号不变。例 2-10 中，15 右移 2 位得到的结果是 3，-15 右移 2 位得到的结果为-4，这样的结果与正数和负数在计算机中表示的方式相关。

8．条件运算符

根据不同的逻辑结果，可以得到不同的值。

基本格式：

```
op1?op2:op3;
```

op1 的结果应该为布尔类型，如果 op1 的值为 true，则表达式最终的结果为 op2，如果 op1 的值为 false，则表达式最后的结果是 op3。

【例 2-11】下面的代码完成了求 a 和 b 的最大值的功能。

```
// TernaryOperator.java
public class TernaryOperator {
    public static void main(String[] args) {
        int a=10;
        int b=7;
        int c;

        // 如果 a>b，则把 a 赋给 c，如果不是 a>b，则把 b 赋给 c
        c = a>b?a:b;
        System.out.println(a+"和"+b+"的最大值为："+c);
    }
}
```

运行结果为：

10 和 7 的最大值为：10

9．字符串连接运算符

“+”，用于连接字符串，实际上在前面的例子中已经使用了。

基本格式：

```
op1+op2
```

要求 op1 和 op2 中至少要有一个是字符串，另外一个可以是前面介绍的 8 种基本数据类型中的一种或任何类的对象。

【例 2-12】字符串连接运算符使用的程序。

```
// StringJoin.java
public class StringJoin {
    public static void main(String[] args) {
      byte b = 3;
      short s = 4;
      int i=10;
      long l = 11;
      float f = 3f;
      double d2 = 23.5;
      char c = 's';
      boolean bool = false;
      java.util.Date d = new java.util.Date();

      // 使用字符串与各种类型的数据进行连接
      System.out.println("byte 类型:"+b);
      System.out.println("short 类型:"+s);
      System.out.println("int 类型:"+i);
      System.out.println("long 类型:"+l);
      System.out.println("float 类型:"+f);
      System.out.println("double 类型:"+d2);
      System.out.println("char 类型:"+c);
      System.out.println("boolean 类型:"+bool);
      System.out.println("其他类的对象:"+d);
    }
}
```

运行结果为：

byte 类型:3
short 类型:4
int 类型:10
long 类型:11
float 类型:3.0
double 类型:23.5
char 类型:s
boolean 类型:false
其他类的对象:Sun Dec 10 09:19:34 CST 2006

2.3.7 选择结构

在程序执行的过程中，会根据特定的条件选择执行某些语句，例如要计算两个整型变量 a 和 b 的最大值，有可能是 a，也有可能是 b，这时需要根据 a 和 b 的关系来选择把 a 的值作为最大值，还是把 b 的值作为最大值。

选择结构包括两种：if 和 switch。

1. if 语句

if 语句就是在满足一定条件时执行一些语句。

基本结构：

```
if(条件表达式)
{
    语句
}
```

条件表达式的结果必须是布尔类型的值，要执行的语句可以有多条，每条语句以分号结束即可。如果条件表达式的值为 true，则将执行括号中的语句。如果条件表达式的值为 false，则不执行括号中的语句。

【例 2-13】 求 a 和 b 的最大值。

```
// IfTest.java
public class IfTest {
    public static void main(String[] args) {
        int a = 10;
        int b = 8;
        int max = a;
        if(a<b)
        {
            max = b;
        }
        System.out.println("最大值为："+max);
    }
}
```

运行结果为：

```
最大值为：10
```

如果括号中要执行的代码只有一行，则可以不写括号，上面代码中 main 方法中的代码可以改写成：

```
int a = 10;
int b = 8;
int max = a;
if(a<b)
    max = b;
System.out.println("最大值为："+max);
```

if 语句还可用于在两组语句中选择执行一组，要么执行第一组，要么执行第二组。基本结构如下：

```
if(条件表达式)
{
    语句1
```

```
}
else
{
    语句 2
}
```

如果条件表达式的值为 true，就执行语句 1，否则将执行语句 2。语句 1 和语句 2 总会有一个被执行。语句 1 和语句 2 都可以是多行，如果只有一行，则相应的括号可以省略。

例如：使用 if-else，完成例 2-13 求最大值的功能。

使用下面的代码替换例 2-13 的 main 方法中的代码即可。

```
int a = 10;
int b = 8;
int max;
if(a<b){
      max = b;
}
else{
      max = a;
}
System.out.println("最大值为："+max);
```

运行的结果与上面的相同。

else 后面的语句本身也可以使用 if 语句，这时就会出现如下结构：

```
if(条件表达式 1)
{
      语句 1
}
else  if(条件表达式 2)
{
      语句 2
}
[else{语句 3}]
```

[else{语句 3}]表示这部分内容可以有，也可以没有，需要根据情况而定。这种格式的作用是：如果条件表达式 1 的结果为 true，则执行语句 1，如果条件表达式 1 的结果为 false，而条件表达式 2 的结果为 true，则执行语句 2，否则执行语句 3(如果有最后的 else)。这时候完成的功能不再是在两条语句中选择执行一条，而是在多条语句中选择执行一条。这种结构可以嵌套很多层。

【例 2-14】整型变量 a 的值可能是 1、2、3 和 4。如果 a 为 1，则输出“进行加法运算”；如果 a 为 2，则输出“进行减法运算”；如果 a 为 3，则输出“进行乘法运算”；如果 a 为 4，则输出“进行除法运算”。

```
// IfElseTest.java
public class IfElseTest {
     public static void main(String[] args) {
          int a=3;
          if(a==1)
               System.out.println("进行加法运算");
          else if(a==2)
```

```
            System.out.println("进行减法运算");
        else if(a==3)
            System.out.println("进行乘法运算");
        else
            System.out.println("进行除法运算");
    }
}
```

运行结果为：

```
进行乘法运算
```

如果改变 a 的值，运行结果则会发生相应的变化。

2．switch 语句

switch 语句完成的功能是在多种情况中选择一个执行。像上面的例子，根据整型变量 a 的值，输出不同的内容，也就是执行不同的语句，就可以使用 switch 语句。

switch 语句的基本结构如下：

```
switch(表达式)
{
  case 值1:语句1
  case 值2:语句2
  …
  case 值n:语句n
  default:语句n+1
}
```

如果表达式的值为“值 1”，则从“语句 1”开始执行；如果表达式的值为“值 2”，则从“语句 2”开始执行；如果表达式的值为“值 n”，则从“语句 n”开始执行；如果表达式的值没有与任何 case 匹配，则执行 default，进行匹配的顺序为从前到后。这里的“语句 1”、“语句 2”、“语句 n”和“语句 n+1”指的并不是一条语句，可以是多条语句。

先看下面的例子。

【例 2-15】不加 break，switch 使用的程序。

```
// SwitchTest.java
public class SwitchTest {
    public static void main(String[] args) {
        int a=2;
        switch(a)
        {
        case 1:System.out.println("进行加法运算");
        case 2:System.out.println("进行减法运算");
        case 3:System.out.println("进行乘法运算");
        case 4:System.out.println("进行除法运算");
        default:System.out.println("a 的值不合法");
        }
    }
}
```

运行结果为：

```
进行减法运算
进行乘法运算
```

```
进行除法运算
a的值不合法
```

从运行结果上看，并没有达到预期的目的，按照预期应该只输出“进行减法运算”，也就是运行结果的第一行。为什么会得到这样的结果？因为在 switch 结构中，匹配成功之后的所有代码都会执行，也就是 case 表达式仅仅决定了程序的入口。如果把变量 a 的类型定义成 long 类型，则编译会报错。所以在使用 switch 结构时应注意以下两点：

① 表达式的结果可以是 short 类型、byte 类型、int 类型、char 类型和实现 Enumeration 接口的类型，不能使用 long、float 和 double 等。

② case 匹配成功，只确定程序的入口。

要完成上面的功能，需要在每条 case 语句之后添加一个 break，break 语句可以跳出选择结构，不再执行后面的代码，修改后的代码如下：

【例 2-16】 添加 break，switch 使用的程序。

```
// SwitchTest2.java
public class SwitchTest2 {
    public static void main(String[] args) {
        char a=2;
        switch(a){
            case 1:System.out.println("进行加法运算");break;
            case 2:System.out.println("进行减法运算");break;
            case 3:System.out.println("进行乘法运算");break;
            case 4:System.out.println("进行除法运算");break;
            default:System.out.println("a的值不合法");
        }
    }
}
```

运行的结果为：

```
进行减法运算
```

if 语句和 switch 语句都是选择结构，如果选项比较少的情况应该使用 if 语句，如果选项比较多应该使用 switch 语句。另外，if 语句的条件是布尔类型，而 switch 语句的条件是整数类型(包含 char 类型，而不包含 long 类型)和枚举类型。

【注意】 不管使用 if 语句还是使用 switch 语句，都要把最常用的情况放在最前面，因为这样平均匹配次数就少了，如果把最常出现的选项放在了最后，这样每次都要进行几乎所有的匹配。

2.4 项 目 学 做

Java 中在 JDK5.0 之后可以使用 Scanner 类完成控制台的输入操作。该类使用方法如下：Scanner 类在 java.util 包中，通过“import java.util.Scanner”将类导入；创建该类的对象“Scanner sc=new Scanner(System.in)”；使用 Scanner 类的各种方法实现输入操作。如果输入整型数，则通过语句 sc.nextInt( )来实现；如果输入浮点数，则通过语句 sc.nextDouble( )来实现。将输入及中间计算的结果保存到相应变量中，根据不同的体重计算结果和性别使用选择结构输出健康报告。具体的实现如下（完整程序请扫描二维码“2.4 节源代码”）：

```
import java.util.Scanner;
public class BMI {
    public static void main(String[] args) {
        //创建 Scanner 对象
        Scanner sc=new Scanner(System.in);
⋮
```

2.4 节源代码

2.5 知识拓展

2.5.1 保留字

保留字是系统定义有特殊意义的标识符，例如定义一个整型变量要使用 int 保留字，要创建一个类需要使用 class 保留字。有些保留字现在没有被 Java 规范使用，等以后扩展的时候也许会用，例如 goto。

Java 规范中现在使用的保留字又称为关键字。用户在定义标识符的时候不能使用系统保留字。

Java 中的保留字有：

abstract	boolean	break	byte	byvalue	case
catch	char	class	continue	default	do
double	else	extends	false	final	finalize
finally	float	for	future	generic	goto
this	if	import	implements	inner	instanceof
int	interface	long	native	new	null
operator	outer	package	private	protected	public
rest	return	short	static	switch	super
synchronized	threadsafe	throw	throws	transient	true
try	var	void	volatile	while	

2.5.2 转义字符

在 Java 应用中有一些字符不能使用一个符号表示，例如，键盘上的回车键和后退键。还有一些字符如果直接使用会产生歧义，例如单引号和双引号（通常使用单引号表示一个字符，而使用双引号表示一个字符串)）。对于这些字符，通常需要使用转义字符表示。下面是这些转义字符。

\b	\u0008: 后退键，键盘上的“←”
\t	\u0009: Tab 键，用于生成多个空格
\n	\u000a: 换行符
\f	\u000c: 换页符
\r	\u000d: 回车键
\"	\u0022: 双引号"
\'	\u0027: 单引号'
\\	\u005c: 反斜线 \

\0ddd　　使用八进制数表示的字符
\0xddd　　使用十六进制数表示的字符
\udddd　　使用 Unicode 编码表示的字符

2.5.3 null 符号

null 符号表示一个空值。一个对象等于 null，说明这个对象不存在。关于对象的概念，将在本书的第 4 章介绍。

2.5.4 void 符号

void 符号也表示一个空类型，当一个方法不需要返回值时，使用 void 表示没有返回值类型。

2.5.5 注释

注释是程序中比较特殊的语句，其特殊之处在于编译程序的时候，不会编译注释的内容。

注释用来解释程序的某些部分，提高程序的可读性，方便程序的维护。在调试时，可以使用注释暂时屏蔽某些程序语句。

在 Java 中注释有 3 种格式。

格式 1：

```
//注释的内容
```

格式 2：

```
/*
   注释的内容 1
   注释的内容 2
   注释的内容 3
*/
```

格式 3：

```
/**
       注释的内容 1
       注释的内容 2
       注释的内容 3
*/
```

格式 1 用于单行注释，如果注释的内容较少，则可以使用单行注释。

格式 2 用于多行注释，如果注释较多，一行写不完，则可以分多行写，以“/*”开始，以“*/”结束。

【注意】在注释中不能出现“*/”，否则会被认为是注释的结束符号。

格式 3 被称为文档注释，当使用 javadoc 命令生成帮助文档的时候，文档注释的内容会生成在帮助文档中。前两种注释与 C++中的注释相同，文档注释是 Java 中新增的注释。

2.6 强 化 训 练

1. 根据学生成绩(成绩在 0～100 分之间)输出等级：

当成绩大于 90 分(含 90 分)，输出 A；

当成绩在 80～90 分之间(含 80 分)，输出 B；

当成绩在 60～80 分之间(含 60 分)，输出 C；

当成绩小于 60 分，输出 D；

分别用 if 语句和 switch 语句实现。

2. 编写一个应用程序，读取用户任意输入的 3 个非零数值，判断它们是否可以作为直角三角形的 3 条边，如果可以，则打印这 3 条边，计算并显示这个三角形的面积。

2.7 课后习题

一、选择题

1．下列变量定义错误的是(　)。

A) int a;　　B) double b=4.5;　　C) boolean b=true;　　D) float f=9.8;

2．下列数据类型的精度由高到低的顺序是(　)。

A) float，double，int，long　　B) double，float，int，byte

C) byte，long，double，float　　D) double，int，float，long

3．对于一个 3 位的正整数 n，取出它的十位数字 k(k 为整型)的表达式是(　)。

A) k = n / 10 % 10　　B) k = (n−n / 100 * 100)%10

C) k = n % 10　　D) k = n / 10

4．执行完下列代码后：

```
int a=3;
char b='5';
char c=(char)(a+b);
```

c 的值是(　)。

A) '8'　　B) 53　　C) 8　　D) 56

5．Unicode 是一种(　)。

A) 数据类型　　B) java 包　　C) 字符编码　　D) java 类

6．6+5%3+2 的值是(　)。

A) 2　　B) 1　　C) 9　　D)10

7．下面的逻辑表达式中合法的是(　)。

A) (7+8)&&(9−5)　　B) (9*5)||(9*7)　　C) 9>6&&8<10　　D) (9%4)&&(8*3)

8．假设 int a=3,b=2,c=1;，以下语句正确的是(　)。

A) c=c/float(a//b);　　B) c=c/((float a)/b);　　C) c=(float)c/(a/b);　　D) c= c/(int)(a/(float)b);

9．指出下列正确的语句(　)。

A) byte i = 389;　　B) long lv = i*3+4.5;　　C) int x = 87L;　　D) long l = 10;

10．指出下列类型转换中正确的是(　)。

A) int i='A'　　B) long L=8.4f　　C) int i=(boolean)8.9　　D) int i=8.3

11．以下选项中能正确表示 Java 语言中的一个整型常量的是(　)。

A) 12.　　B) −20　　C) 1,000　　D) 4　5　6

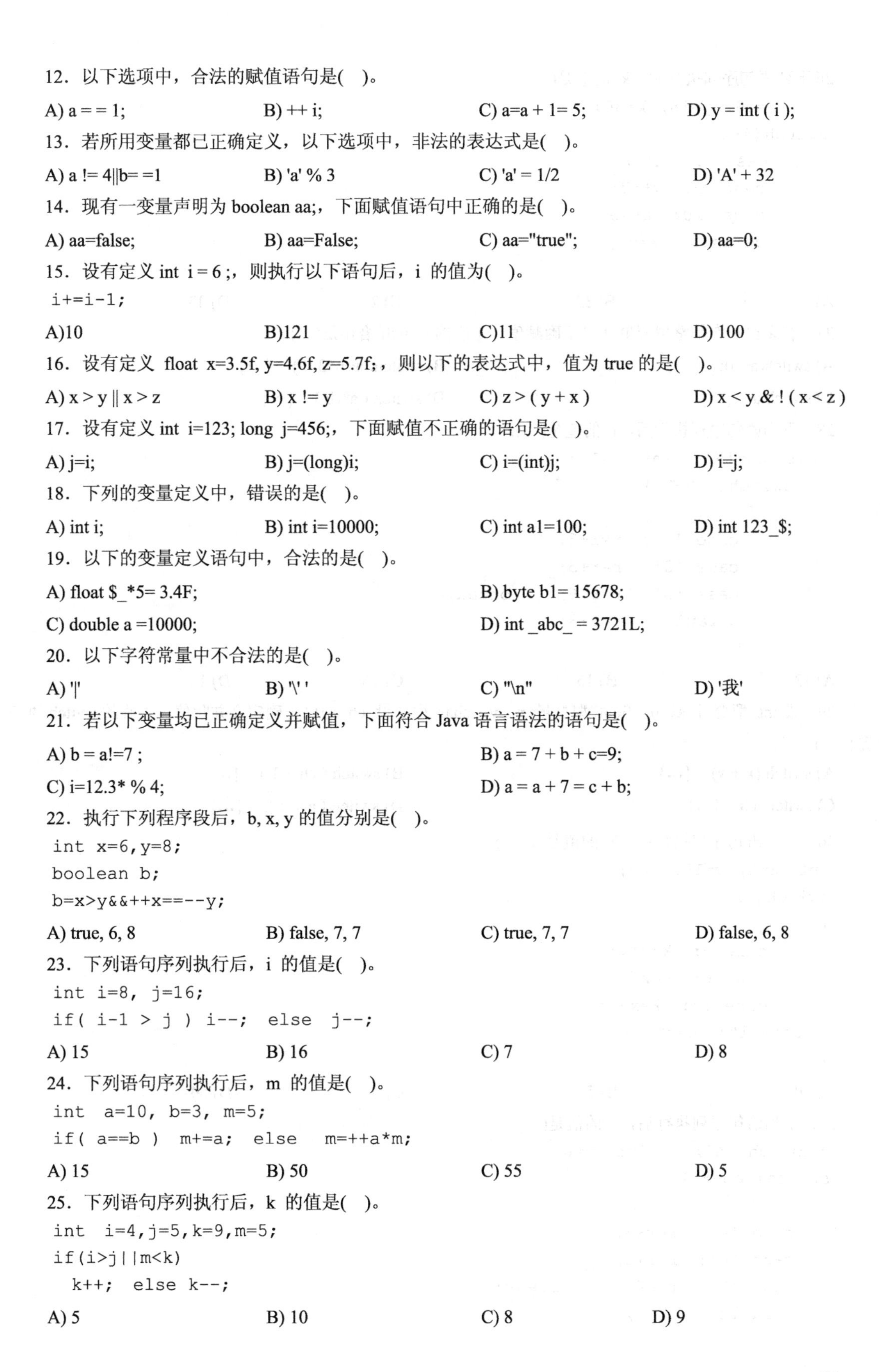

12．以下选项中，合法的赋值语句是(   )。

A) a = = 1;　　B) ++ i;　　C) a=a + 1= 5;　　D) y = int (i);

13．若所用变量都已正确定义，以下选项中，非法的表达式是(   )。

A) a != 4||b= =1　　B) 'a' % 3　　C) 'a' = 1/2　　D) 'A' + 32

14．现有一变量声明为 boolean aa;，下面赋值语句中正确的是(   )。

A) aa=false;　　B) aa=False;　　C) aa="true";　　D) aa=0;

15．设有定义 int i = 6 ;，则执行以下语句后，i 的值为(   )。

```
i+=i-1;
```

A)10　　B)121　　C)11　　D) 100

16．设有定义 float x=3.5f, y=4.6f, z=5.7f;，则以下的表达式中，值为 true 的是(   )。

A) x > y || x > z　　B) x != y　　C) z > (y + x)　　D) x < y & ! (x < z)

17．设有定义 int i=123; long j=456;，下面赋值不正确的语句是(   )。

A) j=i;　　B) j=(long)i;　　C) i=(int)j;　　D) i=j;

18．下列的变量定义中，错误的是(   )。

A) int i;　　B) int i=10000;　　C) int a1=100;　　D) int 123_$;

19．以下的变量定义语句中，合法的是(   )。

A) float $_*5= 3.4F;　　B) byte b1= 15678;

C) double a =10000;　　D) int _abc_ = 3721L;

20．以下字符常量中不合法的是(   )。

A) '|'　　B) '\' '　　C) "\n"　　D) '我'

21．若以下变量均已正确定义并赋值，下面符合 Java 语言语法的语句是(   )。

A) b = a!=7 ;　　B) a = 7 + b + c=9;

C) i=12.3* % 4;　　D) a = a + 7 = c + b;

22．执行下列程序段后，b, x, y 的值分别是(   )。

```
int x=6,y=8;
boolean b;
b=x>y&&++x==--y;
```

A) true, 6, 8　　B) false, 7, 7　　C) true, 7, 7　　D) false, 6, 8

23．下列语句序列执行后，i 的值是(   )。

```
int i=8, j=16;
if( i-1 > j ) i--;  else  j--;
```

A) 15　　B) 16　　C) 7　　D) 8

24．下列语句序列执行后，m 的值是(   )。

```
int  a=10, b=3, m=5;
if( a==b )  m+=a;  else   m=++a*m;
```

A) 15　　B) 50　　C) 55　　D) 5

25．下列语句序列执行后，k 的值是(   )。

```
int  i=4,j=5,k=9,m=5;
if(i>j||m<k)
  k++;  else k--;
```

A) 5　　B) 10　　C) 8　　D) 9

26.下列语句序列执行后，k 的值是(　)。

```
int  i=10, j=18, k=30;
switch(j-i)
   {   case  8:  k++;
       case  9:  k+=2;
       case  10:  k+=3;
       default:  k/=j;
}
```

A) 31　　B) 32　　C) 2　　D) 33

27. 若 a 和 b 均是整型变量并已正确赋值，正确的 switch 语句是(　)。

A) switch(a+b);　{…}　　B) switch(a+b*3.0)　{…}

C) switch a　{…}　　D) switch (a%b)　{…}

28. 下列语句序列执行后，r 的值是(　)。

```
char  ch='8';  int  r=10;
    switch( ch+1 )
       {
         case '7':  r=r+3;
         case '8':  r=r+5;
         case '9':  r=r+6;   break;
         default:  r=r+8;
       }
```

A) 13　　B) 15　　C) 16　　D) 18

29. 设 int 型变量 a、b，float 型变量 x、y，char 型变量 ch 均已正确定义并赋值，正确的 switch 语句是(　)。

A) switch (x + y)　{…}　　B) switch (ch + 1)　{…}

C) switch ch　{…}　　D) switch (a + b);　{…}

30. 下列语句序列执行后，k 的值是 (　)。

```
int  x=6, y=10, k=5;
switch( x%y )
{
     case 0:  k=x*y;
     case 6:  k=x/y;
     case 12:  k=x-y;
  default:  k=x*y-x;
}
```

A) 60　　B) 5　　C) 0　　D) 54

31. 下列语句序列执行后，r 的值是(　)。

```
char  ch='A';    int  r=6;
switch( ch+5 )
{
    case 'A':  r=r+3;
    case 'B':  r=r+5;
    case 'C':  r-=6;      break;
    default :  r/=2;
}
```

A) 11　　B) 3　　C) 2　　D) 9

二、填空题

1. 以下代码的输出结果是________。

```
int i=9;
char c='a';
char d=(char)(c+i);
System.out.println(d);
```

2. 下面代码执行完后的输出是________。

```
int x=3;
int y=4;
boolean b=true;
System.out.println("b is:"+(b==(y<x)));
```

3. int x=2,y=4,z=3，则 x>y&&z>y 的结果是________。

4. 在 Java 语言中，逻辑常量只有 true 和________ 两个值。

5. 表达式 1/2*3 的计算结果是_______。

6. 执行以下程序段后：a =______，b =_____ 。

```
int a = 5, b;
b = ++a * 3;
```

7. Java 中的字符使用的是 16 位的_____编码。

8. 当整型变量 n 的值不能被 13 除尽时，其值为 false 的 Java 语言表达式是________。

9. 表达式 3/6 * 5 的计算结果是_____ 。

10. 若 a，b 为 int 型变量且已分别赋值为 2，4，表达式!(++a!=b- -)的值是______。

11. 若 a，b 为 int 型变量且已分别赋值为 2，6，表达式(a++)+(++b) +a*b 的值是_____。

12. Java 语言中的浮点型数据根据数据存储长度和数值精度的不同，进一步分为 float 和___两种具体类型。

13. 所有的程序都可以用 3 种类型的控制结构编写：_______，_______，_______。

三、程序填空题

1. 设 ch1, ch2 是 char 型变量：

```
if ( ch1 == 'a' )
{   if ( ch2 == 'b' )
            System.out.print(" ch1=\'a\' , ch2=\'b\' ");
}
else
      System.out.print(" ch1!=\ 'a\'");
System.out.println(" end ");
```

问题：1) 若执行前 ch1 的值为'a'，ch2 的值为'c'，该程序段输出是什么？

2) 若执行前 ch1 的值为'w'，ch2 的值为'b'，该程序段输出是什么？

3) 若执行前 ch1 的值为'a'，ch2 的值为'b'，该程序段输出是什么？

2. 阅读下面的程序段，回答问题。

```
if ( x < 5 )
   System.out.print(" one ");
else
{
  if ( y < 5 )
        System.out.print(" two ");
```

```
    else
         System.out.println(" three ");
}
```

问题：1) 若执行前 x=6, y=8，该程序段输出是什么？

2) 若执行前 x=1, y=8，该程序段输出是什么？

3．确定以下各段程序当 x=9，y=11 以及 x=11，y=9 时的输出结果。

(1)

```
if ( x < 10 )
   if ( y > 10 )
      System.out.println("*****");
   else
   System.out.println("#####");
System.out.println("$$$$$");
```

(2)

```
if ( x < 10 ) {
    if ( y > 10 )
          System.out.println("*****");
}
else {
    System.out.println("#####");
    System.out.println("$$$$$");
}
```

四、编程题

1．编写程序计算半径为 5 的圆的周长，计算公式为：周长=2*半径*圆周率。

2．把用户输入的 1、2、3、4、5、6、7 转换成星期一、星期二、星期三，等等。

3．根据用户输入的数字，输出“偶数”或者“奇数”。

第3章　猜数字游戏

【本章概述】本章以项目为导向，介绍了 Java 语言的循环控制语句以及方法的声明与调用。通过本章的学习，读者能够掌握Java语言中for、while、do-while这3种循环语句的用法，能够使用方法对程序进行分解和抽象，能够初步理解方法重载的意义和作用。

【教学重点】循环控制语句、方法与方法重载。

【教学难点】循环语句和方法。

【学习指导建议】学习者应首先通过学习【技术准备】，了解 Java 语言的循环控制语句，以及方法的声明与调用的语法形式。通过学习本章的【项目学做】完成本章的项目，通过【强化训练】巩固对本章知识的理解，最后通过【课后习题】进行学习效果测评，检验学习效果。

3.1　项 目 任 务

定义一个猜数字的方法：程序随机分配给用户一个1～100之间的整数，用户在控制台随意输入1～100之间的数字。当用户输入的数字偏大时，程序返回提示信息“猜大了”；用户继续输入数字；当输入的数字偏小时，程序返回提示信息“猜小了”；当用户输入的数字和计算机产生的数字相符时，程序将提示“恭喜您，猜对了”，同时统计所用的次数。

3.2　项 目 分 析

1．项目完成思路

(1) 随机产生1～100之间的整数保存到变量中。

(2) 在控制台输入 1～100 之间的数字和产生的随机数进行匹配。如果匹配不成功，则使用循环结构完成多次输入、多次判断，直到输入的数字和系统产生的数字相同则退出循环。

(3) 定义一个统计猜测次数的计数器counter，并且清0，每输入一次数字，该变量加1，直到循环退出。

(4) 定义方法完成游戏的所有功能，在main方法中直接调用该方法，进行游戏。

2．需解决问题

(1) 1～100之间的随机数如何产生?

(2) 如何在循环中进行数字的匹配？如何退出循环？

(3) 如何将该游戏封装到方法中？如何在main方法中调用该游戏方法?

3.3　技 术 准 备

循环结构完成的功能是循环执行某段代码多次。循环结构可以使用for循环、while循环、do-while循环和for-each循环。

3.3.1 for 循环

for 循环的基本结构如下：

```
for(表达式 1;表达式 2;表达式 3)
{
    //循环体
}
```

表达式 1 用于初始化，在整个循环过程只执行一次；表达式 2 的结果应该为逻辑值，决定是否继续循环，如果为 true，则继续循环，如果为 false，则结束循环；表达式 3 在每次循环完成之后执行，主要的作用是修改循环变量，循环多少次就会执行多少次；循环体就是要循环执行的部分。如果循环体只有一行代码，则循环体的花括号可以省略。

执行的具体过程如下：

(1) 首先执行表达式 1，进行初始化；

(2) 然后执行表达式 2，如果结果为 true，则执行第(3)步，如果结果为 false，则执行第(5)步；

(3) 执行循环体；

(4) 执行表达式 3，转向表达式 2；

(5) 结束。

从这个过程可以看出，表达式 2→循环体→表达式 3 形成了一个循环，表达式 1 仅仅在循环之前来完成初始化，表达式 2 决定是否循环，下面看一个例子。

例如：求 1～100 这 100 个数的和。

分析：人工计算可以这样来做，1+2+3+4+…，当然这样写让计算机做也可以，但是如果计算 1～10000 这 10000 个数的和怎么办呢？写起来太累了，所以不能这样来写。计算 1～100 这些数的和，可以这样理解：刚开始“和”为 0，第一次把 1 加到“和”上，第二次把 2 加到“和”上，第三次把 3 加到“和”上……加到 100 为止，最终就得到这个“和”了。相当于每次都向“和”上加一个数字，重复做 100 次，不同的是每次加的值不一样，这样可以设置一个变量，然后每次在计算之后修改这个变量的值就可以了。假设这个变量为 i，可以先让 i 等于 1，执行完之后，让 i 等于 2……这样就可以使用 for 循环来完成了。

首先需要定义一个“和”，这里使用 sum，初始值为 0，可以这样写：

```
int sum = 0;
```

然后定义变量 i，每次循环的时候使用：

```
int i;
```

刚开始 i 等于 1，这个可以通过循环结构中的表达式 1 完成，表达式 1 完成的就是初始化任务，所以表达式 1 可以写成：

```
i=1;
```

循环中要完成的工作就是把 i 添加到“和”上，所以循环体应该这样写：

```
sum = sum + i;
```

每次循环完之后，需要改变 i 的值，怎么改变呢？从 1 到 100，1 用完了是 2，2 用完了是 3，每次都是在原来的基础上加 1，每次循环完之后都要改变 i 的值，所以可以使用表达式 3，表达式 3 就是在完成循环之后执行的。所以表达式 3 可以写成：

```
i++;
```

最后一个问题，就是循环到什么时候呢？要计算 1～100 的和，所以当 i<=100 时需要把 i 加到

“和”上，如果 i>100，就不需要再循环了，所以循环执行条件是 i<=100，表达式 2 用于控制循环是否继续，所以表达式 2 的内容就可以写成：

```
i<=100
```

这样循环结构的几个部分都有了，所以得到下面的代码。

【例 3-1】 使用 for 循环求 1～100 之和的程序。

```
// ForTest.java
public class ForTest {
    public static void main(String[] args) {
        // sum 存储和
        int sum = 0;
        // i 表示循环变量
        int i;
        // i=0 完成循环变量的初始化，i<=100 表示循环的条件，
        // i++修改循环变量的值
        for(i=0;i<=100;i++){
            // 循环体
            sum+=i;
        }
        System.out.println("和为："+sum);
    }
}
```

运行结果为：

```
和为：5050
```

在使用 for 循环的时候，必须明确几点：

① 要循环执行哪些语句，也就是循环体；

② 循环的初始状态是什么，也就是表达式 1 的内容；

③ 每次循环的区别在什么地方，如何修改这些变化的内容，也就是表达式 3 的内容的确定；

④ 确定循环的条件，循环到什么时候为止，也就是表达式 2 的内容。

上面介绍的是最一般的情况，可能会出现下面的一些特殊情况。

情况 1：表达式 1 用于初始化，并且只执行一次，所以可以认为与循环无关，可以把初始化放在循环之前完成，这样就会形成下面的结构：

```
表达式 1
for(;表达式 2;表达式 3)
{
   //循环体
}
```

这样上面的求和代码可以变成下面的代码(main 方法中的部分)：

```
int sum = 0;
int i;
i=0;
// 表达式 1 是一个空，但是分号不能省略
for(;i<=100;i++)
sum+=i;
System.out.println("和为："+sum);
```

情况 2：每次循环之后使用表达式 3 修改循环变量的值，只要循环一次，表达式 3 就会执

行一次，所以可以把表达式 3 放在循环体的里面，效果是完全相同的，因此就有了下面的格式：

```
for(表达式 1;表达式 2;)
{
    //循环体
表达式 3
}
```

上面的代码可以改成下面的样子：

```
int sum = 0;
int i;
for(i=0;i<=100;)
{
     sum+=i;
     i++;
}
System.out.println("和为: "+sum);
```

情况 3：表达式 2 也可以省略，如果省略，则循环就没有条件，循环也就不会在这里结束，相当于表达式 2 的值为 true。那么怎么让循环停止呢？可以在循环体内结束循环，使用后面将要讲到的 break。可以把 for 循环改成下面的格式：

```
for(表达式 1;;表达式 3)
{
    if(!表达式 2)
    break;
//循环体
}
```

【注意】因为原来表达式 2 是循环的条件，而现在需要的是结束循环的条件，所以需要对表达式 2 取反。

按照这种结构，上面的代码可以变成：

```
int sum = 0;
int i;
for(i=0;;i++)
{
     if(!(i<=100))
          break;
     sum+=i;
}
System.out.println("和为: "+sum);
```

情况 4：最典型的情况是 3 个表达式全部省略，形成下面的结构：

```
表达式 1
for(;;)
{
    if(!(表达式 2))
        break;
    //循环体
    表达式 3
}
```

上面的代码也就变成了：

```
int sum = 0;
int i;
i=0;
for(;;)
{
    sum+=i;
    i++;
    if(i>100)
         break;
    }
    System.out.println("和为："+sum);
}
```

【注意】

① 不管怎么变化，for 循环中用于分隔 3 部分的分号不能少。

② for( )括号后不能加分号，如果加了，相当于循环体是空语句。

下面是 for 循环的 8 种形式：

```
for(表达式 1;表达式 2;表达式 3){…}
for(;表达式 2;表达式 3){…}
for(表达式 1;;表达式 3){…}
for(表达式 1;表达式 2;){…}
for(;;表达式 3){…}
for(;表达式 2;){…}
for(表达式 1;;){…}
for(;;){…}
```

3.3.2 while 循环

while 循环的作用与 for 循环基本相同，只是结构不一样。

基本结构如下：

```
while(表达式 1)
{
   //循环体
}
```

该结构与 for 循环体中省略初始化部分和修改循环状态部分之后的结构基本相同，表达式 1 是循环的条件，与 for 循环中的表达式 2 的作用相同。这个结构更容易理解，只要表达式 1 的值为 true，就执行循环体，否则，结束循环。表达式 1 的值会随着循环体的执行而发生变化，否则要么死循环，要么一次也不执行。所以这里的循环体相当于 for 循环中的循环体与修改循环状态的部分。

例如：假设 1～n 的和最接近 10000，求 n。

分析：1～2 的和是 3，1～3 的和是 6，1～4 的和是 10，……，随着 n 的增大越来越接近 10000，但是当和接近 10000 的时候，再增大的话就又远离 10000，所以循环结束的条件就是刚大于或等于 10000 时，判断前 i 个数的和与前 i-1 个数的和与 10000 之间的距离最小。首先定义循环变量，并进行初始化，循环结束后判断和与 10000 的差值，决定取 i 还是 i-1。

【例 3-2】求 1～n 的和最接近 10000 中 n 的程序。

```
// WhileTest.java
public class WhileTest {
    public static void main(String[] args) {
        int i=0;
        while(sum<10000)    {
            i++;
            sum = sum+i;
        }
        if(sum-10000<10000-(sum-i))
            System.out.println(i);
        else
            System.out.println(i-1);
        System.out.println(sum);
    }
}
```

运行的结果为：

141

【注意】while 循环的圆括号后也不能加分号。

3.3.3 do-while 循环

与 while 循环基本相同，格式如下：

```
do
{
  //循环体
}while(表达式 1);
```

表达式 1 仍然是循环的条件，与 while 循环基本相同，区别有以下两点：

① 先循环，然后判断条件，所以至少可以循环一次；

② while(表达式 1)后面必须有分号。

【例 3-3】输出 1～20 之间的偶数。

```
// DoWhileTest.java
public class DoWhileTest {
    public static void main(String[] args) {
        int i=1;
        do{
            if(i%2==0)
                System.out.println(i+" ");
            i++;
        }while(i<=20);
    }
}
```

while 循环与 do-while 循环只有第一次循环的时候不一样，后面的过程完全一样，如果肯定能执行一次的话，则两个的效果是完全一样的。

for 循环与 while 循环的区别主要是：for 循环通常在知道循环次数的时候使用，而 while 循环通常在不确定循环次数的时候使用。

3.3.4 continue 语句和 break 语句

continue 语句主要在循环中使用，作用是跳出本次循环，如果后面有代码，则本次循环中后面的代码不再执行。

break 语句主要在两个地方使用：

① 跳出循环，不再执行循环；

② 分支结构中使用，跳出选择结构。

这两种情况前面都使用过，下面通过一个实例演示两个语句的用途。

【例 3-4】计算 1～1000 中能被 3 整除的数的和，如果和大于 5000，则不再计算，并输出这个和。

```
// ContinueAndBreakTest.java
public class ContinueAndBreakTest {
    public static void main(String[] args) {
        // 保存和
        int sum = 0;
        // 循环变量
        int i=1;
        for(;i<1000;i++)
        {
            // 如果和大于 1000，则使用 break 退出循环
            if(sum>5000)
                break;
            // 如果不是 3 的倍数，则结束本次循环，继续循环
            if(i%3!=0)
                continue;
            // 如果是 3 的倍数，并且和小于等于 5000，则累加这个数
            sum+=i;
        }
        // 输出最后的结果
        System.out.println(sum);
    }
}
```

运行结果为：

```
5133
```

可以使用标记指定 break 语句和 continue 语句的跳转位置。

【例 3-5】使用标记跳转的程序。

```
// BreakWithTag.java
public class BreakWithTag {
    public static void main(String[] args) {
        first: for(int i=1;i<=6;i++){
            System.out.println(i);
            second: for(int j=1;j<=i;j++){
                System.out.println("  "+i+"*"+j+"="+i*j);
                if(j==2)
                    break second;
                if(i>=4)
```

```
                    continue first;
               }
          }
     }
}
```

程序的运行结果如下：

```
1
  1*1=1
2
  2*1=2
  2*2=4
3
  3*1=3
  3*2=6
4
  4*1=4
5
  5*1=5
6
  6*1=6
```

代码中的标记主要用于指出循环结束的位置，读者可以自行分析程序的运行结果。

3.3.5 方法定义

在定义方法之前，必须明确方法要完成的功能是什么，功能决定了方法如何实现，称为方法体。假设两个数分别为 a 和 b，要求两个数的最大值可以编写如下代码：

```
int max=0;
if(a>b)
     max = a;
else
     max = b;
```

第 1 行定义了一个整型变量，表示最大值。第 2 行到第 5 行，判断如果 a 大于 b，则 a 是最大值，赋值给 max，否则 b 是最大值，赋值给 max。

在实现这个功能时，因为不知道两个数分别是什么，所以假设两个数是 a 和 b，在程序执行到这个地方时，a 和 b 的值就确定了，因此编写方法时用 a 和 b 表示，在这里 a 和 b 是参数，其他地方要调用这个方法时需要先对这两个参数赋值，它们的值是由调用者决定的，所以称为形参。

在方法执行结束时，需要把执行的结果返回给方法的调用者，使用 return 语句，下面的代码返回求的最大值：

```
return max;
```

方法的返回值类型需要在定义方法时声明。

编写好的方法是给其他地方使用的，而其他地方根据名字调用方法，所以需要给方法指定一个名字。

方法的名字、参数和返回值通常称为方法头。上面方法的方法头可以写成：

```
public static int max(int a,int b)
```

其中，public static 是方法修饰符，关于方法的修饰符将在第 4 章介绍，max 是方法的名字，max 前面的 int 是方法返回值类型，括号中的 int a,int b 称为形参。

上面求最大值的方法的完整代码如下：

```
public static int max(int a,int b){
    int max;
    if(a>b)
        max = a;
    else
        max = b;
    return max;
}
```

根据上面的介绍，方法定义的一般形式如下：

```
[方法修饰符] 返回值类型 方法名字(参数列表){
  方法体
}
```

如果方法不需要返回值，则返回值类型需要写成 void，就像前面介绍的 main 方法：public static void main(String[] args)；如果方法有返回值，则在方法体中需要使用 return 语句返回执行结果，返回值类型应该与返回的执行结果类型相同。方法名字必须符合标识符的命名规则，并且尽量能表示方法的功能。如果没有参数，则参数列表可以为空，如果有多个参数，则多个参数之间用逗号隔开。方法体需要使用一对花括号括起来，不管方法体是由多少行代码组成的，花括号都不能省略。

【例 3-6】编写一个方法，计算两个整型数的和。

```
public static int add(int a,int b){
    int sum;
    sum = a+b;
    return sum;
}
```

该方法的功能是求两个整数的和，所以参数为两个整型变量 int a，int b，其和也是整数，所以返回值类型也为 int，并且在方法的最后一条语句要有 return 语句。如果在 main 方法中直接调用该方法，则方法头的修饰符要加 static(原因将在第 4 章详细讲解)。

3.3.6 方法调用

在调用方法的时候，首先要知道方法是如何定义的。根据方法的名字调用，并且要传递方法需要的参数，如果该方法有返回值，则需要定义一个与返回值类型相同的变量来接收返回值。例如要调用上面的求最大值方法，可以使用下面的代码：

```
int x=10;
int y=12;
int result = max(x,y);
```

【注意】方法的调用使用 max(x,y)，使用的参数名字为 x 和 y，与方法定义的时候不同，也可以相同。因为这个地方使用的是实参，也就是说在执行到这个地方的时候，x 和 y 的值是 10 和 12，也可以直接写成 max(10,12)。而方法定义的时候，使用的是形参，仅仅表示有两个参数，但其值是由调用者决定的。

【例 3-7】编写一个 main 方法，调用例 3-6 中的 add 方法。

```
public static void main(String[] args) {
    int y=12;
    int x=10;
    int result = add(x,y);
    System.out.println("两个数的和为："+result);
}
```

3.3.7 方法重载

在 Java 中，同一个类中出现 2 个或 2 个以上的方法名相同，参数列表(包括参数的数量、类型和次序)不同的方法，称为方法重载。方法重载一般用于对不同类型的数据进行类似的操作。当调用一个重载的方法时，Java 编译器通过检查调用语句中参数的数量、类型和次序就可以选择合适的方法。如果两个方法只是有不同的返回类型，则不能说这两个方法发生了重载。因为当 Java 对重载方法调用时，只是简单地执行其参数与调用参数相匹配的方法版本。

【例 3-8】编写例 3-6 中 add 方法的重载方法，实现不但能求两个整数的和，还能求两个浮点数的和及三个整数的和。在 main 方法中调用 add 方法分别求 12 和 10 的和、12.5 和 23.6 的和以及 23，45，67 三个整数的和。

```
class TestMethod{
    public static void main(String[] args) {
        int y=12;
        int x=10;
        int result1= add(x,y);
        System.out.println("两个整数的和为："+result1);
        double result2=add(12.5,23.6);
        System.out.println ("两个浮点数的和为："+result2);
        int result3=add(23,45,67);
        System.out.println ("三个整数的和为："+result3);
    }
    public static int add(int a,int b){
        int sum;
        sum = a+b;
        return sum;
    }
    public static double add(double a,double b){
        double sum;
        sum = a+b;
        return sum;
    }
    public static int add(int a,int b,int c){
        int sum;
        sum = a+b+c;
        return sum;
    }
}
```

运行结果：

```
两个整数的和为：22
两个浮点数的和为：36.1
三个整数的和为：135
```

该程序中定义了3个同名的方法add，但是每个方法的参数都不同，返回值类型有的相同有的不同。在调用该方法时，根据所传参数，编译器会自行决定究竟调用哪一个add方法。这样重载的方法都是执行相关的任务，但可以满足用户对不同数据的加工要求，使程序更易读和易于理解。

3.4 项目学做

(1) 将该游戏代码封装到guess( )方法中。

(2) 定义counter变量并清0，用作记录猜测的次数。

(3) 定义guessNumber变量保存随机的数字。随机数的产生：方法Math.random( )可以产生[0,1)的浮点数。

(4) 为了从控制台输入整数，创建java.util.Scanner对象。

(5) 循环开始，通过java.util.Scanner中的nextInt( )方法输入猜测的数字，计时器进行累加，同时和随机数进行匹配，如果匹配成功使用break语句跳出循环，否则循环继续。

(6) main方法中调用guess( )方法。

具体的实现（完整程序请扫描二维码“3.4节源代码”）如下：

3.4节源代码

```
import java.util.Scanner;
public class GuessNumber {
    public static void guess(){
⋮
```

3.5 知识拓展

从JavaSE 5开始，增加了第二种for形式——for-each循环，该循环也叫增强型for循环。for-each循环一般用在一个对象集合中(如数组，集合)，以严格连续的方式顺次遍历所有元素。for-each循环的一般形式如下：

```
for(type var: object){
 //循环体
}
```

其中，type指定了类型，该类型必须与数组或集合中存储元素的类型相同(或相互兼容)。var为循环变量，随着循环的迭代，会取出数组或集合中的元素，循环会一直进行下去，直到数组或集合中所有元素都取出为止。例如用for循环计算数组中各个数值的总和，语句如下：

```
int arr[]={1,2,3,4,5,6};
int sum=0;
for(int i=0;ii<10;i++) sum+=arr[i];
```

该程序段是从头到尾读取数组中的每个元素，通过指定数组的下标i来完成的。现将该程序段改为for-each版本：

```
int arr[]={1,2,3,4,5,6};
int sum=0;
for(int x:arr) sum+=x;
```

改后的程序段会使循环更加自动化，无须建立循环计数器，无须指定开始和结束值，也无须为数组指定下标，它自动地从开始到结束每次获得一个元素。

【例 3-9】ForEach 使用的程序。

```
class ForEach {
    public static void main(String[] args) {
        int arr[]={1,2,3,4,5,6};
        int sum=0;
        for(int x:arr) sum+=x;
        System.out.println ("the sum is: "+sum);
    }
}
```

运行结果：

the sum is：21

3.6 强 化 训 练

1．编写程序，读入个数不确定的整数并判断读入的正数和负数个数，输入为 0 时结束程序。

2．编写方法判断一个数是否是水仙花数。水仙花数是指个位、十位和百位上三个数的立方和等于这个三位数本身的数，在 main 方法中调用该方法输出所有的水仙花数。

3.7 课 后 习 题

一、选择题

1．以下 for 循环的执行次数是(　)。

```
for(int x=0;(x==0)&(x>4);x++);
```

A) 无限次　　B) 一次也不执行　　C) 执行 4 次　　D) 执行 3 次

2．下列语句序列执行后，j 的值是(　)。

```
int  j=1;
for( int i=5; i>0; i-=2 )  j*=i;
```

A) 15　　B) 1　　C) 60　　D) 0

3．以下 for 循环的执行次数是(　)。

```
for(int x=0;(x==0)&(x<4);x++);
```

A) 无限次　　B) 一次　　C) 执行 4 次　　D) 执行 3 次

4．下列语句序列执行后，j 的值是(　)。

```
int  j=2;
for( int i=7; i>0; i-=2 )  j*=2;
```

A) 15　　B) 1　　C) 60　　D) 32

5．以下由 for 语句构成的循环执行的次数是(　)。

```
for  ( int  i = 0; true ; i++) ;
```

A) 有语法错，不能执行　　B) 无限次

C) 执行 1 次　　D) 一次也不执行

6．下列语句序列执行后，i 的值是(　)。

```
int s=1,i=1;
```

```
while( i<=4 )  {s*=i;i++;}
```

A) 6　　B) 4　　C) 24　　D) 5

7．下列语句序列执行后，j 的值是(　)。

```
int  j=8, i=6;
while( i>4 )   i-=2;
--j;
```

A) 5　　B) 6　　C) 7　　D) 8

8．下列语句序列执行后，k 的值是(　)。

```
int  m=3, n=6, k=0;
while( (m++) < (--n) ) ++k;
```

A) 0　　B) 1　　C) 2　　D) 3

9．以下由 do-while 语句构成的循环执行的次数是(　)。

```
int  m = 8;
do { ++m; } while ( m < 8 );
```

A) 一次也不执行　　B) 执行 1 次　　C) 8 次　　D) 有语法错，不能执行

10．下列语句序列执行后，i 的值是(　)。

```
int  i=10;
do {  i/=2; } while( i>1 );
```

A) 1　　B) 5　　C) 2　　D) 0

11．下列语句序列执行后，i 的值是(　)。

```
int  i=10;
do {  i/=2; } while( i--> 1 );
```

A) 1　　B) 5　　C) 2　　D) –1

12．下列循环中，执行 break outer;语句后，所列(　)语句将被执行。

```
outer:
     for(int i=1;i<10;i++)
     {
         inner:
         for(int j=1;j<10;j++)
         {
             if(i*j>50)
             break outer;
             System.out.println(i*j);
         }
     }
next:
```

A) 标号为 inner 的语句　　B) 标号为 outer 的语句

C) 标号为 next 的语句　　D) 以上都不是

13．下列循环中，执行 continue outer;语句后，(　)说法正确。

```
outer:
     for(int i=1;i<10;i++)
     {
         inner:
         for(int j=1;j<10;j++)
         {
```

```
            if(i*j>50)
            continue outer;
            System.out.println(i*j);
        }
    }
next:
```

A) 程序控制在外层循环中并且执行外层循环的下一次迭代

B) 程序控制在内层循环中并且执行内层循环的下一次迭代

C) 执行标号为 next 的语句

D) 以上都不是

14. 下列方法定义中，正确的是(　)。

A) int x(int a,b) { return (a−b); }

B) double x(int a,int b) { int w; w=a−b; }

C) double x(a,b) { return b; }

D) int x(int a,int b) { return a−b; }

15. 下列方法定义中，正确的是(　)。

A) void x(int a,int b); { return (a−b); }

B) x(int a,int b) { return a−b; }

C) double x { return b; }

D) int x(int a,int b) { return a+b; }

16. 下列方法定义中，不正确的是(　)。

A) float x(int a,int b) { return (a−b); }

B) int x(int a,int b) { return a−b; }

C) int x(int a,int b) { return a*b; }

D) int x(int a,int b) { return 1.2*(a+b); }

17. 下列方法定义中，正确的是(　)。

A) int x( ){ char ch='a'; return (int)ch; }

B) void x( ){ ...return true; }

C) int x( ){ ...return true; }

D) int x(int a, b){ return a+b; }

18. 下列方法定义中，方法头不正确的是(　)。

A) public int x( ){…}

B) public static int x(double y){…}

C) void x(double d) {…}

D) public static x(double a){…}

19. 在某个类中存在一个方法：void getSort(int x)，以下能作为这个方法重载的声明的是(　)。

A) public getSort(float x)

B) int getSort(int y)

C) double getSort(int x,int y)

D) void get(int x,int y)

20. 在某个类中存在一个方法：void sort(int x)，以下不能作为这个方法的重载的声明的是(　)。

A) public float sort(float x)

B) int sort(int y)

C) double sort(int x,int y)

D) void sort(double y)

21. 为了区分类中重载的同名的不同方法，要求(　　)。

A) 采用不同的形式参数列表

B) 返回值类型不同

C) 调用时用类名或对象名做前缀

D) 参数名不同

二、填空题

1. 以下方法 fun 的功能是求两参数之积。

int fun (int a, int b)　{　__________________;　　}

2. 以下方法 fun 的功能是求两参数之积。

float fun (int a, double b)　{　__________________;　　}

3. 以下方法 fun 的功能是求两参数的最大值。

int fun (int a, int b)　{　__________________;　　}

4．以下方法 m 的功能是求两参数之积的整数部分。

int m (float x, float y)　{　__________________;　}

5．同一个类中多个方法具有相同的方法名，不同的_____________称为方法的重载。

三、程序填空题

1．下面方法的功能是判断一个整数是否为偶数，将程序补充完整。

```
public ________ isEven(int  a)
{
    if(a%2==0)
      return ______;
    else
      return  false;
}
```

2．下面是一个 Java 应用程序(application)，它的功能是计算 s=1+2+3+...+10，请完成程序填空。

```
public _____ Class1
{
   public static void main( String args[] )
   {
      int s=0;
      for (int i=1;i<=10;i++)
      {
         s+=_______;
      }
      System.out.println("s="+s);
   }
}
```

3．下面是一个 Java 应用程序的主类的定义，其功能是输出乘法口诀表第一列，请完成程序填空。

```
public  class  MyClass
{
    public  static  void  main(String[] args)
    {
       int   j=1;
       for(int  i=1; ________; i++)
       {
          System.out.println(i+"*"+j+"="+________);
       }
    }
}
```

三、编程题

1．编写程序输出 1～20 之间的偶数。

2．编写程序输出 1～100 中能被 7 整除(例如 14、21)或者个位数是 7(例如 27、47)的数字。

3．编写一个嵌套的 for 循环打印下列图案：

```
1
1 2
1 2 3
1 2 3 4
1 2 3 4 5
```

4．编写应用程序，计算 1～10 之间的各个整数的阶乘，并将结果输出到屏幕上。

5．编写一个 Java 应用程序，用循环结构打印如下的数值列表：

N	10*N	100*N	1000*N
1	10	100	1000
2	20	200	2000
3	30	300	3000
4	40	400	4000
5	50	500	5000

6．编写 Java 应用程序，要求输出一个如下的菱形。

```
    *
  * * *
* * * * *
  * * *
    *
```

7．编写一个主类 Triangle，要求在它的 main 方法中写一个嵌套的 for 循环，通过这个嵌套的循环在屏幕上打印下列图案：

```
              1
            1 2 1
          1 2 3 2 1
        1 2 3 4 3 2 1
      1 2 3 4 5 4 3 2 1
    1 2 3 4 5 6 5 4 3 2 1
  1 2 3 4 5 6 7 6 5 4 3 2 1
1 2 3 4 5 6 7 8 7 6 5 4 3 2 1
```

8．编写一个方法将摄氏温度转换成华氏温度，转换公式如下：华氏度=(9/5)*摄氏度+32，同时在 main 方法里进行该方法的调用。

9．编写一个方法，它能够按位逆序返回其整型参数。比如，给定整型参数值如果为 7321，则方法的返回值应该为 1237。然后在 main 方法中调用该方法，输出整数 352 的位逆序整数。

10．某停车场对 3 小时内的车最低收费 5 元。如果超过 3 小时，则每个小时另外收 1 元，不到 1 小时按照 1 小时收费。最高不超过 20 元。要求编写一个方法，根据停车的小时数计算需要交的费用，并在 main 方法中利用该方法求停车 7.5 小时应交的费用。

第二篇　面向对象程序设计篇

第4章　复　数　类

【本章概述】本章以项目为导向，介绍了 Java 语言中关于类与对象的语法规则和作用。通过本章的学习，读者能够理解面向对象的基本思想，理解类与对象的关系，掌握 Java 语言中类的声明，以及创建和使用对象的方法。

【教学重点】类的声明、创建和访问对象、构造方法。

【教学难点】构造方法。

【学习指导建议】学习者应首先通过学习【技术准备】，了解 Java 语言中关于类与对象的语法规则和作用。通过学习本章的【项目学做】完成本章的项目，了解面向对象的基本思想，理解类与对象的关系。通过【强化训练】巩固对本章知识的理解。最后通过【课后习题】进行学习效果测评，检验学习效果。

4.1　项 目 任 务

复数运算在 Java 的基本运算符中并不存在，本项目采用面向对象的思想声明一个能够描述所有复数特征的复数类，通过该复数类能够实现复数间的运算。

4.2　项 目 分 析

1．项目完成思路

根据项目任务描述的项目功能需求，本项目需要定义两个类，具体可以按照以下过程实现。

(1) 定义复数类

先定义一个复数类，该类中定义了表示实部和虚部的两个属性，定义复数类的构造方法能同时给实部和虚部赋值，定义实现复数加、减、乘的成员方法。

(2) 定义测试类

为了测试已经定义的复数类是否正确，需要定义带有 main 方法的测试类。在 main 方法中实例化两个复数类对象，通过对象调用复数类中的加、减、乘方法，并将计算结果的实部和虚部分别显示输出。

2．需解决的问题

(1) 如何用 Java 语言定义一个复数类？如何定义复数类中的属性和方法？

(2) 加、减、乘这三个成员方法需要定义几个形式参数？返回值类型是什么？怎么写方法体？

(3) 如何声明并实例化复数类对象如何通过复数类对象调用成员方法?

解决以上问题涉及的技术将在 4.3 节中详细阐述。

4.3　技 术 准 备

现实世界中我们看到的每一个具体实物，如桌子、椅子、笔记本，乃至我们自己，都是一个个具体的对象。例如，张三和李四在作为学生这点上有一些共同特点，都有：学号、姓名、成绩等，因此他们都是学生，但这些相同的特点在具体细节上又有所不同，因而他们成为学生类中迥然不同的两个对象。由此可见，在现实世界中是先有一个个具体的对象，为了更好地分析和认识这些对象，将这些具体的对象抽取出共有的特征而形成了类的概念。但在软件系统中为了描述真实世界中的对象则必须先描述类，下面先介绍如何使用 Java 语法来描述类。

4.3.1 类的定义

1. 示例代码

【例 4-1】定义矩形类。

```
//定义类，类名为 Rectangle，文件名为 Rectangle.java
class Rectangle {
    //定义属性，表示矩形的长和宽
    int length=1;
    int width=1;
    //定义方法，求矩形面积
   public int area(){
        int temp=length*width;
        return temp;
    }
}
```

编译该类后，除了保存的源文件 Rectangle.java 外，还生成了一个新的扩展名为 class 的文件：Rectangle.class，该文件就是编译类 Rectangle 生成的字节码文件。

2. 代码分析

例 4-1 展示了在 Java 语言中如何定义一个类。首先类的定义是由关键字 class 描述的，其次类定义中可以包含属性定义和方法定义两部分，这两部分放在类定义的左右花括号之间。类中的属性表示该类对象的状态或者特征，而方法表示该类对象的行为，行为用于改变对象自身的状态，或者向其他对象发送消息。

Rectangle 是一个“矩形”类，要想描述一个矩形，必须指明这个矩形的长度和宽度。作为所有“矩形”对象的共有特征，在类定义时需要定义两个属性 length 和 width，代表“矩形”的长度和宽度，这里给定了长和宽的初始值都是 1。其实我们完全可以不指定属性的初始值，而通过其他方法设定其值，关于如何设定将在后续章节介绍。

在 Rectangle“矩形”类中还定义了一个方法 area，是用来求矩形面积的。我们知道，矩形面积＝矩形的长度×矩形的宽度，因为矩形的长度和宽度已经作为类的属性定义过了，而属性在类定义体内(即类的左右花括号内)相当于全局变量，所以在 area 方法定义的头部不需要再定义任何参数而是直接把定义过的属性拿来用即可。但计算完矩形面积要把该值带出去，所以 area 方法的返回值不应该是 void 类型，同时因为 length 和 width 的类型都是 int 型，所以二者乘积后的类型可以为 int 型，即方法的返回值类型定义为 int 型。

在这个示例程序中，属性声明放在方法定义之前。其实，在类定义中属性和方法可以按照任何顺序声明都是合法的。

3. 知识点

下面以例 4-1 来说明在 Java 中定义(声明)一个类的基本语法结构。

(1) 类的定义

语法格式：

```
[修饰符] class    类名-------------类头定义
{               -------------类体定义
      [修饰符]    类的属性定义
      [修饰符]    类的方法定义
}
```

类的定义又可以称作类的声明，一般由两个部分组成：类头定义和类体定义。

(2) 类头定义

语法格式：

```
[修饰符]  class  类名(加[]的内容表示可选项)
```

例如：class　Rectangle

其中修饰符用来说明类的特殊性质，分为访问控制修饰符、抽象修饰符(abstract)、最终修饰符(final)三种，例 4-1 中的访问控制修饰符是省略的。类头定义中 class 是关键字，要小写。类名要符合 Java 语言定义标识符的规定，即：标识符可以由字母、数字、下画线或$符号组成，对标识符的长度没有特别的限制；标识符必须以字母、下画线或$符号开头；标识符区分大小写，不能使用系统的保留字。

【注意】 class 要小写，Java 是大小写敏感的语言。

(3) 类体定义

类定义中包含在左右花括号之间的部分称作类体，类体定义主要完成对类的属性和方法的定义。

● 类的属性

定义属性的基本语法结构如下：

```
[修饰符] 变量类型 变量名=[变量初始值]
```

例如：int　length;

属性的修饰符分为访问控制修饰符、静态修饰符(static)、最终修饰符(final)，而例 4-1 中属性 length 的访问控制修饰符是省略的。

一个类的属性可以是简单类型，如 int、double、char 等，也可以是其他类的对象或数组等复杂的数据类型，见例 4-2。

【例 4-2】 其他类对象作为本类属性。

```
//Face.java
class Eye{
    void open()
    {}
    void close()
    {}
}
class Face{
    //Eye 类的对象作本类的属性
    Eye eyes;
    void smile()
    {}
}
```

在例 4-2 中，Eye 类对象 eyes 作 Face 类的属性。如果在引用(引用可以理解为是别名)eyes 属性前没有为其赋值(将其作为其他 Eye 类对象的引用)，则系统会自动将 null(null 是 Java 系统提供的关键字，表示“空”)赋给 eyes。

【注意】

① 属性是指在类体左右花括号之间但在所有方法外定义的变量，如果是在类内且在方法内定义的变量是局部变量。

② 在类定义中，属性声明和方法定义可以采用任何顺序，并且属性如果没有给定初始值，系统会根据数据类型给其一个默认值。

● 类的方法定义

一个类的方法是类和外部进行交互的途径。类的方法定义的基本语法如下：

```
[修饰符] 返回值类型 方法名(形参列表)-------------------方法头
{
    局部变量定义
                                    -------------------方法体
    语句序列
}
```

例如：

```
public int area()
{
     int temp=length*width;
     return temp;
}
```

其中，类的方法的修饰符包括访问控制修饰符、静态修饰符(static)、抽象修饰符(abstract)、最终修饰符(final)。area 方法的访问控制修饰符是 public 的。

4．举一反三

下面仿照例 4-1 来完成一道练习，题目描述如下：

定义一个圆类，类名为 MyCircle。此类有一个属性 radius 表示半径，数据类型为整型，有一个方法 area 求圆的面积，完成此类的定义及编译。

4.3.2 创建对象

例 4-1 编译通过，如果试着运行这段代码，则会看到如下输出：

```
Exception in thread “main” java.lang.NoSuchMethodError: main
```

为什么系统会报错？如何才能测试 Rectangle 类？这是本节要解决的问题。

1．示例代码

为了回答前述两个问题，需要在例 4-1 上添加若干代码，完整程序如例 4-3 所示。

【例 4-3】修订程序 4-1。

```
//添加代码，定义 Rectangle 的测试类
public class RectangleTest
{         //新添加代码！！
          public static void main(String[] args)
          {   //声明 Rectangle 对象 obj
              Rectangle obj;
              //实例化 Rectangle 对象 obj
```

```
            obj=new Rectangle();
            System.out.println("矩形长和宽是:"+obj.length+","+ob.width);
            /*通过对象名 obj 调用方法 area 计算面积
             *同时把计算结果赋给局部变量 result*/
            int result=obj.area();
            //输出面积值
            System.out.println("矩形面积是:"+result);
        }
    }
}
//原来例 4-1 的代码
//Rectangle.java
//定义类,类名为 Rectangle
class Rectangle
{
    //定义属性,表示矩形的长和宽
    int length=1;
    int width=1;
    //定义方法,求矩形面积
    public int area(){
        int temp=length*width;
        return temp;
    }
}
```

编译运行得到如下结果:

```
矩形长和宽是:1,1
矩形面积是:1
```

2. 代码分析

Rectangle 类和例 4-1 中是一样的,不再重复讲解,下面分析的重点集中在新添加的这段代码上。因为所有的 Java 程序都是由类组成的,为了测试 Rectangle 类的功能也需定义一个类,即 RectangleTest 类,这个类的类头定义部分出现了一个新的修饰符 public,这是一个访问控制修饰符,被这个修饰符修饰的类原则上可以被任何其他类引用。这个测试类只有一个方法,即 main 方法,main 方法是本程序执行的入口点,因此也把 RectangleTest 类称为主类。如果一个 Java 源文件中包含多个类定义,则此 Java 源文件的文件名必须和主类的类名一致,这就是在代码编辑时将源文件命名为 RectangleTest 的原因(思考:编辑例 4-2 时应如何命名源文件)。

main 方法的修饰符中出现了一个静态修饰符 static,被 static 修饰的方法是属于该类的方法,无须创建对象即可直接调用。关于 main 方法的方法头的构成目前只需按照例 4-3 中的书写记住即可。在 main 方法中完成了对 Rectangle 类的对象 obj 的声明及创建过程,分别对应 Rectangle obj 和 obj=new Rectangle( )。其中 Rectangle obj 是对象的声明,这条语句只是简单地把类 Rectangle 和对象 obj 联系起来,此时并没有为 obj 分配内存空间,但该变量已有了一个特殊的值 null,表示对象尚未创建。new Rectangle( )创建了类 Rectangle 的一个对象,也即在内存中为其分配空间。obj=new Rectangle( )语句对 obj 而言,它的值是一个引用,是对 new Rectangle( )在内存中分配的一段存储地址的一个引用。

对象创建出来后,该对象的属性和方法就可以通过对象名加上“.”来引用,如例中

“obj.length”通过对象名 obj 来引用 length 属性，而语句“result=obj.area( );”通过对象名 obj 来引用 area 方法，计算对象 obj 的面积值并赋给变量 result。

新添加的代码中还出现了一条具有向显示器输出功能的语句 System.out.println，这条语句中双引号中的内容原样显示在屏幕上，其中出现的“+”起到连接字符串的作用，关于该语句的详细解释请参考后续章节。

3．知识点

(1) 创建对象

定义类的目的是为了使用类，使用类就要创建并操纵类的对象。

语法格式 1：类名　　对象名;　　　　　对象名=new 类名( );

例如：　　　Rectangle　obj;　　　　　obj= new　Rectangle( );

语法格式 2：类名　　对象名=new 类名( );

例如：　　　Rectangle　obj = new　Rectangle( );

【注意】new 需小写，两种语法格式等价。

(2) 通过对象名调用方法

创建对象后，如果希望对象能和外界交互，就要使用对象的方法。

语法格式：对象名.方法(实参列表)

例如：　　obj.area( );

(3) 通过对象名调用属性

语法格式：对象名.属性名

例如：　　obj.width;

4．举一反三

下面请仿照例 4-3 来完成一道练习，题目描述如下。

有类 MyCircle 定义如下：

```
class  MyCircle
{
    int  radius;
    double area()
    {   double  PI=3.14159;
         return  PI*radius*radius;
    }
}
```

为 MyCircle 类定义一个测试类，类名为 MyCircleTest，该测试类只有一个 main 方法，在 main 方法中声明实例化 MyCircle 类对象 obj，并将 obj 的半径 radius 赋值为 5，然后调用 area 方法计算面积值并输出到显示器上。

4.3.3　构造方法

在例 4-3 的类 Rectangle 中创建对象是使用语句“new Rectangle( )”来实现的，这里的 Rectangle( )就是构造方法，但是纵观 Rectangle 类定义，并没有定义构造方法，为什么在创建对象时可以直接调用？同时也应该注意到对象 obj 的长和宽都是预先设定的值 1，那么如何能创建出初始值多样的 Rectangle 类对象？本节将回答这两个问题。

1．示例代码

例 4-4 展示如何在类中定义带参的构造方法以方便创建出初始值多样的 Rectangle 对象。

【例 4-4】定义带参的构造方法。

```
//RectangleTest2.java
public class RectangleTest2
{
    //新修改代码！！
    public static void main(String[] args)
    {
        //调用带参的构造方法声明实例化 Rectangle 对象 obj
        Rectangle  obj=new Rectangle (2,3);
        //输出 obj 对象的长和宽属性值
        System.out.println("矩形的长和宽是："+obj.length+","+obj.width);
        /*通过对象名 obj 调用方法 area 计算面积
         *同时把计算结果赋给局部变量 result*/
        int result=obj.area();
        //输出面积值
        System.out.println("矩形的面积是："+result);
    }
}
  //Rectangle.java
class Rectangle    //定义类，类名为 Rectangle
{
    //定义属性，表示矩形的长和宽
    int length=1;
    int width=1;
    //定义方法，求矩形面积
    public int area()
    {
        int temp=length*width;
        return temp;
    }
    /*新添加代码，定义带参的构造方法分别为属性
     *length 和 width 赋值*/
    public Rectangle(int x,int y)
    {
        length=x;
        width=y;
    }
}
```

编译运行得到如下结果：

```
矩形的长和宽是：2,3
矩形的面积是：6
```

2．代码分析

例 4-4 定义了两个类，即 Rectangle 和 RectangleTest。在 Rectangle 类中定义了一个新的带参数的构造方法，利用这个带参的构造方法再创建 Rectangle 对象时，可以根据给定的实参值

创建出具有不同长度和宽度值的矩形对象，如 obj 的长度和宽度分别为 2 和 3。看一下这个构造方法，会发现它和前述介绍的类方法定义语法不太一样，最明显的地方就是它没有返回值类型，注意并不是说返回值类型为 void，而是没有，另一个明显的特征就是构造方法的方法名和类的名字一模一样。

下面在例 4-4 的 main 方法中做一些修改，main 方法改成如下：

```
public static void main(String args[])
{
    Rectangle  obj=new Rectangle ();//修改的地方！！
    System.out.println("矩形的长和宽是："+obj.length+","+obj.width);
    int result=obj.area();
    System.out.println("矩形的面积是："+result);


}
```

再次编译修改后的代码，得到如下的错误提示：找不到符号，同时错误定位到刚刚修改过的那行代码。此例说明，当在类中只明确定义了带参数的构造方法后，则不能像没定义构造方法时那样，再调用无参的构造方法来创建类的对象。

如果希望例 4-4 修改后的 main 方法编译仍能通过，则可以在 Rectangle 类定义中再添加一个构造方法，修改后的 Rectangle 如下所示：

```
//定义类，类名为 Rectangle
    class Rectangle
    {
        //定义属性，表示矩形的长和宽
        int length=1;
        int width=1;
        //定义方法，求矩形面积
        public int area()
        {
            int temp=length*width;
            return temp;
        }
        /定义带参的构造方法分别为属性 length 和 width 赋值*/
        public Rectangle(int x,int y)
        {
            length=x;
            width=y;
        }
        //添加一个无参的构造方法！！
        public Rectangle()
        {}
    }
```

3. **知识点**

① 构造方法是类的一种特殊方法，其特殊性主要体现在如下几个方面：

- 构造方法的名字与类名完全相同；
- 构造方法没有返回值类型；
- 如果在定义一个类时没有定义构造方法，则系统会自动为该类生成一个构造方法，此构造方法的名字与类名完全相同，但它没有任何形式参数；

● 如果在定义类时只定义了带参的构造方法，则系统不会为其提供无参的构造方法，则此时不可调用无参的构造方法来创建对象，除非又明确定义了无参的构造方法；

● 构造方法只能在用 new 创建类的对象时由系统调用。

② 构造方法定义的语法格式：

[访问控制修饰符] 方法名(形参列表) {方法体}

例如：

```
public Rectangle(int x,int y)
    {
        length=x;
        width=y;
    }
```

③ 构造方法调用的语法格式：

类名 对象名=new 构造方法(参数列表)

例如：

```
Rectangle obj=new Rectangle (2,3);
```

引入构造方法是为了：

● 保证每个新创建的对象处于正常合理的状态；

● 引入灵活性，满足各种复杂操作的需要。

4．举一反三

请仿照例 4-4 完成如下题目：

定义一个笔记本类，该类有如下两个属性：颜色，数据类型为字符串(即 String 类)；CPU 型号，数据类型为字符串。该类有两个方法：(1)带两个参数的构造方法，完成对两个成员变量的初始化，两个参数分别是初始化时需要的值；(2)显示笔记本信息的方法 show( )，该方法的功能是输出笔记本的颜色和 CPU 的型号。

定义一个笔记本类的测试类，该类只有一个 main 方法，在 main 方法中创建笔记本类的一个对象，并将其颜色初始化为“black”(黑色)，将其 CPU 型号初始化为“386”，然后调用 show 方法显示该对象的颜色及 CPU 型号。

(提示：定义字符串类型变量的语句是 String x; 给字符串变量赋值时该值需用双引号引起来，如 x="wwww";)

4.4 项 目 学 做

(1) 定义复数类，有两个 double 型属性表示实部和虚部。

```
class ComplexNumber
{
   double  realPart;      //定义属性表示实部
   double  imagePart;     //定义属性表示虚部
}
```

(2) 定义带参数的构造方法，给实部和虚部赋值。

```
ComplexNumber(int real, int image)
{
```

```
        realPart=real;
        imagePart=image;
    }
```

(3) 计算两个复数的加法，因为方法是通过对象调用的，所以调用该方法的对象是参与运算的一个参数，因此形参只需一个即可。另外，两个复数的加法结果也是复数，因此返回值类型是复数类型。

```
    ComplexNumber  add (ComplexNumber another)
    {
       double real=realPart+another.realPart;
       double image=imagePart+another.realPart;
       return new ComplexNumber(real, image);
    }
```

(4) 计算两个复数的减法，因为方法是通过对象调用的，所以调用该方法的对象是参与运算的一个参数，因此形参只需一个即可。另外，两个复数的减法结果也是复数，因此返回值类型是复数类型。

```
    ComplexNumber  sub(ComplexNumber another)
    {
       double real=realPart-another.realPart;
       double image=imagePart-another.realPart;
       return new ComplexNumber(real, image);
    }
```

(5) 计算两个复数的乘法，因为方法是通过对象调用的，所以调用该方法的对象是参与运算的一个参数，因此形参只需一个即可。另外，两个复数的乘法结果也是复数，因此返回值类型是复数类型。

```
    ComplexNumber mul(ComplexNumber another)
    {
        double real=realPart*another.realPart-imagePart*another.realPart;
        double image=imagePart*another.realPart-realPart*another.imagePart;
        return new ComplexNumber(real,image);
    }
```

(6) 定义含有 main 方法的测试类，在 main 方法中声明并实例化两个复数类对象 first 和 second，并调用加、减、乘法后输出结果的实部和虚部。

```
    public class Test{
      public static void main(String []args)
      {     //声明并实例化两个复数对象 first 和 second
            ComplexNumber first=new ComplexNumber(1,2);
            ComplexNumber second=new ComplexNumber(3,4);
           //将二者的和赋值给 addR，并输出其实部和虚部
            ComplexNumber addR=first.add(second);
            System.out.println("the sum realPart is:"+addR.realPart+
              "  and imagePart is: "+addR.imagePart);
           //将二者的差赋值给 subR，并输出其实部和虚部
            ComplexNumber subR=first.sub(second);
            System.out.println("the sub realPart is:"+subR.realPart+
              "  and imagePart is:"+subR.imagePart);
          //将二者的积赋值给 mulR，并输出其实部和虚部
```

```
        ComplexNumber mulR=first.mul(second);
        System.out.println("the sum realPart is:"+ mulR.realPart+
          " and imagePart is:"+ mulR.imagePart);
    }
}
```

在这个小项目里，我们定义了两个类：一个是复数类 ComplexNumber，一个是测试类 Test，如果二者放在一个源文件中，则只能有一个类被 public 修饰。通常这个类也应该是 main 方法所在的类，如上所示我们将 Test 类定义为被 public 修饰，遵循 Java 的源文件名应该和主类一致的原则，所以这个源文件被命名为 Test.java。当然，如果一定要把这两个类都定义成被 public 修饰的也可以，但二者就要定义在两个源文件里了，并且这两个源文件一定被命名为 ComplexNumber.java 和 Test.java。

ComplexNumber 中有计算加、减、乘的 3 个成员方法，返回值都是 ComplexNumber 引用类型。也就是说，测试类中的 addR，subR 和 mulR 都是这 3 个方法体中实例化出来的 3 个对象的引用。

可能有人会有疑惑：加、减、乘都是二元运算，为什么只提供了一个形式参数？从测试代码可以看出，在调用这 3 个方法时都是通过其中的一个对象 first 去调用的，所以 first 也是参与到这个二元运算中的一元，因此只需再提供一个参数就可以了。

有人会觉得 main 方法在输出 3 个结果时把实部和虚部分开太烦琐，能不能直接输出 addR，subR，mulR 三个对象就自动能显示实部和虚部信息呢？要想达到这种效果，需要在 ComplexNumber 中添加如下的一个方法：

```
public String toString()
{
    return  "realPart is:"+ realPart+"  and imagePart is:"+ imagePart);
}
```

则 main 方法改成如下形式即可：

```
public static void main(String []args)
{
    //声明并实例化两个复数对象 first 和 second
    ComplexNumber first=new ComplexNumber(1,2);
    ComplexNumber second=new ComplexNumber(3,4);
    //将二者的和赋值给 addR，并输出其实部和虚部
    ComplexNumber addR=first.add(second);
    System.out.println(addR);
    //将二者的差赋值给 subR，并输出其实部和虚部
    ComplexNumber subR=first.sub(second);
    System.out.println(subR);
    //将二者的积赋值给 mulR，并输出其实部和虚部
    ComplexNumber mulR=first.mul(second);
    System.out.println(mulR);
}
```

如此修改后，在 main 方法中输出对象名即可自动调用 toString 方法，具体内容在后续章节中会有详述。

4.5 知识拓展

4.5.1 对象作为方法的参数

前面介绍了对象可以作为另一个类的属性，同样对象也可以作为方法的参数，那么对象作方法的参数和基本类型作方法的参数有哪些不同呢？这是本节要解决的问题。

1．示例代码

【例 4-5】基本数据类型作形参和对象作形参的区别。

```
// Test1.java
public class Test1
{
    public static void main(String [] args)
    {
    //声明并定义局部变量 local
        int local=0;
        //声明并创建对象
        One ex1=new One();
        //输出调用 add 方法前属性 a 的值和局部变量 local
        System.out.println("before add ex1.a="+ex1.a+",local="+local);
        //方法调用
        ex1.add(ex1,local);
        //输出调用 add 方法后属性 a 的值和局部变量 local 值
        System.out.println("after add ex1.a="+ex1.a+",local="+local);
    }
}
class One
{   int a;
    //构造方法
    public One()
    {
        a=0;
    }
    //方法定义，对象作形式参数
    public void add(One x,int y )
    {
        x.a++;
        y=y+1;
    }
}
```

编译运行得到如下结果：

```
before  add  ex1.a=0, local=0
after   add  ex1.a=1, local=0
```

2．代码分析

例 4-5 类 One 有一个 add 方法，这个方法的两个形式参数分别由对象和基本数据类型充当。从测试类的运行结果能够看出，在 add 体内对形参 y 的改变没有影响到实际参数 local，

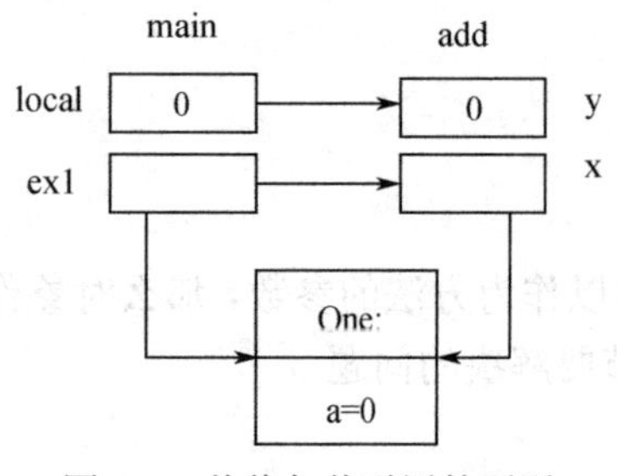

图 4-1　传值与传引用的区别

而对对象类型的形参 x 的修改影响到了实际参数 ex1。这种差别的产生是由于两个形参分别由对象和基本数据类型来充当造成的。因为方法调用时，基本数据类型作形参传递的是值，即是把实际参数 local 的值拷贝了一份副本，在 add 方法体内操纵的就是这个副本，所以方法体内的改变不能影响到实际参数。而对象作形参，方法调用时传递的是对象的引用，即此时形参、实参指向同一内存空间，所以对形参的改变能够影响到实际参数。这个过程如图 4-1 所示。

3. 知识点

基本数据类型作形参和对象作形参有重要区别：

基本数据类型作形参是实参将其值传递给形参，此时形参取得实参的一个副本，方法体内对形参的改变不会影响到方法外的变量值。

对象作形参是实参将引用传递给形参，此时形参和实参指向同一内存空间，方法体内的任何改变都会影响实参对象。

4. 举一反三

请给出如下程序的运行结果：

```
public class Ref
{
    int i=9;
    public static void main(String argv[])
    {
        Ref r = new Ref();
        r.amethod(r);
    }
    public void amethod(Ref r)
    {
        multi(r);
        System.out.println(i);
    }
    public void multi(Ref r)
    {
        r.i = r.i*2;
    }
}
```

4.5.2 终结器

前面介绍了如何声明并创建对象，其实对象和普通的变量一样，都有其产生和消亡的过程，Java 对象的生命周期包括 3 个部分：对象的创建、对象的使用(包括对象变量的引用和对象方法的调用)和对象的释放。对类的对象来说，如果用完就扔掉并不总是安全的选择。但是在前面所看到的所有示例中都没有涉及对对象所占用空间的回收问题，因为 Java 提供了“垃圾收集”机制。在具体运行中，“垃圾收集”是由一个称为垃圾收集器的程序实现的。Java 运行系统会为对象对应的内存设标记，而当这个对象结束使用时会自动清除标记，有了这种标记设置和清除规则，垃圾收集器就可以周期性地扫描所有的 Java 对象有关的内存标记，将无标记的内存区列入可供分配的范畴，从而起到垃圾收集的作用。因为垃圾收集器涉及读写等操作，相对较慢，所以尽管扫描过程是周期进行的，但垃圾收集操作却以较低优先级留待系统空闲时才能得以完成。除了自动垃圾收集外，Java 运行系统也允许程序员调用方法 System.gc( )来请求垃圾收集。此外，Java 系统开始运行时会自动调用一个名为 finalize( )的方法，此方法的功能之一就是释放对象所占用的内存。正如构造方法是创建对象时所用的方法一样，finalize( )方法就是当对象已经无用，需要销毁时回收对象所占空间时执行的方法，请看示例程序。

1．示例代码

【例 4-6】垃圾回收机制。

```
// FinalizeTest.java
class Ball
{
    public void finalize()
    {
        System.out.println("A ball has been free & collected");
    }
}
//测试类
public class FinalizeTest
{
    public static void main (String[] args)
    {
        //用这一行和下面一行分别测试运行结果;
        int number = 100;
        //int number = 10000;
        System.out.println("Start to create balls!");
        for(int j=0; j<number; j++)
        {
            Ball b = new Ball();
        }
        System.out.println("End of the program!");
    }
}
```

编译运行得到如下运行结果：

```
Start to create balls!
End of the program!
```

没有看到 finalize 执行的输出结果。把语句 int number = 100;注释掉，把下一条语句前的注释符号去掉，再次编译运行，得到如下输出：

```
Start to create balls!
A ball has been free & collected
A ball has been free & collected
A ball has been free & collected
…
End of the program!
```

说明 finalize 方法被调用。但是发现在程序中并没有显示调用 finalize 方法，可见是由系统自动调用的。

2．知识点

- finalize 方法是系统在回收对象时执行的方法；
- Java 中释放对象所占用的资源是由系统的垃圾回收机制自动完成的；
- 终结器方法不能由编程人员显式调用执行；
- finalize 方法的原型如下：protected void finalize();

4.6 强 化 训 练

定义一个二维空间的点类，有横、纵坐标信息，有计算两点之间距离的方法，有将当前点的横、纵坐标移动一定距离到下一个位置的方法。定义一个测试类测试点的这两个方法。

4.7 课 后 习 题

一、选择题

1．设 i , j 为类 X 中定义的 double 型变量名，下列 X 类的构造方法中不正确的是(　)。

A) double　X(double k){ i=k; return i; }　　B) X( ){i=6;j=8; }

C) X(double m, double n){ i=m; j=n; }　　D) X(double k){ i=k; }

2．设 A 为已定义的类名，下列声明 A 类的对象 a 的语句中正确的是(　)。

A) public　A　a=new　A( );　　B) public　A　a=A( );

C) A　a=new　class( );　　D) A　a;

3．设 i , j 为类 X 中定义的 int 型变量名，下列 X 类的构造方法中不正确的是(　)。

A) void X(int k){ i=k; }　　B) X(int k){ i=k; }

C) X(int m, int n){ i=m; j=n; }　　D) X( ){i=0;j=0; }

4．有一个类 A，以下为其构造方法的声明，其中正确的是(　)。

A) public A(int x){...}　　B) static A(int x){...}

C) public a(int x){...}　　D) void A(int x){...}

二、填空题

1．通过类 MyClass 中的不含参数的构造方法，生成该类的一个对象 obj，可通过以下语句实现：________________________。

2．下面是一个类的定义，请完成程序填空。

```
public  class  ______________
{
    int  x, y;
    Myclass ( int  i, ____________)   // 构造方法
    {
        x=i;   y=j;
    }
}
```

3．下面是一个类的定义，请将其补充完整。

```
class ____________
{   String   name;
```

```
    int   age;
    Student( ________  s, int  i)
    {
        name=s;
          age=i;
    }
}
```

三、程序阅读题

下面是一个类的定义，根据题目要求回答以下问题。

```
class  B{
    private int x;
        private char y;
    public B(int i,char j)  {
        x=i; y=j;
    }
    public void show()  {
        System.out.println("x="+x+"; y="+y);
    }
    public void methodC(int x)  {
        this.x=this.x+x;
          y++;
        show();
    }
}
```

(1) 定义类B的一个对象b，将类中的变量x初始化为10、变量y初始化为'A'，请写出相应的语句。

(2) 若在(1)基础上有方法调用语句：b.show( );则输出如何？

(3) 若在(1)基础上增加语句: b.methodC(1); 则输出为何？

四、编程题

编写账簿类 AccountBook 类。类中有 3 个属性：accountName(String 类型)、income(double 类型)和outcome(double 类型)。要求设置收入/支出访问器方法时收入额/支出额不能为负数。定义通过收入和支出自动计算余额的方法 compute。再编写测试类，在测试类中用 AccountBook 类创建一个账簿对象，设置名称是“张三”、收入 30，支出 10，并将账户名称“张三”、该账户收入额和支出额及该账户的余额输出到控制台。

第5章　货 物 管 理

【本章概述】本章以项目为导向，深入介绍了关于声明类的细节问题，包括作用域问题、属性隐藏问题、访问控制问题等。通过本章的学习，读者能够理解属性与变量的区别，掌握软件包的用法，理解this关键字的作用，掌握访问控制修饰符和static修饰符的用法，能够熟练使用String类和ArrayList类的常用方法。

【教学重点】变量的作用域、访问控制、this。

【教学难点】this、static修饰符。

【学习指导建议】学习者应首先通过学习【技术准备】，了解Java语言中关于声明类的细节问题。通过学习本章的【项目学做】完成本章的项目，理解和掌握变量作用域、访问控制修饰符、this关键字的作用和用法。通过【强化训练】巩固对本章知识的理解。最后通过【课后习题】进行学习效果测评，检验学习效果。

5.1　项 目 任 务

该项目要编程实现一个货物管理的简单功能：能描述货物的编号、名称，显示某特定货物的相关信息；能描述货物的类别，显示该类别的所有货物信息以及为该类别添加一个货物；能根据货物名称查找货物，将某个货物或某些货物添加到它所隶属的类别里，并显示该系统中所有的货物类别及其该类别中的所有货物信息。

5.2　项 目 分 析

1．项目完成思路

根据项目任务描述的项目功能需求，本项目需要定义4个类，具体可以按照以下过程实现。

(1) 货物类，描述货物的名称、编号(要求能够自动生成，无须外界赋值实现)。这个类有带参的构造方法和无参的构造方法，同时还要提供一个显示该货物所有信息的方法。

(2) 货物类别类，描述该类货物的类别名称和该类货物的成员编号。除了构造方法、访问器方法、显示该类所有信息的方法外，还要定义一个为该类添加成员的方法。

(3) 货物管理类。该类可以按类别存放管理的所有货物信息，为方便使用应提供如下功能：

① 可以根据货物名称进行查找，如果找到，返回该类别对象的一个引用，否则返回空；

② 可以增加一个货物，首先进行查找，如果此货物类别已经存在，则只是在已有的货物成员中添加该货物的编号，否则需要创建该货物所隶属的货物类别类对象，并将该对象添加到货物列表中；

③ 可以增加一组货物；

④ 显示此系统中的所有货物类别的详细信息。

(4) 货物管理测试类，测试货物管理类的各项功能。

2．需解决的问题

(1) 这 4 个类为了方便相互引用应如何组织?

(2) 如何实现货物编号的自动生成?

(3) 如何为一个类定义多个构造方法?

(4) 如何保存特定类别中的所有货物信息?

(5) 如何遍历并显示输出特定货物类别中的所有货物?

(6) 如何在特定的货物类别中根据货物名称查找特定货物?

(7) 如何将一组货物加入到特定类别?

解决以上问题涉及的技术将在 5.3 节中详细阐述。

5.3 技 术 准 备

5.3.1 构造方法的重载

前面介绍了重载的概念，就是在一个类定义中出现多个方法名相同参数列表不同的多个同名方法共存的现象，作为方法的一个特例——构造方法也可以被重载，请看下面示例代码。

1．示例代码

【例 5-1】带有构造方法重载的类定义。

```
// StuTest.java
class Student
{
    //定义属性：姓名 性别
    String name;
    char gender;
    //构造方法 1
    public Student(String n,char g)
    {
        name=n;
        gender=g;
    }
    //构造方法 2
    public Student(String n)
    {
        name=n;
        gender='m';
    }
    //构造方法 3
    public Student()
    {
        gender='m';
    }
    //将属性以字符串的形式返回
    public String output()
    {
        String s=null;
```

```
            s="姓名: "+name;
            if(gender=='f')
                s=s+"  性别: 女";
            else
                s=s+"  性别: 男";
            return s;
        }
    }
    public class StuTest
    {
        public static void main(String argv[])
        {
            //调用带一个参数的构造函数创建对象
            Student s1=new Student("张三");
            System.out.println(s1.output());
            //调用带两个参数的构造函数创建对象
            Student s2=new Student("李四",'f');
            System.out.println(s2.output());
        }
    }
```

编译运行得到如下运行结果：

```
姓名：张三  性别：男
姓名：李四  性别：女
```

2．代码分析

在例 5-1 中展示了构造方法的重载，在 Student 类中共定义了 3 个构造方法，分别为不带参数、带一个参数和带两个参数。其中，不带参数的构造方法只是完成将性别赋值为男性，而姓名采用属性的默认值，因为姓名的数据类型是 String，所以默认值是 null。带一个参数的构造方法完成为姓名属性赋值和为性别属性赋值，只是这里的性别不是通过参数传递进来的而是默认设定为男性(male)。而在带两个参数的构造方法中，姓名和性别的值都是通过参数传递进来的，这是它和带一个参数构造方法的区别。

3．知识点

构造方法的重载是指在同一个类中存在着若干个具有不同参数列表的构造方法。

有时在一个类定义内可能出现多个实现类似功能的方法，但这些方法处理的信息有所不同，因为功能类似但给不同的命名容易造成理解上的混乱，所以就要给这些方法相同的名字，也即在一个类中出现多个同名方法的现象，这叫方法的重载。

4．举一反三

使用方法重载编写程序，分别求：两个整型数据之和；两个浮点型数据之和。方法名均为 add。

5.3.2 变量的作用域

在 4.3.1 节提到：属性的声明可以放在类体内的任何位置，且在使用属性前没有给属性赋值时系统会根据其类型为其提供一个默认值，那么这个规则是否也适用于局部变量呢？请看例 5-2。

1. 示例代码

【例 5-2】局部变量和全局属性的不同作用域。

```
//Scope.java
class Scope
{
    void fun1()
    {
        //定义局部变量 x
        int x=1;
        for(int i=0;i<5;i++)
        {//定义局部变量 sum
            int sum=0;
            sum+=i;
        }
        System.out.println("x="+x);
        System.out.println("y="+y);
        System.out.println("sum ="+ sum);
        System.out.println("s="+s);
        //定义局部变量 x
        int y;
    }
    //定义属性
    int x;
    String s="global variable";
}
```

编译运行得到如下错误提示：

```
Cannot find symbol variable y
Cannot find symbol variable sum
```

2. 代码分析

编译过程报的两个错误定位在 12 行和 13 行，都是一个错误“找不到变量符号”。因为这里的 y 是局部变量，而它的声明出现在使用之后，所以系统报告找不到变量。但另一个局部变量 sum 的声明已经出现在使用之前，为什么也报找不到变量呢？原因在于：sum 声明是在 for 循环块内的，而使用是在块外即超出了它的作用域范围(for 循环的左右花括号)。下面修改一下代码，如例 5-3 所示，看编译是否能通过。

【例 5-3】修订例 5-2。

```
class Scope1
{   void fun1()
    {
        //定义局部变量 x
        int x=1;
        int y;//添加一段代码！！
        int sum=0;//修改的代码！！
        for(int i=0;i<5;i++)
        {   sum+=i; }
            System.out.println("x="+x);
            System.out.println("y="+y);//添加一段代码！！
```

```
            System.out.println("sum ="+ sum);
            System.out.println("s="+s);
        }
        int x; //定义属性
        String s="global variable";
        public static void main(String []argv)
        {   Scope1  obj=new Scope1();
            obj.fun1();
        }
    }
}
```

编译例 5-3，又有错误提示:

```
The local variable may not have been initialized
```

说明局部变量在使用前必须初始化赋值。将 y 值设为 0，运行此程序得到如下的输出结果：

```
x=1
y=0
sum=10
s=global variable
```

这里 x=1 而不是 x=0，原因是 x 在 fun1 方法中又声明了一次，初始值为 1，也即在 fun1 方法体内起作用的是重新声明的 x=1 变量而非属性 x。

3. 知识点

- 变量的作用域是指程序的一部分，在这部分中，变量可以被引用。
- 属性不管在何处声明，其作用域范围都是整个类。
- 局部变量必须先声明再使用，在使用前必须给定初始值，局部变量的作用域范围是从定义的那一点到距离它最近的反花括号之间。
- 当局部变量和属性重名时，在局部变量的作用域内局部变量屏蔽掉属性。

4. 举一反三

请给下述代码查找错误。

```
public class Test1
{
    public static void main(String argv[])
    {   int y=99;
        a();
        b();
        System.out.println("in function main+"+y);
    }
    public void a()
    {
        int x=1;
        System.out.println("in function a+"+x);
    }
    public void b()
    {
         System.out.println("in function b+"+y);
    }
}
```

5.3.3 this 关键字

在 5.3.2 节的知识点中我们提到，当局部变量和属性重名时，在局部变量的作用域内局部变量屏蔽掉属性。而在类中定义方法时我们又知道：方法的形式参数可以随意命名，那么如果在一个类的构造方法中定义的形式参数恰好和属性重名会有什么事情发生呢？

1．示例代码

【例 5-4】形式参数和类的属性重名时会发生的问题。

```
//RectangleTest3.java
public class RectangleTest3
{
        public static void main(String[] args)
        {
            Rectangle  obj=new Rectangle (2,3);
            System.out.println("矩形的长和宽是: "+obj.length+","+obj.width);
            int result=obj.area();
            System.out.println("矩形面积是:"+result);
        }

}
class Rectangle
{
    int length=1;
    int width=1;
    public int area()
    {
        int temp=length*width;
        return temp;
    }
    /*修改的代码！！将形参修改成和属性同名*/
    public Rectangle(int length,int width)
    {
        length=length;
        width=width;
    }
    public Rectangle()
    {
        length=5;
        width=5;
    }
}
```

2．代码分析

首先编译运行此程序，得到如下运行结果：

```
矩形的长和宽是：1,1
矩形面积是：1
```

为什么实例化对象时的实际参数 2 和 3 没有被对象 obj 得到呢？问题就出在形式参数和属性重名。根据 5.3.2 节知识点提到的：当局部变量和全局属性重名时局部变量将屏蔽全局属性，例 5-4 中的形式参数是局部于构造方法的局部变量，它的作用域范围就是该带参的构造方法，在它的作用域范围内全局性变量属性 length 和 width 被屏蔽掉，所以这个带参的构造方法中赋值符号左右出现的 length 和 width 都是指形参局部变量，和全局属性没有任何关系，自然 obj 对象的属性得不到 2 和 3。那么如果形参一定要和属性重名又想让属性得到指定的值该怎么办呢？我们把带参的构造方法修改如下即可编译通过：

```
public Rectangle(int length,int width)
{
    this.length=length;
    this.width=width;
}
```

这里出现了一个新的关键字 this，this 是 Java 系统默认的为每一个类都提供的一个关键字，该关键字代表了当前类对象的一个引用(引用可以理解为是别名)。因为该构造方法的形参变量的名字和待赋值属性的名字相同，为了能够区分二者中哪一个是属性，在属性前加上 this.，即利用 this.可以调用当前对象的属性和方法。其实在类内调用本类的属性和方法时，系统都默认在属性和方法前加上了 this.。我们知道一个类中的方法可以互相调用，那么如果一个类中出现了多个构造方法定义即构造方法的重载，我们如何在多个构造方法间相互调用？这就涉及了 this 的第二个用法。如例 5-4 中，我们可以将无参的构造方法改成如下形式：

```
public Rectangle()
{
    this(5,5);
}
```

这里 this(5,5)代表调用本类带两个参数的构造方法，可见我们可以使用 this(实参)调用本类的其他构造方法，但该语句出现的位置要求是所隶属的构造方法的第一条可执行语句。this 还可以作为方法的返回值，见例 5-5。

【例 5-5】this 作为方法的返回值。

```
class Rectangle
{
    int length=1;
    int width=1;
    public int area()
    {
        int temp=length*width;
        return temp;
    }
    public Rectangle(int length,int width)
    {
        this.length=length;
        this.width=width;
    }
    //新添加代码！！找到两个 Rectangle 对象中面积大的矩形对象并将该对象返回
    public Rectangle larger(Rectangle r)
    {
        int area1=this.area();
        int area2=r.area();
        if(area1>area2)
```

```
            return this;
        else
            return r;
    }
}
```

这段新添加的方法的功能是比较两个 Rectangle 对象，并返回面积较大的那个对象。那么首先明确要比较的两个对象是谁？形式参数是一个，另外一个这里用 this 来表示。因为未来在调用该 larger 方法时一定是以对象名.larger(实参)的形式调用的，但当我们在定义类时还不知道对象是谁，只好用该对象的引用 this 来代替，所以方法的返回值有两种可能，一是参数 r，另一个就是未来要涉及的对象即现在的 this，这是 this 的第三个用法。

3．知识点

this 是 Java 系统默认的为每一个类都提供的一个关键字，该关键字代表了当前类对象的一个引用。this 的用法有如下 3 条：

① 利用 this.可以调用当前对象的方法或属性。

② 一个类的若干个构造方法之间可以互相调用，当一个构造方法需要调用另一个构造方法时应使用 this(实参列表)，同时这条调用语句应该是整个构造方法中的第一条可执行语句。在利用 this 调用构造方法时，根据实参的个数匹配调用的是哪个其他的构造方法。

③ 当方法需返回当前正在讨论的对象时，可以采用 return this 的形式。

4．举一反三

定义一个圆类 Circle，该类有整型属性 radius，有带参(要求形参和属性同名)和无参的构造方法(要求在无参的构造方法中使用 this(实参)调用带参的构造方法)，有计算圆面积的方法 area，有比较圆大小的 compare 方法(半径大的圆即是要返回的圆)，再编写一个测试类测试。

5.3.4 包

利用面向对象技术进行实际项目开发时，通常需要设计许多类共同工作，为了更好地管理这些类，Java 中引入了包的概念。那么如何定义包？包又是如何组织类的？存放到特定包中的类如何被其他类引用？见例 5-6。

1．示例代码

【例 5-6】定义一个包。

```
//A.java
//定义包，包名为 first
package first;
//定义类 A
public class A
{
    //定义属性,字符串类型
    String  a;
    //定义方法
    public void setA(String x)
    {
        a=x;
    }
    public String getA()
```

```
    {
        return a;
    }
    public void output()
    {
        System.out.println("a的值为："+a);
    }
}
```

编译运行后，到原文件保存的路径中查看，会发现在当前路径下生成了一个名为 first 的文件夹，则此文件夹对应的就是源码中定义的包 first，打开此文件夹发现包含 A.class 文件。

例 5-6 定义了一个包，则该包中的被 public 修饰的类 A 原则上就能被其他类引用，那么如何引用？请看例 5-7。

【例 5-7】引用其他包中的公有类。

```
//  PackageTest.java
//定义包，包名为 second
package second;
//导入包 first 中的类 A
import first.*;
//定义测试类
public  class PackageTest
{
    public static void main(String argv[])
    {
        //声明、创建 A 的对象 object
        A object=new A();
        //调用 set 方法给对象 object 的属性 a 赋值
        object.setA("hello world");
        //调用 output 方法，输出对象 object 的属性 a 值
        object.output();
    }
}
```

2. 代码分析

例 5-6 和例 5-7 代码中都利用 package 关键字定义了包，这样的包称为有名包。包名的定义要遵循 Java 语言定义标识符的规定，同时定义包的语句应是.java 源文件中的第一条可执行语句。如果要引用有名包中定义的类，则使用 import 包名.类名，如例 5-6 中的 import first.A，也可以把该包中的所有类都导入，如 import first.*，效果相同。在例 5-6 中又出现了一种新的数据类型——字符串类型(String)，该类型是系统定义的一个类，但此类可以直接使用，无须引入任何包。

本节之前的内容尽管并没有使用 package 关键字定义包，系统也为每一个.java 文件创建了一个无名包，该文件中定义的所有类都属于这个无名包，无名包中的所有类都可以互相引用。但无名包中的类是不能被本节所述的有名包中的类引用的。

如果两个包中包含相同的类名，且这两个包又被一个程序同时引用，那么如何区分这个同名类呢？例如，在包 aa.bb 中包含一个 Base 类，而在 rt.ql 中也包含一个 Base 类，在某一个程序中又都同时引入这两个包，即出现了如下语句：

```
import aa.bb.*;
import rt.q1.*;
```

那么此时如果想创建 rt.ql 包中 Base 类的对象，如何确定？假定该包中的类有默认的构造方法，此时为了创建该类对象则必须写上所指类所隶属的完整路径，即如下所示：

```
rt.q1.Base  对象名=new  rt.q1.Base();
```

3．知识点

① 定义包的语法结构：package　包名;

例如：package　ch;

【注意】

- 定义包的语句应是.java 源文件中的第一条可执行语句。
- 无名包中的类不能被有名包中的类引用，而有名包中的类可以被无名包中的类引用。

② 引入包中类的语法结构：import　包名.类名;　或　import　包名.* ;

例如：import　ch.A;　　import　ch.*;

③ 如果在一个程序中涉及两个包中的同名类时，则创建此类对象时需明确指出该类所属的包，如下所示：

包名.类名 对象名=new　包名.类名.构造方法

4．举一反三

下面仿照例 5-6 和例 5-7 来完成一道练习，题目描述如下。

第一个 java 源文件在包 ch.jyfs 下定义一个类 B，类中有一个 String 型的属性 b，该类有 show 方法，用来输出属性 b 的值。

第二个 java 源文件定义一个类 B 的测试类 B_Test，该类只有 main 方法，在 main 方法中完成声明，创建类 B 的对象，为其属性 b 赋值，然后调用 show 方法输出创建对象的属性 b 的值。完成此程序，注意观察第一个 java 文件编译后生成了哪些文件夹、这些文件夹之间的关系如何、各自代表什么、B.class 存放在哪里。

5.3.5　访问控制修饰符

在介绍前述内容时涉及一些访问控制修饰符，如修饰类的 public 访问控制修饰符、修饰类的默认访问控制修饰符、修饰属性的默认访问控制修饰符、修饰方法的 public 访问控制修饰符等，那么这些访问控制修饰符对被修饰的类、属性或方法有怎样的限制作用？修饰类、属性、方法分别有哪些访问控制修饰符？将是本节介绍的内容。

1．类的访问控制修饰符

(1) 示例代码

【例 5-8】公有类可以被其他包中的类引用。

```
//代码第一部分 AA.java
//在包 ch.jp.exam1 中定义一个 public 类 AA，类的内容为空
package ch.jp.exam1;
public class  AA
{}
//代码第二部分 AATest.Java
//在无名包中定义一个测试类 AATest
//导入包 ch.jp.exam1 中的类 AA
import ch.jp.exam1.AA;
```

```
public class AATest
{
    public static void main(String args[])
    {
        AA a=new AA();
    }
}
```

(2) 代码分析

本例中分别在两个包中定义了两个类，那么在进行调试时就要分别放到两个源文件中。在包 ch.jp.exam1 中定义了一个 public 修饰的类 AA，在无名包中定义了一个测试类 AATest，经测试发现 public 修饰的类 AA 能在其他包(无名包)中被其他类(类 AATest)引用。

下面对例 5-8 做第一次修改，将 AA 类前的 public 修饰符去掉，其他地方不变，如下所示：

```
package ch.jp.exam1;
class  AA  //修改的地方
{}
```

保存后，先编译 AA.java，编译通过。然后再编译 AATest，会出现错误提示：

cannot Access AA

当把类 AA 前的 public 去掉后，此时说明类 AA 是被默认的访问控制修饰符修饰的，这样的类是不能被其他包中的类访问的。

再对例 5-8 做第二次修改，将类 AA 和测试类 AATest 都放到一个包中，也放到一个.java 源文件中，如下所示：

```
package ch.jp.exam1;
public class  AA
{}
public class AATest
{
    public static void main(String args[])
    {
        AA a=new AA();
    }
}
```

此时应以 AATest 作为 java 源文件的名字，编译时出现如下错误提示：

Class AA is public, should be declared in a file named AA.java

说明在一个 java 源文件中只能有一个类能被声明为 public 的，且源文件的名字必须和声明为 public 的类的类名相同。

再对例 5-8 做第三次修改，将类 AA 和测试类 AATest 都放到一个包中，也放到一个.java 源文件中，但去掉类 AA 前的 public 修饰符，如下所示：

```
package ch.jp.exam1;
class  AA
{}
public class AATest
{
    public static void main(String args[])
    {
        AA a=new AA();
```

```
    }
}
```

此时应以 AATest 作为 java 源文件的名字，编译通过。此次修改说明当在同一个包中时，被默认的访问控制修饰符修饰的类可以被其他类访问。

再对例 5-8 做第四次修改，将类 AA 和测试类 AATest 都放到一个包中，但存储到两个.java 源文件中，如下所示：

```
//AA.java 源码
package ch.jp.exam1;
public class  AA
{}
// AATest.java 源码
package ch.jp.exam1;
public class AATest
{
    public static void main(String args[])
    {
        AA a=new AA();
    }
}
```

分别以 AA 和 AATest 作为 java 源文件的名字，先编译 AA.java，通过后再编译 AATest.java 也通过。此次修改说明当在同一个包中时，被 public 访问控制修饰符修饰的类可以被其他类访问。

(3) 知识点

通过例 5-8 及对其做过的 4 次修改，总结一下类的访问控制修饰符有哪些，当特定的类被这些访问控制修饰符修饰时，其他类对该类的访问是否被允许。

修饰类的访问控制修饰符有 public 和默认(什么都不写)两种，被这样两种访问控制修饰符修饰的类被其他类访问的关系如表 5-1 所示。

表 5-1　被不同修饰符修饰的类与被访问的关系

	同一包中的其他类	不同包中的其他类
被 public 修饰的类	允许	允许
被默认修饰符修饰的类	允许	不允许

2. 属性和方法的访问控制修饰符

(1)示例代码

【例 5-9】可被其他包中的类引用的属性和方法。

```
//代码第一部分
//在包 ch.jp.exam2 中定义一个 public 类 AA
package ch.jp.exam2;
public class  AA
{
    //私有属性
    private   int x;
    //公有属性
    public    double y;
```

```
        //保护属性
        protected  char  z;
        //默认属性
        String w;
        //public 修饰的构造方法
        public  AA(int a, double b,char c,String d)
        {
            x=a;
            y=b;
            z=c;
            w=d;
        }
        // private 修饰的访问器
        private int getX()
        {
            return x;
        }
        // public 修饰的访问器方法
        public double getY()
        {
            return y;
        }
        //protected 修饰的访问器方法
         protected  char getZ()
        {
            return z;
        }
        //默认修饰符修饰的访问器方法
        String getW()
        {
            return w;
        }
    }
    //代码第二部分
    //在无名包中定义一个测试类 ATest
    import ch.jp.exam2.AA;
    public class ATest
    {
        public static void main(String args[])
        {
            AA obj=new AA(1,1.11,'q',"hello");
            /*//语句组 1
            obj.x=2;
            obj.getX(); */
            /*//语句组 2
            obj.y=2.22;
            obj.getY(); */
            /*//语句组 3
```

```
        obj.z='e';
        obj.getZ(); */
        /*//语句组 4
        bj.w="lala";
        obj.getW(); */
    }
}
```

(2) 代码分析

① 类 AA 被 public 修饰，类 ATest 与其不在同一包中。

例 5-9 中在包 ch.jp.exam2 中定义了一个 public 修饰的 AA 类，在无名包中定义了一个 public 修饰的 ATest 类。其中，AA 类中有被不同的访问控制修饰符修饰的属性和方法，下面对这个例子进行修改来总结被不同修饰符修饰的属性和方法是否能被其他包中的类访问。

修改 1：去掉语句组 1 的注释，main 方法体如下所示：

```
public static void main(String args[])
{
    AA obj=new AA(1,1.11,'q',"hello");
    //语句组 1
    obj.x=2;
    obj.getX();
    /*//语句组 2
    obj.y=2.22;
    obj.getY(); */
    /*//语句组 3
    obj.z='e';
    obj.getZ(); */
    /*//语句组 4
    obj.w="lala";
    obj.getW(); */
}
```

编译得到如下错误提示：

```
getX() has private access in ch.exam2.AA
```

说明 public 类 AA 中的被 private 修饰的属性和方法在其他包中是不能通过 AA 类的对象 obj 来调用的。

修改 2：为语句组 1 重新加上注释，然后去掉语句组 2 的注释，main 方法体如下所示：

```
public static void main(String args[])
{
    AA obj=new AA(1,1.11,'q',"hello");
    /*//语句组 1
    obj.x=2;
    obj.getX();*/
    //语句组 2
    obj.y=2.22;
    obj.getY();
    /*//语句组 3
    obj.z='e';
    obj.getZ(); */
```

```
/*//语句组 4
obj.w="lala";
obj.getW(); */
}
```

经编译通过，说明 public 类 AA 中的被 public 修饰的属性和方法在其他包中能通过 AA 类的对象 obj 来调用。

修改 3：为语句组 2 重新加上注释，然后去掉语句组 3 的注释，main 方法体如下所示：

```
public static void main(String args[])
{
    AA obj=new AA(1,1.11,'q',"hello");
    /*//语句组 1
    obj.x=2;
    obj.getX();*/
    /*//语句组 2
    obj.y=2.22;
    obj.getY();*/
    //语句组 3
    obj.z='e';
    obj.getZ();
    /*//语句组 4
    obj.w="lala";
    obj.getW(); */
}
```

编译得到如下错误提示：

getX( ) has protected access in ch.exam2.AA

说明 public 类 AA 中的被 protected 修饰的属性和方法在其他包中是不能通过 AA 类的对象 obj 来调用的。

修改 4：为语句组 3 重新加上注释，然后去掉语句组 4 的注释，main 方法体如下所示：

```
public static void main(String args[])
{
    AA obj=new AA(1,1.11,'q',"hello");
    /*//语句组 1
    obj.x=2;
    obj.getX();*/
    /*//语句组 2
    obj.y=2.22;
    obj.getY();*/
    /*//语句组 3
    bj.z='e';
    obj.getZ();*/
    //语句组 4
    obj.w="lala";
    obj.getW();
}
```

编译得到如下错误提示：

getY( ) is not public in ch.exam2.AA: cannot be accessed from outside package.

说明public类AA中的被默认修饰符修饰的属性和方法在其他包中是不能通过AA类的对象obj来调用的。

② 类AA被public修饰，类ATest与其在同一包中。

上面所做的测试都是在类AA和类ATest不在同一个包中的前提下完成的，即上述所做的修改都是在ATest类中的main方法中完成的。下面看看当ATest类和AA类放在一个包中时，不同的访问控制修饰符所修饰的属性和方法在访问时又有怎样的情况，即保持例5-9代码的第一部分，将例5-9中代码的第二部分修改成如下所示：

```
package ch.jp.exam2; //修改的语句
public class ATest
{
    public static void main(String args[])
    {
        AA obj=new AA(1,1.11,'q',"hello");
        /*//语句组1
        obj.x=2;
        obj.getX(); */
        /*//语句组2
        obj.y=2.22;
        obj.getY(); */
        /*//语句组3
        obj.z='e';
        obj.getZ(); */
        /*//语句组4
        obj.w="lala";
        obj.getW(); */
    }
}
```

编译通过后，重做上述4个修改，发现只有语句组1编译通不过，而其他3组均能编译通过。说明当两个类在同一包中时，被public所修饰的类AA中只有被private修饰的属性和方法不能被另外一个类ATest类中创建的AA类对象obj访问，而被public、protected和默认修饰符修饰的属性和方法均能被另外一个类ATest类中创建的AA类对象obj访问。

③ 类AA被默认修饰符修饰，类ATest与其不在同一包中。

上面介绍了当类AA被public修饰符修饰时其被不同访问控制修饰符修饰的属性和方法，在同一包中和不在同一包中被AA类对象obj访问的情况，下面来看当类AA被默认的访问控制修饰符修饰时的情况。

保持例5-9代码的第二部分不动，对例5-9代码的第一部分做修改，去掉类AA前的public修饰符，如下所示：

```
//代码第一部分
//在包ch.jp.exam1中定义一个类AA
package ch.jp.exam2;
//修改的语句
class  AA
{
    //分别定义私有、公有、保护、默认修饰的属性
    private   int x;
```

```
    public  double y;
    protected  char  z;
    String w;
    public  AA(int a, double b,char c,String d)
    {
        x=a;
        y=b;
        z=c;
        w=d;
    }
    //分别定义私有、公有、保护、默认修饰的方法
    private int getX()
    {
        return x;
    }
    public double getY()
    {
        return y;
    }
    protected  char getZ()
    {
        return z;
    }
    String getW()
    {
        return w;
    }
}
```

编译通过后，对例 5-9 代码的第二部分重做"修改 1"到"修改 4"，发现 4 组修改在编译时全都通不过，说明当类 AA 被默认的访问控制符修饰时，不管其属性和方法的访问控制修饰符如何，均不能被其他包中的类所访问。

④ 类 AA 被默认修饰符修饰，类 ATest 与其在同一包中。

例 5-9 代码的第一部分和第二部分都要做修改，如下所示：

```
//代码第一部分
//在包 ch.jp.exam2 中定义一个类 AA
package ch.jp.exam2;
class  AA  //修改的语句
{
    //私有属性
    private   int x;
    //公有属性
    public    double y;
    //保护属性
    protected  char  z;
    //默认属性
    String w;
    //public 修饰的构造方法
```

```
    public  AA(int a, double b,char c,String d)
    {
        x=a;
        y=b;
        z=c;
        w=d;
    }
    // private 修饰的方法
    private int getX()
    {
        return x;
    }
    // public 修饰的方法
    public double getY()
    {
        return y;
    }
    //protected 修饰的方法
    protected  char getZ()
    {
        return z;
    }
    //默认修饰符修饰的方法
    String getW()
    {
        return w;
    }
}
//代码第二部分
//在无名包中定义一个测试类 ATest
//修改的语句
package ch.jp.exam2;
public class ATest
{
    Public static void main(String args[])
    {
    AA obj=new AA(1,1.11,'q',"hello");
    /*//语句组 1
    obj.x=2;
    obj.getX(); */
    /*//语句组 2
    obj.y=2.22;
    obj.getY(); */
    /*//语句组 3
    obj.z='e';
    obj.getZ(); */
    /*//语句组 4
    obj.w="lala";
```

```
        obj.getW(); */
    }
}
```

AA.java 编译通过后，对 ATest.java 重做上述“修改 1”到“修改 4”，只有修改 1 编译通不过报错，而其余三个修改编译均能通过，说明当类 AA 被默认的访问控制修饰符修饰时，同一个包中的其他类可以通过 AA 类的对象 obj 访问其非 private 的属性和方法。

(3) 知识点

通过例 5-9 及对其做过的几次修改，现在总结一下属性和方法的访问控制修饰符有哪些，当特定的属性和方法被这些访问控制修饰符修饰时，其他类对给这些属性和方法的访问是否被允许。

修饰属性和方法的访问控制修饰符有 public、protected、private 和默认(什么都不写)4 种。当特定的属性和方法被不同的访问控制修饰符修饰时，能否被其他类访问还与它们所隶属的类的访问控制修饰符有关。具体关系如表 5-2 所示。

表 5-2　被不同修饰符修饰的属性和方法与被访问的关系

		同一包中的类	不同包中的类	类内
所隶属的类被 public 修饰符修饰	private 属性和方法			允许
	protected 属性和方法	允许		允许
	默认的属性和方法	允许		允许
	public 属性和方法	允许	允许	允许
所隶属的类被默认修饰符修饰	private 属性和方法			允许
	protected 属性和方法	允许		允许
	默认的属性和方法	允许		允许
	public 属性和方法	允许		允许

【注意】所谓的类内是指类定义的“{”和“}”之间，在类内可以直接使用被任何访问控制修饰符修饰的属性和方法，并且已经这么做了。所谓允许访问和修改是指创建该类对象通过对象调用其属性和方法。

当一个属性或方法被 private 修饰时，就是说明这个属性和方法不允许被其他类访问和修改(无论是否在一个包中)，起到了封装和隐藏的目的。此时为了便于在类外通过对象访问私有的属性，通常需要为私有的属性定义对应的一对公有的访问器方法。所谓的访问器方法就是指 setter 方法和 getter 方法。访问器方法的命名是 set 或 get 加上属性的名字，同时属性名字的每个单词的第一个字母要大写，如为属性 radius 定义访问器方法就需要命名为 setRadius 和 getRadius。因为 set 方法是为属性赋值的，所以一般形式为：

```
public void setXX(类型 形参)
{
      this.属性=形参;
}
```

这里形参的数据类型要和属性的数据类型一致。而 get 方法是获取属性值的，所以一般形式为：

```
public 类型 getXX()
{
      return 属性;
}
```

这里返回值类型要和属性的数据类型一致。

而当一个属性或方法被 public 修饰且其所属的类也被 public 修饰时，可以通过 import 语句引入此 public 类，就可通过该类对象访问该属性和方法，所以可以说被 public 修饰的类及其中的 public 属性和方法就是为了方便不同包的类与类之间的访问。但是一般情况下，不把属性声明为 public，因为声明为 public 就意味着是公开的，这样的类起不到封装和隐藏的目的。

从目前所涉及的程序来看，表 5-2 中的 protected 修饰符和默认修饰符没有任何差别，那么为什么会提供两个从功能上看没有任何差别的访问控制修饰符呢？这个问题需要等到后续讲到继承与派生时再给予解答。

(4) 举一反三

有两个测试类如下：

```
//测试类 1
package aC;
public class SamePackageClass
{
    public static void main(String[] args)
    {
        BeAccessedClass ac = new BeAccessedClass ();
        ac.pub("May I?");
        ac.pro("May I?");
        ac.fri("May I?");
        //ac.pri("May I?");
    }
}
//测试类 2
import aC. BeAccessedClass;
public class ClassOutOfPackage
{
    public static void main(String[] args)
    {
        BeAccessedClass ac = new BeAccessedClass();
        ac.pub("May I?");
        //ac.pro("May I?");
        //ac.fri("May I?");
        //ac.pri("May I?");
    }
}
```

请根据测试类提供的信息，将类 BeAccessedClass 的相关内容补充完整，从而能使测试类编译通过，类 BeAccessedClass 的框架如下：

```
__________(1)__________    //定义包
import java.io.*;
__________(2)__________    //定义类头
{
  String s="May I?";
   ____(3)____ void  pub()       //方法 pub 的方法头,为其添加访问控制修饰符
```

```
    {
      System.out.println("public method print:"+s);
    }
    ____(4)____ void pro()     //方法pro的方法头,为其添加访问控制修饰符
    {
      System.out.println("protected method print:"+s);
    }
    void fri()
    {
      System.out.println("friendly method print:"+s);
    }
    ____(5)____ void pri()       //方法pri的方法头,为其添加访问控制修饰符
    {
      System.out.println("private method print:"+s);
    }
}
```

5.3.6 static 修饰符

1. 静态属性与静态方法

(1) 示例代码

【例 5-10】static 修饰的属性和方法。

```
// EmpTest.java
package ch.j10.exam1;
class Emp
{
    private String  name;
    private double  salary;
    //政府规定的最低工资
    static  double  minSalary;
    public String getName()
    {
        return name;
    }
    public void setName(String n)
    {
        name=n;
    }
    public double getSalary()
    {
        return salary;
    }
    public void setSalary(double s)
    {
        if(s>=minSalary)
            salary=s;
        else
            salary=minSalary;
```

```
    }
    //获取政府规定的最低工资
    public static double getMinSalary()
    {
        return minSalary;
    }
    //设置政府规定的最低工资
    public static void setMinSalary(double min)
    {
        minSalary=min;
    }
}
public class EmpTest
{
    public static void main(String argv[])
    {
        //通过类名调用 setMinSalary 方法设置最低工资
        Emp.setMinSalary(600);
        Emp  e1=new Emp ();
        //通过对象调用 getMinSalary 方法读取出最低工资
        System.out.println("e1 中读取出的员工最低工资: "+e1.getMinSalary());
        Emp  e2=new Emp ();
        System.out.println("e2 中读取出的员工最低工资: "+e2. getMinSalary());
    }
}
```

运行结果：

```
e1 中读取出的员工最低工资：600.0
e2 中读取出的员工最低工资：600.0
```

(2) 代码分析

在例 5-10 的雇员类中出现了一个被 static 修饰符修饰的最低工资的属性，这里的 static 称作静态修饰符，则它所修饰的属性就称作静态属性。最低工资是政府规定的对任何员工来说都是一样的，也就是说，静态属性是和类相关的而不是和具体对象相关的，因此也被称为类属性。从测试类中可以看到，通过任何一个对象获取到的最低工资值都是一样的，也说明了这一点。在程序中还看到 static 可以修饰方法，如例中的 getMinSalary 方法和 setMinSalary 方法，这样的被 static 修饰的方法称作静态方法。和静态属性相仿，静态方法应该是属于类的方法而不是属于具体对象的方法，因此也被称为类方法。这一点可以从测试类中的语句 Em.setMinSalary (600);看出，即静态方法可以用类名来调用，此时还没有创建类的对象而静态方法就已经存在了，说明静态方法是随着类的创建而创建的。

那么为什么需要定义静态属性和静态方法呢？以例 5-10 的雇员类来说明，最低工资对每个员工来说都是一样的，如果将其定义成非静态属性，则每一个对象的内存中都需为该属性分配一段内存空间，当政府调整工资设置时，每个雇员对象也都需要做相应的调整，所以完全可以在 Emp 类中为其分配一段公共内存，供所有的该类对象访问。这样既节省了内存空间，又能保证每个雇员类对象读取到的最低工资的一致性。同样，静态方法也是出于相同的目的而定义的，即节省内存提高运行效率。

静态属性和静态方法在使用时有哪些限制呢？下面对例 5-10 中的代码做一些修改。

修改 1：将 Emp 类中的 getMinSalary 方法前的 static 去掉。

编译仍然通过，说明非静态方法可以操纵静态属性，因为非静态方法存在时类的对象肯定已经存在了，所以静态属性肯定存在。(思考：把 Emp 类中的 setMinSalary 方法前的 static 去掉为什么会报错？)

修改 2：将 Emp 类中的 getSalary 方法前加上 static 修饰符。

注意当静态修饰符和访问控制修饰符同时出现时，访问控制修饰符在前，所以 getSalary 方法的方法头为“public static double getSalary ( )”，重新编译后出错，给出如下错误提示：

```
non-static variable salary cannot be referenced by method getSalary
```

说明静态方法不能操纵非静态属性，因为静态方法是类的方法，而非静态属性是对象的属性，如果使用类的方法访问对象的属性，就不知道要访问哪个对象的属性。

通过上述分析应该能够理解为什么测试类中的 main 方法前要有 static 修饰符，就是说可以不需要创建类的对象即可调用 main 方法。

(3) 知识点

被 static 修饰符修饰的属性称为静态属性，静态属性是类的属性而不是该类的某个对象的属性，在类创建时为静态属性分配一段内存空间，任何一个该类的对象访问静态属性时获取到的都是同样的值，任何一个该类的对象去修改静态属性时，该类的其他对象也能获取到变化后的新值。

被 static 修饰符修饰的方法称为静态方法，静态方法也是类的方法而不是该类的某个对象的方法。非静态方法可以操纵静态属性，但静态方法不能操纵非静态属性。

无论是调用静态方法还是静态属性，都有两种调用方式，即：

- 类名.静态属性或静态方法；
- 对象名.静态属性或静态方法。

例如：

```
Emp.setMinSalary (400);
e1.getMinSalary( );
```

2．静态初始化器

无论是静态属性还是非静态属性都是属性，是属性就需要初始化，非静态属性的初始化可以在声明的同时进行也可以放在构造方法中完成，这两种初始化的效果是一样的。那么对于静态属性而言可以在声明的同时初始化，是否也可以在构造方法中完成初始化呢？请看例 5-11。

(1) 示例代码

【例 5-11】静态属性的初始化。

```
//Student.java
class Student
{
    private String  name;
    //学生学号
    private  int     no;
    //用来自动生成学生学号
    private static int nextNo=20025000;
    public Student(String n)
    {
        name=n;
```

```
        no= nextNo ++;
    }
    public int getNo()
    {
        return no;
    }
    public static void main(String[] argv)
    {
        Student s1=new Student("zs");
        System.out.println(s1.getNo());
        Student s2=new Student("ls");
        System.out.println(s2.getNo());
    }
}
```

得到如下输出结果：

```
20025000
20025001
```

(2) 代码分析

在这个例子中定义的 Student 类有一个 static 的属性 nextNo，利用这个属性可以自动生成当前创建的学生对象的学号，即若创建一个 Student 类对象 s1，则 s1 的学号就应该是 20025000，再创建对象 s2，则 s2 的学号就应该是 20025001，依此类推。这里对于 nextNo 属性的初始化是当属性声明时完成的。从程序的运行结果看到，学号的确能自动生成且不重复。下面对程序做一修改，把静态属性 nextNo 的初始化放到构造方法中完成，看是否也能达到同样的效果。

```
//Student.java
class Student
{
    private String  name;
    //学生学号
    private  int     no;
    //修改 1
    private static int nextNo;
    public Student(String n)
    {
        name=n;
        //修改 2
        nextNo=20025000;
        no=nextNo++;
    }
    public int getNo()
    {
        return no;
    }
    public static void main(String[] argv)
    {
        Student s1=new Student("zs");
```

```
        System.out.println(s1.getNo());
        Student s2=new Student("ls");
        System.out.println(s2.getNo());
    }
}
```

按前述步骤编译运行得到如下输出结果：

```
20025000
20025000
```

说明在构造方法中进行静态属性的初始化，不满足预期目的。因为每次创建对象时都会调用构造方法，在调用构造方法时其中的 nextNo=20025000 语句就会被执行一次，所以每次得到的是一样的学号。

那么作为静态属性而言是否必须在声明时完成初始化呢？下面对例 5-11 再做修改，如下所示：

```
//Student.java
public class Student
{
    private String  name;
    private  int    no;
    //修改 1
    private static int nextNo;
    //新添加的代码
    static
    {
        nextNo=20025000;
    }
    //修改 2
    public Student(String n)
    {
        name=n;
        no= nextNo ++;
    }
    public int getNo()
    {
        return no;
    }
    public static void main(String[] argv)
    {
        Student s1=new Student("zs");
        System.out.println(s1.getNo());
        Student s2=new Student("ls");
         System.out.println(s2.getNo());
    }
}
```

编译运行，输出结果为：

```
20025000
20025001
```

这次达到了预期目的。这里新添加的这段代码称作静态初始化器，此静态初始化器的作用就是来为静态属性初始化赋值的。至此，静态属性也和非静态属性一样，可以在两个地方完成初始化赋值工作，一是在声明时，二是在静态初始化器中。

(3) 知识点

静态初始化器的语法结构如下：

```
static{
    静态属性名=初始值;
}
```

静态初始化器是由 static 关键字引导的“{”和“}”括起来的一组语句，可以理解为特殊的方法。静态初始化器的作用是为整个类的属性即静态属性完成初始化工作。静态初始化器语句组中的语句当满足下列条件时被执行且只被执行一次：首次生成该类对象时(即用 new 创建对象时)或首次通过类名访问静态属性时。

静态初始化器和构造方法有 3 点区别：

- 静态初始化器是对类进行初始化，构造方法是对类的对象进行初始化；
- 静态初始化器在其所属的类导入内存时被调用，构造方法在用 new 创建对象时调用；
- 静态初始化器是一组语句不是方法，构造方法是特殊的方法。

(4) 举一反三

①本程序要求使用静态初始化器来完成。

有一个 Circle 类，类定义如下：

```
class  Circle
{
    private double radius; //圆的半径
    public Circle(double r)
    {
        radius=r;
    }
    public void setRadius(double  r)
    {
        radius=r;
    }
    public double getRadius()
    {
        return radius;
    }
}
```

需要在该类中添加一个属性 number(初始值为 0)，用来表示当前已经创建的 Circle 类的对象的个数，请根据问题的描述修改 Circle 的类定义，使得如下的测试类能编译通过：

```
public class CircleTest
{
    public static void main(String argv[])
    {
            System.out.println("now the number of Circle
                object "+Circle.number);
        Circle  c1=new Circle(1.1);
```

```
        Circle  c2=new Circle(1.4);
        //注：getNumber()方法是返回 number 属性的值
            System.out.println("now the number of Circle
            object "+Circle.getNumber());
    }
}
```

② 下面这段代码编译后会发生什么问题？

```
class Scope
{
    private int i;
    public static void main(String argv[])
    {
        Scope s = new Scope();
        s.amethod();
    }
    public static void amethod()
    {
        System.out.println(i);
    }
}
```

③ 下面这段代码编译后会发生什么问题？

```
class MyAr
{
    public static void main(String argv[])
    {
        MyAr m = new MyAr();
        m.amethod();
    }
    public void amethod()
    {
        static int i;
        System.out.println(i);
    }
}
```

5.3.7 String 和 StringBuffer

1. String

String 是比较特殊的数据类型，它不属于基本数据类型，但是可以和使用基本数据类型一样直接赋值，不使用 new 关键字进行实例化。也可以像其他类型一样使用关键字 new 进行实例化。下面的代码都是合法的：

```
String s1 = "this is a string!";
String s2 = new String("this is another string!");
```

另外，String 在使用时不需要用 import 语句导入，还可以使用“+”这样的运算符。如果想把字符串连接起来，则可以使用“+”完成。例如：s1+s2。

String 的一些常用方法如下。为了说明方法，方法中使用的示例字符串为：str="this is a test! ";

(1) 求长度

方法定义：public int length( )

方法描述：获取字符串中的字符的个数。

例如：str.length( )

结果：15

(2) 获取字符串中的字符

方法定义：public char charAt(int index)

方法描述：获取字符串中的第 index 个字符，从 0 开始。

例如：str.charAt(3)

结果：s

【注意】是第 4 个字符。

(3) 取子串

有两种形式。

● 形式 1

方法定义：public String substring(int beginIndex,int endIndex)

方法描述：获取从 beginIndex 开始到 endIndex 结束的子串，包括 beginIndex，不包括 endIndex。

例如：str.substring(1,4)

结果：his

● 形式 2

方法定义：public String substring(int beginIndex)

方法描述：获取从 beginIndex 开始到结束的子串

例如：str.substring(5)

结果：is a test!

(4) 定位字符或者字符串

有 4 种形式。

● 形式 1

方法定义：public int indexOf(int ch)

方法描述：定位参数所指定的字符。

例如：str.indexOf('i')

结果：2

● 形式 2

方法定义：public int indexOf(int ch,int index)

方法描述：从 index 开始定位参数所指定的字符。

例如：str.indexOf('i',4)

结果：5

● 形式 3

方法定义：public int indexOf(String str)

方法描述：定位参数所指定的字符串。

例如：str.indexOf("is")

结果：2

● 形式 4

方法定义：public int indexOf(String str,int index)

方法描述：从 index 开始定位 str 所指定的字符串。

例如：str.indexOf("is",6)

结果：-1（表示没有找到）

(5) 替换字符和字符串

有 3 种形式。

● 形式 1

方法定义：public String replace(char c1,char c2)

方法描述：把字符串中的字符 c1 替换成字符 c2。

例如：str.replace('i','I')

结果：thIs Is a test!

● 形式 2

方法定义：public String replaceAll(String s1,String s2)

方法描述：把字符串中出现的所有的 s1 替换成 s2。

例如：replaceAll("is","IS")

结果：thIS IS a test!

● 形式 3

方法定义：public String replaceFirst(String s1,String s2)

方法描述：把字符串中的第一个 s1 替换成 s2。

例如：replaceFirst("is","IS")

结果：thIS is a test!

(6) 比较字符串内容

两种形式。

● 形式 1

方法定义：public boolean equals(Object o)

方法描述：比较是否与参数相同，区分大小写。

例如：str.equals("this")

结果：False

● 形式 2

方法定义：public boolean equalsIgnoreCase(Object o)

方法描述：比较是否与参数相同，不区分大小写。

例如：str.equalsIgnoreCase("this")

结果：False

(7) 大小写转换

转换成大写或者转换成小写。

转换成大写：

方法定义：public String toUpperCase( )

方法描述：把字符串中的所有字符都转换成大写。

例如：str.toUpperCase( )
结果：THIS IS A TEST!
转换成小写：
方法定义：public String toLowerCase( )
方法描述：把字符串中的所有字符都转换成小写。
例如：str.toLowerCase( )
结果：this is a test!
(8) 前缀和后缀
判断字符串是否以指定的参数开始或者结尾。
判断前缀：
方法定义：public boolean startsWith(String prefix)
方法描述：字符串是否以参数指定的子串为前缀。
例如：str.startsWith("this")
结果：true
判断后缀：
方法定义：public boolean endsWith(String suffix)
方法描述：字符串是否以参数指定的子串为后缀。
例如：str.endsWith("this")
结果：false
【例 5-12】一个字符串中在另外一个字符串中出现的次数。
```
package aa;
import java.io.DataInputStream;
public class StringTest {
    public static void main(String args[]){
        System.out.println("计算第一个字符串在第二个字符串中出现的次数。");
        DataInputStream din = new DataInputStream(System.in);
        try{
            System.out.println("请输入第一个字符串");
            String str1 = din.readLine();
            System.out.println("请输入第二个字符串");
            String str2 = din.readLine();
            String str3 = str2.replace(str1,"");
            int count = (str2.length()-str3.length())/str1.length();
            System.out.println(str1+"在"+str2+"中出现的次数为："+count);
        }catch(Exception e){
            System.out.println(e.toString());
        }
    }
}
```
运行结果为：
```
计算第一个字符串在第二个字符串中出现的次数。
请输入第一个字符串
ab
```

```
请输入第二个字符串
abcedabsdabajab
ab 在 abcedabsdabajab 中出现的次数为：4
```

需要注意的是，String 本身是一个常量，一旦一个字符串创建了，它的内容是不能改变的，那么如何解释下面的代码：

```
s1+=s2;
```

这里并不是把字符串 s2 的内容添加到字符串 s1 的后面，而是新创建了一个字符串，内容是 s1 和 s2 的连接，然后把 s1 指向了新创建的这个字符串。如果一个字符串的内容经常需要变动，则不应使用 String，因为在变化的过程中实际上是不断创建对象的过程，这时应使用 StringBuffer。

2．StringBuffer

StringBuffer 也是字符串，与 String 不同的是，StringBuffer 对象创建完之后可以修改内容。有如下构造函数：

- public StringBuffer(int)
- public StringBuffer(String)
- public StringBuffer( )

第一种构造函数是创建指定大小的字符串，第二个构造函数是以给定的字符串创建 StringBuffer 对象，第三个构造函数是默认的构造函数，生成一个空的字符串。下面的代码分别生成了 3 个 StringBuffer 对象：

```
StringBuffer sb1 = new StringBuffer(50);
StringBuffer sb2 = new StringBuffer("字符串初始值");
StringBuffer sb3 = new StringBuffer();
```

StringBuffer 对象创建完之后，大小会随着内容的变化而变化。

StringBuffer 的常用方法及其用法如下。

(1) 在字符串后面追加内容

方法定义：

- public StringBuffer append(char c)
- public StringBuffer append(boolean b)
- public StringBuffer append(char[] str)
- public StringBuffer append(CharSequence str)
- public StringBuffer append(float f)
- public StringBuffer append(double d)
- public StringBuffer append(int i)
- public StringBuffer append(long l)
- public StringBuffer append(Object o)
- public StringBuffer append(String str)
- public StringBuffer append(StringBuffer sb)
- public StringBuffer append(char[] str,int offset,int len)
- public StringBuffer append(CharSequence str.int start,int end)

方法描述：在字符串后面追加信息。从上面的方法可以看出，在 StringBuffer 后面可以添加任何对象。

例如：

```
sb1.append('A');
sb1.append(10);
sb1.append("追加的字符串");
sb1.append(new char[]{'1','2','3'});
```

结果：

```
A10 追加的字符串 123
```

(2) 在字符串的某个特定位置添加内容

与 append 方法类似，可以添加各种对象和基本数据库。与 append 方法不同的是，insert 方法需要指出添加的位置，所以多了 1 个参数。

方法定义：

- public StringBuffer insert(int offset,char c)
- public StringBuffer insert(int offset,boolean b)
- public StringBuffer insert(int offset,char[] str)
- public StringBuffer insert(int offset,CharSequence str)
- public StringBuffer insert(int offset,float f)
- public StringBuffer insert(int offset,double d)
- public StringBuffer insert(int offset,int i)
- public StringBuffer insert(int offset,long l)
- public StringBuffer insert(int offset,Object o)
- public StringBuffer insert(int offset,String str)
- public StringBuffer insert(int offset,char[] str,int offset,int len)
- public StringBuffer insert(int offset,CharSequence str.int start,int end)

方法描述：在字符串的某个位置添加信息。

例如(在上面代码的基础上)：

```
sb1.insert(4,'x');
sb1.insert(5,22);
```

结果：

```
A10 追 x22 加的字符串 123
```

(3) StringBuffer 的长度和容量

length 方法用于获取字符串的长度，capacity 方法用于获取容量，两个不相等。

方法定义：

- public int length( )
- public int capacity( )

例如：

```
System.out.println(sb1.length());
System.out.println(sb1.capacity());
```

结果：

```
15
50
```

(4) 删除某个字符

方法定义：

● public StringBuffer deleteCharAt(int index)

方法描述：删除指定位置的字符，索引是从零开始。

例如：

```
sb1.deleteCharAt(3);
```

结果：

```
A10x22 加的字符串 123
```

删除之前的内容为：A10 追 x22 加的字符串 123。

(5) 删除某个子串

方法定义：

● public StringBuffer delete(int start,int end)

方法描述：delete 方法用于删除字符串中的部分字符，第一个参数是删除的第一个字符，第二个参数是删除结束的地方。需要注意 3 点：字符串的第一个字符的索引"0"，第一个参数指定的字符会删除，但是第二个参数指定的字符不会删除。

例如：

```
sb1.delete(5,8);
```

结果：

```
A10x2 字符串 123
```

删除前字符串的内容：A10x22加的字符串123。

(6) 获取字符串中的字符

方法定义：

● public char charAt(int)

方法描述：charAt(int)方法用来获取指定位置的字符。

例如：

```
System.out.println(sb1.charAt(5));
```

结果：

```
2
```

(7) 获取字符串中的子串

方法定义：

● public String substring(int start)

● public String substring(int start,int end)

● public CharSequence subSquence(int start,int end)

方法描述：用于获取字符串的子串，第一个方法有一个参数，用于指定开始位置，获取的子串是从该位置开始到字符串的结束；第二个方法有两个参数，第一个指定开始位置，第二个指定结束位置，与 delete 方法中的参数用法基本相同，包含第一个参数字符，不包含第二个参数字符。第三个方法含义相同。

例如：

```
String sub1 = sb1.substring(3,5);
String sub2 = sb1.substring(4);
```

转换结果：

```
追 x
x22 加的字符串 123
```

(8) 转换成字符串

方法定义：

● public String toString( )

方法描述：把 StringBuffer 的内容转换成 String 对象。

例如：

```
String str1 = sb1.toString();
```

转换结果：

```
A10 追 x22 加的字符串 123
```

3. String 与基本数据类型之间的转换

不管采用什么方式，用户输入的数据都以字符串的形式存在，但是在处理的过程中可能需要把输入信息作为数字或者字符来使用。另外，不管信息以什么方式存储，最终都必须以字符串的形式展示给用户，所以需要各种数据类型与字符串类型之间的转换。

```
//字符串与基本数据类型之间的转换，以 int 为代表
//下面的代码把字符串转换成数字
String input = "111";
int i = Integer.parseInt(input);  //比较常用
int i2 = new Integer(input).intValue();
int i3 = Integer.valueOf(input);
int i4 = new Integer(input);

//下面的代码把数字转换成字符串
String out = new Integer(i).toString();
String out2 = String.valueOf(i);
```

其他对象向字符串转换可以使用每个对象的 toString( )方法，所有对象都有 toString( )方法，如果该方法不满足要求，则可以重新实现该方法。

【注意】在把字符串转换成数字时可能会产生异常，所以需要对异常进行处理。

5.3.8 ArrayList

ArrayList 是一种动态数组，它是 java.util 包中的一个类。原则上所有的对象都可以加入到 ArrayList 里，但通常为了使用方便，一般可以通过泛型(<dataType>)限定加入到 ArrayList 中的元素类型，以保证加入的都是相同类型的元素。

该类的构造方法有 3 种：

● ArrayList( )，构造一个初始化为 10 的空的链表；

● ArrayList(Collection<? extends E> c)，使用一个已经存在的集合构造一个链表，集合中的元素在新的链表中的顺序由集合的 iterator 方法决定。

● ArrayList(int initialCapacity)，构造一个由参数指定初始化空间大小的链表。

下面的代码分别展示了 3 种用法：

```
ArrayList<String> list1 = new ArrayList<String>();
list1.add("user1");
```

```
list1.add("user2");
ArrayList<String> list2 = new ArrayList<String>(list1);
ArrayList<String> list3 = new ArrayList<String>(8);
```

其中，list2 使用 list1 中的元素进行初始化。注意在使用 ArrayList 时应指定元素的类型，这里使用了范型。

其他的主要方法有以下几种。

(1) 向集合中添加对象的方法

可以在最后添加，也可以在指定的位置添加对象。可以添加一个，可以添加多个，添加多个也就是把另外一个集合的元素添加进来。

- public void add(int index,Object o)：第一个参数表示要添加的元素的位置，从 0 开始。
- public boolean addAll(int index,Collection c)：第一个参数表示位置，如果不指定位置，则默认在最后添加。
- public boolean add(Object o)：在链表的最后添加参数指定的元素。
- public boolean addAll(Collection c)：在链表最后添加参数指定的所有元素。

下面的代码展示了这些方法的应用：

```
list1.add("user3");
list1.addAll(list2);
list1.add(0,"user0");
```

运行后集合中的元素为：user0, user1, user2, user3, user1, user2。

(2) 删除指定元素

可以删除一个，可以删除多个，还可以删除所有的元素。此外还有一个特殊的，删除某些元素之外的所有元素，所以对应的方法也有 5 个：

- public boolean remove(Object o)：删除指定的某个元素。
- public boolean removeAll(Collection c)：删除指定的多个元素。
- public void clear( )：删除所有的元素。
- public boolean retainAll(Collection c)：只保留指定集合中存在的元素，其他的都删除，相当于取两个集合的交集。
- public Object remove(int index)：参数用于指定要删除的元素的位置。

下面的代码删除了 user1：

```
list1.remove("user1");
```

注意：这里只删除了第一个出现的 user1。

(3) 获取某个元素或者获取某些元素

可以获取某个位置的单个用户，也可以获取多个元素。

- public Object get(int index)：获取指定位置的元素。
- public List subList(int fromIndex,int toIndex)：获取从 fromIndex 到 toIndex 这些元素，包括 fromIndex，不包括 toIndex。

要获取第三个元素可以使用下面的代码：

```
String str = list1.get(2);
```

结果是：

```
user3
```

当前集合中的元素为：user0, user2, user3, user1, user2。

(4) 查找某个元素

可以根据位置查找集合中的对象，也可以判断集合中是否有对象以及是否是空的、元素的个数等。

- public int indexOf(Object o)：查找元素在集合中第一次出现的位置，并返回这个位置。如果返回值为-1，则表示没有找到这个元素。
- public int lastIndexOf(Object o)：查找元素在集合中最后一次出现的位置。
- public boolean isEmpty：用于判断集合是否是空的。
- public boolean contains(Object o)：判断是否包含指定的元素。
- public boolean containsAll(Collection c)：判断是否包含指定的多个元素。
- public int size()：用于获取集合中元素的个数。

下面的代码用于查找 user1 第一次出现和第二次出现的位置。

```
System.out.println(list1.indexOf("user2"));
System.out.println(list1.lastIndexOf("user2"));
```

得到的结果：

```
1
4
```

当前集合中的元素为：user0, user2, user3, user1, user2。

(5) 修改元素的方法

- public Object set(int index,Object o)：用第二个参数指定的元素替换第一个参数指定位置上的元素。

下面的代码把第二个元素修改 user4：

```
list1.set(1,"user4");
```

集合中原来的元素：user0, user2, user3, user1, user2。

修改后的元素为：user0, user4, user3, user1, user2。

(6) 转换成其他对象

- public ListIterator listIterator( )：把所有元素都转换成有顺序的迭代器。
- public ListIterator listIterator(int index)：从 index 开始的所有元素进行转换。
- public Iterator iterator( )：转换成迭代器，方便集合中元素的遍历。
- public Object[] toArray( )：转换成集合，也是方便集合中元素的遍历。

(7) ArrayList 的遍历

可以采用下面的 3 种方式进行遍历。

方法 1：

```
for(int i=0;i<list1.size();i++){
       System.out.println(list1.get(i));
}
```

方法 2：

```
Object o[] = list1.toArray();
for(int i=0;i<o.length;i++){
    String temp = (String)o[i];
    System.out.println(temp);
}
```

方法 3：

```
Iterator<String> i = list1.iterator();
while(i.hasNext()){
    String temp = i.next();
    System.out.println(temp);
}
```

通常在管理集合的过程中使用集合本身提供的方法，但是遍历集合最好先转换成迭代器或者数组，这样访问比较方便，并且效率比较高。

5.4 项 目 学 做

根据项目任务的描述要求，有 4 个类定义，为了使用方便将它们统一定义在包 classandobj 中。如果 4 个类定义都放在一个源文件里，则只有类 GoodsManageTest 可以被 public 修饰且源文件的名字也应定义为 GoodsManageTest.java。为了清晰起见，我们将 4 个类分别放到 4 个源文件中，则此 4 个类均可被 public 修饰，且源文件名字和类名一致即可。

(1) 货物类，根据定义应该有两个私有属性：字符串类型的货物名称和字符串类型的货物编号。但由于要求编号能够自动生成，无须外界赋值实现，实质是暗示还需要一个静态的整型属性表示当前系统共有的货物数目，而每个货物的具体编号是在已有的货物数目基础上加 1 实现的。对于私有属性，因其不便于被外界访问，需要为每个私有属性提供一对共有的访问器方法。显示该货物的所有信息，就是以字符串的形式返回各个属性值，具体代码（完整程序请扫描二维码“5.4 节源代码 1”）如下：

5.4 节源代码 1

```
//Goods.java
package classandobj;;
public class Goods {
⋮
```

(2) 对于货物类别类，需要提供一种存储结构来存放该类别的所有货物的编号，考虑到其成员数目不确定且动态变化，因此可以采用ArrayList这种动态数组作为存储结构，由于其中存储的永远是Goods对象，在定义时可以为其加上泛型的限定。添加货物成员的方法，本质就是在ArrayList对象中追加一个Goods元素。显示该类所有信息时，可以使用String类的字符串连接方式实现，但String通常用来表示字符串常量，不适用于频繁变化的情况，因此在进行信息显示时用StringBuffer类替代了String类来存储要显示的信息的字符串。具体代码（完整程序请扫描二维码“5.4节源代码2”）如下：

5.4 节源代码 2

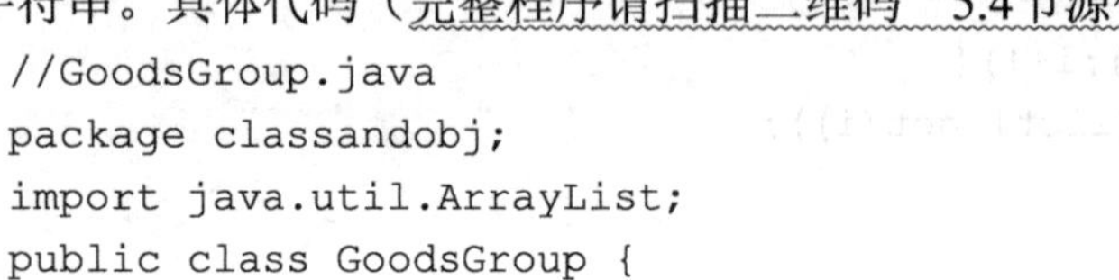

```
//GoodsGroup.java
package classandobj;
import java.util.ArrayList;
public class GoodsGroup {
⋮
```

(3) 对于货物管理类，需要提供一种存储结构来存放已有的所有货物类别信息，因此定义时和货物类别类相同，要使用带泛型的 ArrayList 成员变量。根据货物名称进行特定货物的查找实质就是对 ArrayList 的一种遍历，在遍历过程中将 ArrayList 中的每个对象的名称和待查找的对象的名称进行比较，如果相等表示该类别存在找到，否则就是没找到即该类别对象不存在。

增加货物时，首先根据货物名称进行类别查找，如果找到则只需在已有类别的货物成员上进行增加即可，如果没有找到才是对 ArrayList 添加新对象的过程。增加一组货物和增加一个货物是明显的方法重载过程，就是对一组货物逐个查找确认是增加成员还是添加新对象。显示货物的所有信息也是对 ArrayList 的一种遍历，具体代码（完整程序请扫描二维码“5.4 节源代码 3”）如下：

```
//GoodsManage.java
package classandobj;
import java.util.*;
public class GoodsManage {
⋮
```

5.4 节源代码 3

(4) 货物管理测试类的所有核心代码应该写在 main 方法中。首先需要声明实例化货物管理测试类对象，然后声明实例化若干个 Goods 类对象，先单个追加并显示，然后一组追加并显示。这里没有明确测试根据名字进行货物查找方法，因为在添加货物时必须先调用查找方法，才能确定是简单成员的增长还是需要添加新的货物类别。具体代码（完整程序请扫描二维码“5.4 节源代码 4”）如下：

```
// GoodsManageTest.java
package classandobj;
import java.util.ArrayList;
public class GoodsManageTest {
    //测试 GoodsMange
public static void main(String[] args) {
⋮
```

5.4 节源代码 4

在这个项目中需要重点强调的有如下5点。

(1) static属性的使用

在Goods类中为了实现货物编号的自动增长，额外定义了一个静态属性initno表示当前已经加入的货物总数目。根据日常的经验，如果系统中一个货物都没有，则新加的第一个货物的编号就应该为1，同理，当系统中已有n个货物，则新增加的货物的编号就应该是$n+1$，可见货物的编号是和系统中已有货物的数目密切相关的。已知了当前货物总数目，则下一个新加入货物的编号就是在已有的总数目上增加1后的数目。因为当前的货物总数对所有的具体货物对象而言是一样的，所以将此变量定义为静态，以在所有对象中保持一致并节省存储空间。这种技巧也可以用到学号、工号等自动生成的场合。

(2) String和StringBuffer的区别

String 通常用来表示字符串常量，而对于字符串中元素经常变化的情况最好使用 StringBuffer 类。“+”对 String 而言是字符串连接符，而 StringBuffer 是不能使用“+”来连接的，必须使用 append 进行追加。StringBuffer 向 String 转化时调用 toString 方法即可。

(3) String的比较

本例中用到的比较是内容的比较，即判断两字符串内容是否相同，必须使用equals实现。

如果使用“==”进行的比较，是对两个String对象是否指向同一内存单元的比较。如果两个String对象指向同一内存单元(==结果为true)，则其内容/值一定相等(equals结果为true)；但反之，如果两个String对象内容/值相等(equals结果为true)，并不代表这两个对象一定指向同一内存单元(==结果不一定为true)，二者不能混淆。

(4) ArrayList的使用

原则上ArrayList可以存储任何的对象，类型不同也行，但在本项目中为了便于获取对象后的操作，通过泛型直接限定了加入其中的所有对象只能是单一的类型，这样ArrayList就变成了变长的数组。ArrayList在遍历时有3种方式：①使用ArrayList自己的方法遍历；②转化成数组进行遍历。此时注意，这时的数组元素是Object类型，因此后续为了调用特定类方法，需要使用instanceof运算符判断是某用户自定义类的实例后再进行强制类型转换；③使用Iterator迭代器进行遍历。本程序中所有使用ArrayList的地方都可以用Vector来替代，唯一的区别是Vector是线程同步的。

(5) 方法重载

在类GoodsManage中有两个addGoods方法，但因参数类型不同，因此是典型的方法重载。方法重载是多态的一种表现。

5.5 强化训练

编程模拟停车场收费系统。 收费标准是：1 小时之内收费 3 元，1 小时以上每小时收费 2 元，不足 1 小时以 1 小时计算。假定停车场的停车车位有 100 个。

5.6 课后习题

一、选择题

1．String str="welcome";则 str.substring(1,4)的输出结果是(   )。

A) welc　　B) elco　　C) elc　　D) elcm

2．String s="我是中国人"，则 s.length( )的结果是(   )。

A) 10　　B) 5　　C) 6　　D) 2

3．String s1="international"，则 s1.indexOf("na",3)的结果是(   )。

A) 6　　B) 5　　C)10　　D) 11

二、填空题

1．下面是一个类的定义，请完成程序填空。

```
__________ A
{  String  s;
   __________ int  a=666;
   A(String s1)  {    s=s1;    }
   static int geta( )  {    return  a;  }
}
```

2．下面程序的功能是通过调用方法 max( )求给定的 3 个数的最大值，请完成程序填空。

```
public class Class1{
   public static void main( String args[] )   {
     int i1=1234,i2=456,i3=-987;
     int MaxValue;
     MaxValue=________;
     System.out.println("三个数的最大值："+MaxValue);
   }
```

```
  public _______ int max(int x,int y,int z)
  {  int temp1,max_value;
     temp1=x>y?x:y;
     max_value=temp1>z?temp1:z;
     return max_value;
  }
}
```

3．阅读程序，回答问题。

```
public  class  Test52   {
    static  String  str1="Hello, Java world! \t";
    static  String  str2="Hello, students! ";
    public  static  void  main(String  args[])
    {   System.out.print(str1);  System.out.println(str2);   }
}
```

问题：(1) 这是哪种形式的 Java 程序？

(2) 程序的输出是什么？

三、程序设计题

1．定义一个汽车类 Car，要求如下：

(1) 属性包括：汽车品牌 brand(String 类型)、颜色 color(String 类型)和速度 speed(double 类型)，并且所有属性为私有。

(2) 至少提供一个有参的构造方法(要求品牌和颜色可以初始化为任意值，但速度的初始值必须为 0)。

(3) 为私有属性提供访问器方法。注意：汽车品牌一旦初始化之后就不能修改。

定义测试类 CarTest，在其 main 方法中创建一个品牌为“benz”、颜色为“black”的汽车。

2．定义一个图书类 Book，要求如下：

(1) 属性包括：书名 name(String 类型)、作者 author(String 类型)、单价 price(double 类型)、数量 amount(int 类型)，并且所有属性为私有。

(2) 提供一个为书名 name、作者 author、单价 price 和数量 amount 指定初值的构造方法。

(3) 为私有属性提供访问器方法，但要求书名和作者一旦初始化后就不能更改。

(4) 提供计算图书总价的方法 totalPrice 方法，图书总价＝单价×数量。

定义测试类 BookTest，在其 main 方法中创建一个书名为“Java”、作者为“张三”、单价为 30、数量为 2000 册的图书，并计算输出该图书的总价。

3．假定已给定一个 User 类，要求编写一个用户管理类(UserManager)，在类中定义一个 Vector 类型的成员变量，该变量保存所有的用户，用户对应的类型为 User(User 定义如下)。在类中定义如下几个方法：

(1) 添加一个用户；

(2) 删除一个用户；

(3) 判断一个用户是否存在；

(4) 显示所有用户信息(User 对象由 toString 方法可以显示用户信息)。

```
public class User
{
    private String name;
    public User(String name)
    {
        this.name = name;
```

```
    }
    public String getName()
    {
        return this.name;
    }
    public String toString()
    {
        return "User:"+name;
    }
    public boolean equals(Object o)
    {
        return name.equals(((User)o).name);
    }
}
```

第6章　学生成绩评级

【本章概述】 本章以项目为导向，介绍了 Java 中如何实现继承与多态；通过本章的学习，读者能够理解继承的概念和相关的语法规则，掌握什么是方法的覆盖以及重载和覆盖的区别联系，掌握所有类的共同父类 Object 类的常用方法，明确构造方法在继承中的使用，掌握 super 关键字的用法，掌握父子类对象的使用及转换规则，掌握抽象方法和抽象类的作用，掌握数组的声明实例化及其使用。

【教学重点】 继承的概念、方法覆盖、super、父子类的转换规则、抽象类与抽象方法、数组。

【教学难点】 父子类的转换规则、抽象类与抽象方法。

【学习指导建议】 学习者应首先通过学习【技术准备】，了解 Java 语言中继承与多态的基本概念。通过学习本章的【项目学做】完成本章的项目，理解和掌握继承与多态的作用。通过【强化训练】巩固对本章知识的理解。最后通过【课后习题】进行学习效果测评，检验学习效果。

6.1　项 目 任 务

编程实现一个学生成绩评级系统的功能。假设本科生和研究生期末考试后都要进行成绩级别的评定。这两个类有一些共同的信息：学号、姓名、三门课的成绩、成绩评级，但两类学生在成绩的评定标准上有区别，具体如表 6-1 所示。

表 6-1　课程成绩等级

本科生标准（分）		研究生标准（分）	
80～100	优秀	90～100	优秀
70～80	良好	80～90	良好
60～70	一般	70～80	一般
50～60	及格	60～70	及格
50 以下	不及格	60 以下	不及格

假设某班级里既有本科生也有研究生，请编写程序统计出全班学生的成绩等级并显示。

6.2　项 目 分 析

1．项目完成思路

根据题目描述，发现本科生和研究生中有一些共同的信息和方法，但二者对成绩评定的标准不同，因此可以按如下思路完成：

(1) 抽取二者共有的信息和行为形成父类，其中计算成绩等级的方法只起到占位作用。

(2) 从父类派生出本科生类和研究生类，在子类中分别实现不同的成绩评定标准。

2．需解决问题

(1) 如何使得父类中的计算成绩方法只起到占位作用?

(2) 子类中如何体现各自计算成绩等级的标准?

6.3 技 术 准 备

6.3.1 继承的定义

在面向对象程序设计中类和类之间是彼此相关的，其中有一种关系是 is-a 的关系。例如，我们知道学校成员包括很多种，其中学生就是学校成员中的一种。这时学生类和学校成员类这两个类之间的关系就是 is-a 的关系，但前者比后者具有更丰富的信息，面向对象中把具有这种关系的两个类称为继承关系。在这里应是学生类继承自学校成员类，那么用 Java 语言如何来展现这种继承关系呢？这是本节要讨论的问题。

1．示例代码

【例 6-1】类的继承关系。

```
// SchoolMember.java
class SchoolMember
{
    //定义姓名、角色两个属性
    String  name;
    char  role;
    //方法定义
     public String getName()
    {
        return name;
    }
    public void setName(String n)
    {
        name=n;
    }
    public char getRole()
    {
        return role;
    }
    public void setRole(char r)
    {
        role=r;
    }
    public void introduce()
    {
        System.out.println("name is:"+name+";role is:"+role);
    }
}
//Student 类继承自 SchoolMember 类
class Student extends SchoolMember
{
```

```
    //定义主修专业属性
     String  major;
    public String getMajor()
    {
        return major;
    }
    public void setMajor(String m)
    {
        major=m;
    }
    public void introduce()
    {
        System.out.println("name is:"+name+";role is:"+role+";major in
            :"+major);
    }
}
```

2．代码分析

例 6-1 中定义了两个类，一个是父类 SchoolMember，另一个类是子类 Student，这两个类之间就是继承关系，Student 类继承自 SchoolMember 类。这种继承关系在语法上通过子类 Student 类定义的类头中的 extends 关键字体现出来，extends 关键字后面的就是父类的类名。从这段程序中还能看出，父类 SchoolMember 中定义的属性和方法是所有在校人员的共有特征，诸如姓名、性别、获取和设定姓名以及性别等功能。子类 Student 除了具有父类的这些特征外，还有自己的特殊性，如每位学生都有自己的主修专业以及获取和设定主修专业的功能，所以在子类的定义中又扩展定义了这些内容。

3．知识点

定义继承关系的语法结构：

```
[修饰符]  class  子类名 extends 父类名
   {类体定义 }
```

例如：

```
class  Student extends SchoolMember
      {…}
```

父类中应该定义共有性的属性和方法，子类除了可以继承父类中定义的属性和方法外，可以根据自己的具体特点定义自己特有的属性或方法。

【注意】Java 类只支持单重继承，即只有一个父类的继承关系。

4．举一反三

请根据例 6-1 中 SchoolMember 的定义，派生出一个 Teacher 类，该类除了具有父类的特征外，还有一个特殊的字符串类型的属性 teach 表示主讲课程，则配套的还应该有和该属性对应的访问器方法，同时需要在 Teacher 类的 introduce 方法中输出主讲课程。

6.3.2　属性的继承与隐藏

上面介绍了在 Java 语法中如何实现继承关系，一旦两个类之间具有了继承关系，原则上子类可以继承父类的属性和方法。曾经在前面介绍过属性和方法可以被访问控制修饰符修饰，那么是否父类中被所有访问控制修饰符修饰的属性和方法都能被子类无条件地继承呢？当父类和子类处于不同的包中时，情况是否又有不同呢？先来看属性的继承。

1．属性的继承

(1) 父子类在同一包中定义

假设同一包中有父类Base、子类Inh，我们希望通过例6-2归纳出父类中哪些访问控制修饰符修饰的属性可以被子类无条件继承。

【例6-2】同一包中属性继承。

```
//Base.java
package aa.exa1;
class Base
{
    private int a;
    protected double b;
    char c;
    public  String d ;
}
//Inh 继承自 Base 类
class Inh extends Base
{
    public void outputA()
    {
        System.out.println("a="+a);
    }
    public void outputB()
    {
        System.out.println("b="+b);
    }
    public void outputC()
    {
        System.out.println("c="+c);
    }
    public void outputD()
    {
        System.out.println("d="+d);
    }
}
```

对代码进行编译，系统给出如下错误提示：

```
The field Base.a is not visible.
```

代码分析：例6-2为了简单起见，在基类中定义了被不同的访问控制修饰符修饰的4个属性，省略了类中方法的定义。子类中没有定义自己特有的属性，只是定义了4个方法获取父类的4个属性。在编译时，错误提示在访问父类的私有属性上，说明子类可以无条件地继承父类的所有非私有属性。

例6-2中的父子类处于同一包中，那么当父子类处于不同包中，情况会如何呢？

(2) 父子类在不同包中定义

例6-3展示了当父类Base和子类Inh隶属于不同包中时，父类中被不同访问控制修饰符修饰的属性哪些可以被子类继承。

【例 6-3】不同包中属性继承。

```
//第一部分代码
//Base.java
package aa.j02.exa2;
public class Base
{
    private int a;
    protected double b;
    char c;
    public  String d;
}
//第二部分代码 Inh2.java
Package bb.j02.exa22;
import aa.j02.exa2.Base;
class Inh2 extends Base
{
    public void outputA()
    {
        System.out.println("a="+a);
    }
    public void outputB()
    {
        System.out.println("b="+b);
    }
    public void outputC()
    {
        System.out.println("c="+c);
    }
    public void outputD()
    {
        System.out.println("d="+d);
    }
}
```

代码调试：先编辑第一段代码，命名为 Base.java，编译通过。再编辑第二段代码，命名为 Inh2.java，有如下错误提示：

```
The field Base.a is not visible.
The field Base.c is not visible.
```

代码分析：例 6-3 的父类和子类定义在不同的包中，从前述知识可知，类中的属性如果希望被不在同一包中的其他类访问到，则它们所隶属的类必须是被 public 修饰符修饰的，所以 Base 类的访问控制修饰符是 public，该类仍然有被不同访问控制修饰符修饰的 4 个属性，子类中没有定义自己特有的属性，只是定义了 4 个方法获取到父类的 4 个属性。错误提示在对父类私有属性和对默认属性的访问这两个地方，说明当父子类定义在不同的包中时，只有父类的被 public 和 protected 修饰的属性能被子类继承下来，那么此处也给出了默认修饰符和 protected 修饰符的不同，即被 protected 修饰符修饰的属性可以被其他包中的该类的子类所引用，而默认修饰符修饰的属性却不可以。

(3) 知识点

属性的继承：

- 当父子类定义在同一个包中时，父类的所有非私有属性可以被子类继承；
- 当父子类定义在不同包中时(父类被 public 修饰)，父类的被 public 和 protected 修饰的属性可以被子类继承。

2．属性的隐藏

(1) 示例代码

例 6-4 中将展示当父子类中定义同名属性 a 时，如何确定访问的是父类中的 a 还是子类中的 a。

【例 6-4】属性的隐藏。

```
// Test.java
class Father
{
    double b=1.1;
    static int a=1;
    static void printA()
    {
        System.out.println("father.a="+a);
    }
}
class Child extends Father
{
    //重新定义父类中的属性 a
    static int a=2;
    public static void outputA()
    {
        System.out.println("child.a="+a);
    }
    public  void outputB()
    {
        System.out.println("child.b="+b);
    }
}
public class Test
{
    public static void main(String[] args)
    {
        Child c=newChild();
        c.outputA();
        c.printA();
        c.outputB();
    }
}
```

编译运行得到如下运行结果：

```
child.a=2
```

```
father.a=1
child.b=1.1
```

代码分析：例6-4定义的父子类是在同一包中的，原则上子类可以继承父类的所有非private属性，但是在子类定义中出现了一个和父类中同名的属性a，这种现象称为属性的隐藏。此时在子类中实际有3个属性，即一个属性b和两个属性a，两个属性a中的一个是从父类继承来的，另外一个是子类自己定义的。那么对同名属性而言，当子类执行继承自父类的方法printA( )时处理的是继承自父类的属性，当子类执行它自己定义的方法outputA( )时处理的就是它自己定义的属性。

(2) 知识点

属性的隐藏：子类中出现和父类中同名属性的现象称为属性的隐藏。

这里所谓的隐藏是指子类中出现了两个同名的属性变量，一个继承自父类，另一个由子类自己定义，当子类执行继承自父类的操作时处理的是继承自父类的属性，当子类执行自己定义的方法时处理的是子类自己重新定义的同名属性。

属性隐藏一般用于父子类中都具有此属性，但在父子类中此属性的取值不相同的情况。

(3) 举一反三

有代码如下所示，请给出程序的运行结果：

```
class Base
{
    int i = 100;
    void output()
    {
        System.out.println(i);
    }
}
public class Pri extends Base
{
    static int i = 200;
    public static void main(String argv[])
    {
        Pri p = new Pri();
        System.out.println(i);
    }
}
```

6.3.3 方法的继承与覆盖

1. 方法的继承

属性和方法作为类中同等重要的组成部分，在继承和派生关系中遵循着一样的继承原则。

(1) 示例代码

例6-5将展示父子类在同一包中定义时，父类方法被继承时遵循的原则。

【例6-5】 同一包中方法的继承。

```
//父子类在同一包中定义 Inh4.java
package aa.j03.exa1;
class Base
```

```
{
    private void out1()
    {
        System.out.println("this is private method");
    }
    void out2()
    {
        System.out.println("this is method");
    }
    protected void out3()
    {
        System.out.println("this is protected method");
    }
    public void out4()
    {
        System.out.println("this is public method");
    }
}
public class Inh4 extends Base
{
    public static void main(String argv[])
    {
        Inh4 child=new Inh4();
        child.out1();
        child.out2();
        child.out3();
        child.out4();
    }
}
```

例 6-6 展示父子类不在同一包中定义时的父类中方法的继承原则。

【例 6-6】不同包中方法的继承。

```
//父子类在不同包中定义，父类代码定义 Base.java
package aa.j03.exa2;
public class Base
{
     private void out1()
    {
        System.out.println("this is private method");
    }
    void out2()
    {
        System.out.println("this is method");
    }
    protected void out3()
    {
        System.out.println("this is protected method");
    }
    public void out4()
```

```
        {
            System.out.println("this is public method");
        }
}
//子类代码定义 Inh5.java
package aa.j03.exa22;
import  aa.j03.exa2.Base;
public class Inh5 extends Base
{
    public static void main(String argv[])
    {
        Inh5 child=new Inh5();
        child.out1();
        child.out2();
        child.out3();
        child.out4();
    }
}
```

可以仿照 6.3.2 节在属性继承中介绍的方法来分别调试例 6-5 和例 6-6，总结关于方法继承的相关原则。

(2) 知识点

方法的继承：

- 当父子类定义在同一个包中时，父类的所有非私有方法可以被子类继承；
- 当父子类定义在不同包中时(父类被 public 修饰)，父类的被 public 和 protected 修饰的方法可以被子类继承。

2．方法的覆盖

方法的覆盖从功能上讲和属性的隐藏极其类似，方法的覆盖一定是在父子类之间出现的，它是面向对象技术中多态技术的一种实现方法。多态分为编译时多态和运行时多态。编译时多态即在编译时期就确定了对具体方法体的调用，这种多态通过第 4 章介绍过的方法的重载来实现。而运行时多态是在运行时才最后确定对具体方法的调用，这种多态就是通过本节介绍的方法的覆盖来实现的。关于如何体现多态性，我们将在后续讲述。

(1) 示例代码

例 6-7 将显示当子类中定义的方法和父类中的方法具有完全相同的方法头时，如何确定调用的是父类中的方法还是子类中的方法。

【例 6-7】方法的覆盖。

```
//Test2.java
package aa.j03.exa3;
class Base
{
    int a=1;
    protected void printA()
     {
        System.out.println("base.a="+a);
     }
}
```

```
// 类 Inh 继承自 Base
class Inh extends Base
{
    //定义和父类中具有相同方法头的方法
    protected void printA()
    {
        System.out.println("lalala");
    }
}
//测试类
public class Test2
{
    public static void main(String argv[])
        {
        Inh child=new Inh();
        child.printA();
          Base  father=new Base();
        father.printA();
    }
}
```

代码调试：编辑编译代码例 6-7，编译通过后运行得到如下结果：

```
lalala
base.a=1
```

(2) 代码分析

例 6-7 的父子类中出现了两个同名的方法 printA( )，这种现象称作方法的覆盖。在测试类中通过子类对象调用 printA( )方法，实质执行的是子类中重新定义的 printA( )方法，而通过父类对象调用 printA( )方法实质执行的是父类自己的 printA( )方法。下面对例 6-7 子类 Inh 中的 printA( )方法头做一下修改，去掉其前的 protected 修饰符，即由 protected 修饰改为由默认修饰符修饰，则子类 Inh 中的 printA( )方法如下所示：

```
void printA()
{
    System.out.println("lalala");
}
```

再编译修改后的程序，编译出错提示如下：

```
Cannot reduce the visibility of the inherited method from Base
```

出现此错误的原因就是因为修改了子类 printA( )方法的访问控制修饰符，说明在方法覆盖中子类同名方法的访问控制修饰符的范围不能小于父类同名方法的访问控制修饰符。

(3) 知识点

方法的覆盖：子类中定义了和父类中具有相同方法头方法的现象称作方法的覆盖。

方法覆盖中由于同名方法隶属于不同的类，所以可以通过在方法名前使用不同的对象名或类名来加以区分调用的是父子类中的方法。

需要注意的是，子类在重新定义父类中的已有方法时，应保持和父类中该方法相同的方法头，即有完全相同的方法名、返回值类型和参数列表。而访问控制修饰符的访问控制范围至少应该和父类中该方法的访问控制修饰符相同才行。

方法的覆盖是和属性的隐藏相互对应的。

(4) 举一反三

有 Person 类，定义如下：

```
class Person
{
    String name;//姓名
    String addr; //家庭住址
    String e_mail; //email 地址
    public void show()
    {
        System.out.println("this is in class Person");
    }
}
```

要求根据此类定义一个子类 Employee，该类有工龄和工资两个特有属性，要求该类覆盖父类的 show 方法，显示类名和人名。该类还有两个方法 addSal 用来表示加薪方式，第一种加薪方式是如果工龄小于 1 年，则加当前工资的 10%。第二种加薪方式是如果工龄大于 1 年，则可以指定加薪的数目，但此数目不可大于该员工工资的 20%，如果指定的数目超过 20%，则只能加 20%。请完成此类的定义。

6.3.4 Object 类及其常用方法

在 Java 中有这样一个类，它是所有类的祖先，也就是说任何类都是其子孙类，这就是 java.lang.Object，如果一个类没有显式地指明其父类，那么它的父类就是 Object。如同我们称自己为炎黄子孙一样，所有的类都可以称为 Object 子孙。

作为一个超级祖先类，Object 类为子类提供了一些 public 修饰的方法，便于子类覆盖来实现子类自己特定的功能。下面详细介绍其中的 equals 方法和 toString 方法。

1．public boolean equals(Object obj)方法

顾名思义，这个方法可以用来比较两个对象是否“相等”，而至于什么才叫“相等”，各个类可以根据自己的情况与需要自行定义。例如 String，就是要求两个对象所代表的字符串值相等，而对于一个圆类(Circle)，则可能是要求半径一样大才算是“相等”。尽管不同的类有不同的规则，但是有一条规则却是公用的，它就是：如果两个对象是“一样”(identical)的，那么它们必然是“相等”(equals)的。那么什么才叫“一样”？如果 a= =b，我们就说 a 和 b 是“一样的”，即 a 和 b 指向(refer to)同一个对象。Object 类中的 equals 方法实施的就是这一条比较原则，对任意非空的指引值 a 和 b，当且仅当 a 和 b 指向同一个对象时才返回 true。

在 JDK5.0 的帮助文档中，equals 方法必须满足以下一系列性质：

① 自反性，即对任意一个非空的指引值 x，x.equals(x)永远返回 true；

② 对称性，对任意非空的指引值 x 和 y，当且仅当 x.equals(y)返回 true 时，y.equals(x)返回 true；

③ 传递性，当 x.equals(y)返回 true 并且 y.equals(z)返回 true 时，x.equals(z)也返回 true；

④ 一致性，对任何非空的指引值 x 和 y，只要 x 和 y 所指向(refer to)的对象没有发生变化，那么 x.equals(y)的结果也不会变化；

⑤ 对任意非空的指引值 x，x.equals(null)应返回 false。

但对于 Object 的任何子类，均可以按照自己的需要对 equals 方法进行覆盖。

2. public String toString( )方法

toString 方法是一个从字面上就容易理解的方法，其功能是得到一个能够代表该对象的一个字符串，Object 类中的 toString 方法就是得到这样的一个字符串：类名+"@"+代表该对象的一个唯一的十六进制数，各个类可以根据自己的实际情况对其进行改写，通常的格式是类名[field1=value1,field2=value2,…,fieldn=valuen]。

下面以例 6-8 为例介绍这两个方法如何在子类中被覆盖。

【例 6-8】 equals 方法的覆盖。

```
// TestMyCircle.java
public class TestMyCircle{
    public static void main(String []args)
    {
        MyCircle obj1=new MyCircle(3);
        System.out.println(obj1.toString());
        MyCircle obj2=new MyCircle(3);
        System.out.println(obj1.toString());
        if(obj1.equals(obj2))
            System.out.println("the two objects are equal");
        else
            System.out.println("the two objects are not equal");

    }
}
class MyCircle
{
    private int radius;

    public MyCircle(int r)
    { radius=r;}

    public int getRadius()
    {return radius;}

    public void setRadius(int r)
    {radius=r;}
    //覆盖父类中的equals方法
    public boolean equals(Object obj)
    {
        MyCircle o=(MyCircle)obj;
        if(o.getRadius()==this.radius)
            return true;
        else
            return false;
    }
    //覆盖父类中 toString 方法
    public String toString()
    {
        return "radius="+radius;
```

```
    }
}
```

代码分析：从程序的运行结果来看，我们创建的两个 MyCircle 对象是相等的，因为这里我们规定当 MyCircle 对象的半径相等时就认为这两个对象是相等的，而在调用构造方法创建对象时设定这两个 MyCircle 对象的半径均为 3。由此可见，Object 中的 equals 方法和 toString 方法是为了在子类中覆盖来满足子类特定需要而定义的。

6.3.5 继承关系中的构造方法及 super 关键字

1．示例代码

【例 6-9】 继承关系中父子类中构造方法的调用关系和执行次序。

```
//B.java
class  A
{
    A()
    {
        System.out.println("this is A constructor");
    }
}
public class B extends A
{
    public static void main(String argv[])
    {
        B b=new B();
    }
}
```

编译运行此段代码，得到如下的输出结果：

```
this is A constructor
```

代码分析：例 6-9 得到的输出结果非常奇怪，这条语句是父类的构造方法中的输出语句，子类 B 自己没有构造方法，之所以在创建 B 类对象时得到此语句只有一种可能，就是子类在创建对象时先执行父类的构造方法。下面对 B 类做修改，为其添加一个无参的构造方法，如下所示：

```
B()
{
    System.out.println("this is B constructor");
}
```

然后再次编译运行此程序，得到如下输出结果：

```
this is A constructor
this is B constructor
```

可见，当子类定义了自己的构造方法之后，在创建子类对象时仍然是先调用父类的构造方法，再调用子类自己的构造方法。

【例 6-10】 继承关系中父类定义带参构造方法。

```
//B.java
class  A
{
```

```
    int a;
    A(int a)
    {
        this.a=a;
        System.out.println("this is A constructor");
    }
}
public class B extends A
{
    public static void main(String argv[])
    {
        B b=new B();
    }
}
```

编译此程序出错，提示如下：

```
Cannot find symbol constructor A( )
```

可见，当父类只提供带参的构造方法时系统会报错，那么为子类添加一个无参的构造方法，如下所示：

```
B()
{
    System.out.println("this is B constructor");
}
```

再次编译，仍然是和上面一样的错误提示，可见子类默认只会执行父类无参的构造方法，如果希望子类执行父类的带参构造方法，则需要将子类修改如下：

```
public class B extends A
{
    B (int a )
    {
        super(a);//添加的代码!!
        System.out.println("this is B constructor");
    }
    public static void main(String argv[])
    {
        B b=new B(4);}
    }
}
```

编译运行后，得到如下输出结果：

```
this is A constructor
this is B constructor
```

其中，B 类的构造方法之所以带一个 int 型的形参是因为子类从父类继承了一个 int 型的属性 a，在子类中需要为其赋值。这里出现了一个新的关键字 super，这是 Java 系统默认的为每一个类都提供的一个关键字，该关键字代表当前类的直接父类对象，这里使用 super 表示调用父类的带一个参数的构造方法。

再看例 6-11，该例展示了如何使用 super 关键字调用父类的构造方法，以及如何使用 super 关键字在子类中调用父类中被隐藏的属性和被覆盖的方法。

【例 6-11】super 关键字使用。

```
//B.java
class  A
{
    int a;
    A(int a)
    {
        this.a=a;
        System.out.println("this is A constructor");
    }
    void show()
    {   System.out.println("this is show method in A");}

}
public class B extends A
{
    int a;
    B (int x, int y )
    {
        super(x);//调用父类的带参构造方法
        a=y;
        System.out.println ("this is B constructor 父类中的a:"+super.a+" 子
                    类中的a:"+a);//通过 super 获取父类被隐藏的属性
    }
      void show()
      {    super.show();//通过 super 调用父类被覆盖的方法
           System.out.println("this is show method in B");
      }
     public static void main(String argv[])
     {
           B b=new B(3,9);
           b.show();
    }
}
```

编译运行程序得到如下的输出结果：

```
this is A constructor
this is B constructor 父类中的 a:3  子类中的 a:9
this is a show method in A
this is a show method in B
```

例 6-11 出现了属性隐藏的问题，此时子类的构造方法除了需要为本类中定义的属性 a 赋值，还需要为从父类中继承过来的 a 赋值，所以子类的构造方法需要两个 int 型的参数。在构造方法的最后一条语句中利用了 super 关键字得到了父类中定义的属性 a，在子类中可以通过 super.方法名(实参)调用父类中被覆盖的方法。

2. 知识点

继承关系中构造方法的使用遵循如下原则：

① 子类无条件地调用父类的无参构造方法；

② 对于父类的带参构造方法，子类可以通过在自己的构造方法中使用 super 关键字来调用，但这条调用语句必须是子类构造方法中的第一条可执行语句。

关键字 super 是 Java 系统默认的为每一个类都提供的一个关键字，该关键字代表当前类的直接父类对象，super 的用法有如下 3 种。

- 在子类构造方法中可以通过 super(实参)调用父类的构造方法，此时要求该语句是子类构造方法的第一条可执行语句，这一点和 this 调用本类其他构造方法时要求一致。
- 可以在子类中通过 super.父类属性；调用父类属性，如果此属性不涉及属性隐藏，则 super.可以省略。
- 可以在子类中通过 super.父类方法；调用父类中定义的方法，如果被调方法不属于方法覆盖，则 super.可以省略。

【注意】 this 和 super 不能在 static 修饰的方法内使用。

3. 举一反三

有如下代码，选项中有 4 条语句，哪条语句放在程序中//here 处程序编译不会出错？

```
class Base
{
    public Base(int i){}
}
public class MyOver extends Base
{
    public static void main(String arg[])
    {
        MyOver m = new MyOver(10);
    }
    MyOver(int i)
    {
        super(i);}
        MyOver(String s, int i)
        {
            this(i);
            //here
        }
    }
}
1. MyOver m = new MyOver();
2. super();
3. this("Hello",10);
4. Base b = new Base(10);
```

6.3.6 父、子类对象的使用与转化

在前面讲过，作为面向对象三大基本特征之一的多态性又分为两种，即编译时多态和运行时多态。编译时多态是通过方法的重载实现的，而运行时多态是通过方法的覆盖来实现的。Java 中实现运行时多态的基础是动态方法调用，它是一种在运行时而不是在编译时调用覆盖方法的机制。而动态方法调用是通过将子类对象赋值给父类对象来实现的。

1. 示例代码

【例 6-12】动态方法调用。

```
// TestPlay.java
class Instrument
{
    public void play(){}

}
class Violin extends Instrument
{     public void play()
    {System.out.println("violin is played");}
}
  class Piano extends Instrument
  {
    public void play()
    {System.out.println("Piano is played");}
  }
  public class TestPlay
  {
        public static void main(String []args)
         {
            Instrument obj1=new Violin();
            obj1.play();
            Instrument obj2=new Piano();
            obj2.play();
         }
  }
```

2. 代码分析

编译此段代码，输出“violin is played”和“piano is played”。这段代码由一个父类、两个子类和一个测试类构成，父类中有一个方法体为空的成员方法 play，而在两个子类中这个方法均被覆盖。main 方法中声明了两个父类引用分别指向两个子类对象，根据代码调试的结果可以看到此种形式在语法上是可以被接受的，从运行结果可知这里实际调用的是每个子类自己重新定义的 play( )方法，是通过将子类对象赋值给父类对象来实现动态方法调用的。可见，Java 的这种动态方法调用机制遵循一个原则：当父类引用指向子类对象时，是最终指向类型而不是声明类型决定了调用谁的成员方法，但是这个被调用的方法必须是在父类中定义过的，也就是说被子类覆盖的方法。这个例子告诉我们，子类对象可以无条件地赋给父类引用，因为子类是从父类继承过来的，子类是一个具体的父类而已。那么反过来在需要子类对象的地方是否可以用一个父类对象来替代呢？请看例 6-13。

【例 6-13】子类引用指向父类对象。

```
//Circle.java
class Shape
{}
public class Circle extends Shape
{
    static void draw(Circle c)
```

```
        {
            System.out.println(c+".draw()");
        }
        public static void main(String[] argv)
        {
            Shape s=new Shape();
            Circle.draw(s);
        }
    }
```

编辑代码然后编译，编译出错，给出如下错误提示：

The method draw(Circle) in the type Circle is not applicable for the arguments(shape)

例 6-13 定义了父子两个类，为描述问题简化起见，父类中没有定义属性和方法。子类定义了一个静态方法 draw，这个方法有一个由子类对象充当的形式参数。在 main 方法中创建了一个父类对象 s，在调用子类的 draw 方法时传递的实际参数是父类对象 s，而这条语句编译出错，说明在需要子类对象的地方使用父类对象会出错，因为子类是父类的具体或详细情况，包含比父类更丰富的信息。下面对 main 方法做如下修改：

```
public static void main(String[] argv)
{
     Circle c=new Circle();
     Shape s=c;
     if(s instanceof Circle)
     {
        Circle temp=(Circle)s;
            Circle.draw(temp);
        }
}
```

再次编译通过。分析修改后的 main 方法，第一条语句创建了一个子类的对象 c，第二条语句定义了一个父类的引用指向一个子类对象。第三条语句中出现了一个新的运算符 instanceof，这个运算符的前面要求是一个对象、后面要求是一个类名，它的作用就是判断前面的对象是不是后面类的一个实例。当结果为真时，将父类引用 s 强制转换成子类引用，再将该子类引用 temp 作为实参传给 draw 方法，这时编译即可通过。说明当父类引用实际指向子类对象时，该父类引用可以经过强制类型转换，转换成子类对象从而当作子类对象来使用。

3. 知识点

父子类对象的转化遵循如下原则：

① 子类对象可以被视为是其父类的一个对象；

② 父类对象不能被当作其子类的一个对象；

③ 如果父类引用实际指向的是子类的对象，那么该父类引用可以经过强制类型转换成子类对象使用。

通过将子类对象赋值给父类对象来实现动态方法调用，在运行时期，将根据父类对象实际指向的实际类型来获取对应的方法，所以才有多态性，即：一个父类的对象引用，被赋予不同的子类对象引用，执行该方法时根据其指向的不同的子类对象将表现出不同的行为。多态性在实现时通常将被覆盖的方法定义成抽象方法或将其定义在接口中。

关于多态的几点说明：

- 多态针对的是方法调用而不是变量访问；
- 多态是针对继承体系结构而言的；
- 运行时多态对一个方法的调用是基于具体调用对象而不是引用来确定具体调用哪个方法的。

运算符 instanceof 语法：

```
对象名 instanceof 类名
```

当对象是类的一个实例返回 true，否则返回 false。

4. 举一反三

代码如下所示：

```
//定义父类
class SuperClass
{
    int x;
    void print()
    {
        System.out.println("这是父类的方法!");
    }
}
// 定义子类
class SubClass1 extends SuperClass
{
    int x=1;
    void print()
    {
        System.out.println("这是子类1覆盖父类的方法!");
    }
    void method1()
    {
        System.out.println("这是子类1特有的方法!");
    }
}
public class ExtendsProject
{    int x;
    public static void main(String args[])
    {
        SuperClass sc,scRef=null;
        SubClass1 sb,sbRef=null;
        sc=new SuperClass();
        sb=new SubClass1();
        scRef=sc;
            System.out.println(scRef.x);
        scRef.print();
        scRef=sb;
        System.out.println(scRef.x);
        scRef.print();
```

```
        sbRef=(SubClass1)sc_Ref;
        sbRef.method1();
    }
}
```
请编译调试该程序，并给 main 方法中的每一条语句加上注释。

6.3.7 final 修饰符

1. final 修饰的属性和局部变量

(1) 示例代码

【例 6-14】final 修饰属性。

```
//BlankFinal.java
class A
{
    private int i;
    A(int a){i=a;}
    void setI(int i)
    {
        this.i=i;
    }
}
public class BlankFinal
{
    //被 final 修饰符修饰的属性
    private final int j;
    private final A a;
    private int x=9;
    public BlankFinal()   //构造方法
    {
        j=1;
        a=new A(1);
    }
    public static void main(String argv[])
    {
        //final 修饰局部变量
        final int con=110;
        con =119;
        BlankFinal b=new BlankFinal();
        b.j=5;
        b.a=new A(3);
        b.a.setI(5);
        b.x=100;
    }
}
```
代码调试：编辑此段代码并命名为 BlankFinal.java，然后进行编译，得到错误提示：

The final field BlankFinal.j can’t be assigned.
The final field BlankFinal.a can’t be assigned.

```
The final local variable can't be assigned.
```

说明被 final 修饰符修饰的属性和局部变量都不能被重新赋值。

(2) 代码分析

例 6-14 的代码中出现了一个新的修饰属性的修饰符 final，被 final 修饰符修饰的两个属性中一个是普通的 int 类型，另外一个是其他类的对象 a，这里的 a 可以理解为是 A 类的对象的一个引用，main 方法中还有一个局部变量 con 也被 final 修饰。编译时发现 j 和 con 的值不允许改变，这说明被 final 修饰的这两个数据是两个常量，而属性 a 不允许再指向其他的 A 类对象，但是对象 a 本身的属性是可以更改的，这说明这里的 final 指定了 a 及其所指向对象间的绑定关系。如果去掉 BlankFinal 类中的构造方法后再编译此程序，则得到同样的错误提示，因为系统提供的默认的构造方法默认为属性赋了默认值，所以在 main 方法中仍会报同样的错误。

(3) 知识点

final 修饰符又称终极修饰符，被 final 修饰符修饰的数据分为两种情况。

① 如果被 final 修饰的数据是基本数据类型，则可以将该数据认为是常量，即其值不可更改。

② 如果被 final 修饰的数据是其他类的对象，则可以认为是该数据和其所指向的对象之间的绑定关系不可更改，而此数据所指向的对象的属性是可以被更改的。

因为被 final 修饰的属性要么取值不可更改，要么绑定关系不可更改，所以常常为了节省内存空间，将被 final 修饰的属性再同时被 static 修饰，习惯上两个修饰符出现的顺序是 static final。

【注意】 final 是唯一一个既可修饰属性又可修饰局部变量的修饰符。

2. final 修饰的方法

(1) 示例代码

【例 6-15】 final 修饰的方法不能被覆盖。

```
// FinalOveride.java
class withFinal
{
    final void f()
    {
        System.out.println("this is in withFinal.f()");
    }
    void g()
    {
        System.out.println("this is in withFinal.g()");
    }
}
public class FinalOveride extends withFinal
{
    final void f()
    {
        System.out.println("this is in FinalOveride.f()");
    }
    void g()
        {
        System.out.println("this is in FinalOveride.g()");
    }
```

```
    public static void main(String argv[])
    {
        FinalOveride fo=new FinalOveride();
        fo.f();
        fo.g();
    }
}
```

编辑编译此段代码，得到如下错误提示，并定位到子类的 f 方法处：

Can’t override the method from withFinal

说明被 final 修饰符修饰的方法在子类中不能被覆盖。

(2) 知识点

被 final 修饰符所修饰的方法是不能被子类覆盖的方法。

【注意】final 修饰的方法可以被重载！

3. final 修饰的类

(1) 示例代码

【例 6-16】final 修饰的类不能被继承。

```
//FinalClass.java
final class FinalClass
{
    void f()
    {
        System.out.println("this is in FinalClass.f()");
    }
}
class Child extends FinalClass
{
}
```

编辑编译此段代码，得到如下错误提示：

The type Child cannot subclass the final class FinalClass

可见被 final 修饰的类不能被继承。

(2) 知识点

如果一个类被 final 修饰符修饰，则说明这个类不可能有子类，final 类中的方法也一定是 final 方法。

如果一个类有固定功能，则用来完成固定的操作，不希望使用者更改这些固定操作与类名间的这种稳定的对应关系时，常常把一个类声明为被 final 修饰。

(3) 举一反三

下面代码有什么错误？

```
class Test
{
    final  int a;
    public static void main(String argv[])
    {
        Test o=new Test();
        o.a++;
```

```
        System.out.println(o.a);
    }
    public Test()
    {
        a=99;
    }
}
```

6.3.8 抽象方法和抽象类

1. 示例代码

【例 6-17】定义抽象类及抽象方法。

```
// UseFig.java
//定义抽象类
abstract  class Fig
{
    int x,y;
    //定义抽象方法
    abstract double area();
    Fig(int a,int b)
    {
        x=a;y=b;
    }
}
class Rect extends Fig
{
    //调用父类构造方法
    Rect (int a,int b)
    {
        super(a,b);
    }
    //计算矩形面积
    double area()
    {
        return x*y;
    }
}
class Tria extends Fig
{
    //调用父类构造方法
    Tria(int a,int b)
    {
        super(a,b);
    }
    //计算三角形面积
    double area()
    {
        return  0.5*x*y;
```

```
    }
}
public class UseFig
{
     //定义静态方法，以父类对象作形参
    public static void useArea(Fig f)
    {
        System.out.println("f.area()="+f.area());
    }

    public static void main(String argv[])
    {
        Rect r=new Rect(8,6);
        Tria t=new Tria(8,6);
        //声明Fig类对象，不能创建Fig类对象
        Fig f;
        //将Fig类引用指向Rect类对象
        f=r;
        useArea(f);
        //将Fig类引用指向Tria类对象
        f=t;
        useArea(f);
    }
}
```

编辑编译代码，得到如下输出结果：

```
f.area( )=48
f.area( )=24.0
```

2．代码分析

在例 6-17 出现了一个修饰类的新的关键字 abstract，被这个关键字修饰的类 Fig 是抽象类。在面向对象的概念中，知道所有的对象都是通过类来描绘的，但是反过来却不是这样，并不是所有的类都是用来描绘具体对象的。如果一个类中没有包含足够的信息来描绘一个具体的对象，则这样的类就是抽象类。抽象类往往用来表征在对问题领域进行分析、设计中得出的抽象概念，是对一系列看上去不同，但是本质上相同的具体概念的抽象。如本例在涉及图形时发现有圆形和三角形等具体的概念，它们彼此不同但又都属于形状这样一个概念，而形状这个概念在问题领域是不存在的，是一个抽象的概念。那么，在 Java 语法中就是通过在类定义的头部加上一个 abstract 关键字来表征定义的这个类是抽象类。

在抽象类 Fig 的类体定义中，可以像一般的类一样定义属性和方法以及构造方法等，但是注意到这个类体中有一个方法的方法头中也有 abstract 关键字修饰，这个方法被称作抽象方法。抽象方法的特点就是只有方法头没有方法体，用分号来代替方法的方法体部分。本例中的抽象方法的功能是计算形状的面积，对于不同的具体形状，面积的计算方法是截然不同的，所以在这个父抽象类中把面积定义成抽象方法，而到了具体的子类中如矩形或三角形，就要根据每个形状具体的特点分别定义自己不同的面积计算方法。由此可见，抽象方法是其子类都要使用的共同的操作，即将子类中目的一样但具体功能实现不同的方法在父类中定义成抽象的方法，抽象方法是其子类该方法的一个概括，既能对外界提供一个一致的接口，又能隐藏具体的实现细节。

在测试类的 main 方法中声明了一个抽象类 Fig 的对象，但是却不能创建 Fig 类的对象，这也是抽象类的一个特点。测试类中定义了一个静态方法 useArea(Fig f)，它的形参由抽象类引用充当，在具体调用方法时，根据 f 指向的子类对象的不同，利用父子类对象间的转换关系决定调用哪个子类对象的面积计算方法。由于父类中抽象方法的存在，用户在调用时可以不必明确知晓到底是哪个子类对象在运作。这就是我们前面讲过的运行时多态的一个使用例子。

3．知识点

当一个类被关键字 abstract 修饰时，称这个类是抽象类。所谓抽象类就是没有具体实例对象的类，定义抽象类的目的是出于组织层次性需要的考虑。不能创建抽象类的对象。

当一个方法被 abstract 修饰符修饰时，称这个方法是抽象方法。抽象方法是没有具体方法体，需要在子类中重新被定义的方法。需要注意的是，抽象方法必须定义在抽象类中，而抽象类中可以定义非抽象方法。

4．举一反三

有如下代码，请先分析如果编译运行此代码会发生什么事情，然后再验证你的想法。

```
abstract class Shape
{
    int length;
    int breadth;
    abstract void draw()
}
class Rectangle extends Shape
{
    void draw()
    {
        System.out.println("Draw a rectangle");
    }
}
public class DrawShapes
{
    public static void main(String arguments[])
    {
        Shape shape = new Rectangle();
        shape.draw();
    }
}
```

6.3.9 数组

数组用于存储同种类型的数据，在 Java 中数组是一个类型，包括两个方面的信息：数组对象和元素。

1．数组的定义

数组定义可以使用两种格式：

类型[] 数组名

类型 数组名[]

类型是数组中元素的类型，可以是基本数据类型，可以是用户定义的类型，两种格式没有太大的区别。

下面的代码定义了一个日期类型的数组：

```
Date[] d1;
Date d2[];
```

下面的代码定义了一个整型数组：

```
int[] i1;
int[] i2;
```

【注意】与 C++不同，Java 语言在定义数组时不需要确定数组元素的个数。

2．数组对象的实例化

数组的实例化包括两个过程：

- 数组对象的实例化；
- 数组元素的实例化。

数组对象的实例化主要确定数组中元素的个数，如果元素类型不是基本数据类型，则元素的值都是 null；如果是基本数据类型，则系统会给出默认值。

数组对象的实例化格式如下：

```
对象名 = new 类型[元素个数]
```

下面的代码是对上面定义的几个数组对象的实例化：

```
//d1 数组有 5 个元素
d1 = new Date[5];
//d2 数组有 4 个元素
d2 = new Date[4];
//i1 数组有 5 个元素
i1 = new int[5];
//i2 数组有 6 个元素
i2 = new int[6];
```

实例化之后，如果数组元素类型是对象，则默认值都是 null。

基本数据类型元素的默认值如表 6-2 所示。

表 6-2　数据类型的默认值

元素类型	默认值
char	0(存储值，不是字符“0”)
byte	0
short	0
int	0
long	0
float	0.0
double	0.0
boolean	false

数组实例化也可以在定义数组时直接完成。

下面的代码定义了 3 个元素的整型数组：

```
int i2[] = new int[3];
```

3．数组元素的访问

数组对象实例化之后，对象的值为 null，或者默认值，如果是对象，则需要进行元素的实例化。

要对元素进行实例化，需要对每个元素进行操作。访问数据元素的方法如下：

```
数组名[索引]
```

索引值从 0 开始，到数组元素个数减 1，如果数组元素是 5 个，则索引值从 0 到 4。如果索引大于等于数组元素个数，则会产生运行时错误：

```
java.lang.ArrayIndexOutOfBoundsException
```

下面的方式用于访问上面定义的数组 d1 的元素：

```
d1[0],d1[1],d1[2],d1[3],d1[4]
```

4．数组元素的实例化(赋值)

要对元素进行实例化，使用 new 关键字(元素类型为基本数据类型时，不需要使用 new 关键字)。

下面的代码对 d1 数组的元素进行实例化：

```
for(int i=0 ;i<d1.length ; i++)
{
    d1[i] = new Date();
}
```

对每个元素都使用 new Date( )进行实例化，但它们是不同的对象。

赋值过程也可以在定义数组时进行。

下面的代码在定义数组时为对象赋值：

```
int[] i2 = {2,3,4,5};
Date d2[] = {new Date(),new Date(),new Date()};
```

5．修改数组元素的值

数组实例化之后，随时可以对数组元素进行修改。

如果数组元素的类型是基本数据类型，则直接通过索引访问修改即可。

下面的代码分别为 i1 数组的 5 个元素赋值 1 到 5：

```
for(int i=0 ;i<i1.length ; i++)
{
    i1[i] = i+1;
}
```

如果数组元素的类型是对象，则先获取这个对象，然后进行操作。

下面的代码修改 d1 数组中元素的信息：

```
for(int i=0 ;i<d1.length ; i++)
{
    d1[i].setDate(i+1);
}
```

下面是关于数组使用的完整代码：

【例 6-18】数组的使用。

```
// ArrayTest.java
import java.util.Date;
public class ArrayTest {
    public static void main(String[] args) {
        // 定义日期数组，然后实例化数组
        Date[] d1;
        d1 = new Date[5];
        // 定义整型数组的同时，实例化数组
        int i1[] = new int[4];
        // 定义时间数组的同时，为数组元素赋值，隐含地为数组分配了空间
        Date d2[] = {new Date(),new Date(),new Date(),new Date()};
        // 定义整型数组的同时，实例化数组
        int i2[] = {1,2,3,4,5};
        // 实例化对象的元素
        for(int i=0 ;i<d1.length ; i++)
        {
            d1[i] = new Date();
        }
        // 修改元素类型为基本数据类型的数组的元素
        for(int i=0 ;i<i1.length ; i++)
```

```
        {
            i1[i] = 2*i;
        }
        // 修改元素为对象的数组的元素
        for(int i=0 ;i<d1.length ; i++)
        {
            d1[i].setDate(i+1);
        }
        System.out.println("\n 数组 i1 中的元素为：");
        for(int i=0 ;i<i1.length ; i++)
        {
            System.out.print(i1[i]+" ");
        }
        System.out.println("\n 数组 i2 中的元素为：");
        for(int i=0 ;i<i2.length ; i++)
        {
            System.out.print(i2[i]+" ");
        }
        System.out.println("\n 数组 d1 中的元素为：");
        for(int i=0 ;i<d1.length ; i++)
        {
            System.out.print(d1[i]+" ");
        }
        System.out.println("\n 数组 d2 中的元素为：");
        for(int i=0 ;i<d2.length ; i++)
        {
            System.out.print(d2[i]+" ");
        }
    }
}
```

6.4 项 目 学 做

从项目任务看出，至少应该有表示本科生和研究生的两个类，但由于二者有共同的信息和功能，这些如果不加以处理就要在两个类中重复出现，因此根据本章的内容，我们可以人为提取出一个父类 Student，在这个类里包括本科生和研究生的共有属性：字符串类型的姓名、整型数组的三门课成绩、字符串类型的成绩等级，为了能够区分是本科生还是研究生，还需额外增加一个表示学生类别的字符串属性。对于两类学生而言，主要功能就是计算成绩等级，因此在 Student 类中也可以定义方法 calculateGrade，但二者计算等级的方式不同，因此在类 Student 中的这个方法 calculateGrade 应该定义成抽象方法。因为类中有了抽象方法，类 Student 也应该是抽象类。

(1) 抽象类 Student 定义（完整程序请扫描二维码“6.4 节源代码 1”）

6.4 节源代码 1

```
//Student.java
package unit2.inherit;
abstract class Student
{
⋮
```

本科生类和研究生类作为 Student 类的子类，需要在类头用 extends 体现继承关系，则父类中所有非私有的属性和方法均能直接继承。为了调用父类的带参构造方法，要使用 super(实参)的形式且该语句应是构造方法的第一条可执行语句。因为本科生类和研究生类不是抽象类，因此必须对 Student 类中的抽象方法 calculateGrade 给出方法体，这就是方法覆盖的一种表现，在该方法中根据各自不同的评级规则进行评级。

(2) 本科生类定义（完整程序请扫描二维码“6.4 节源代码 2”）

6.4 节源代码 2

```
//Undergraduate.java
package unit2.inherit;
class Undergraduate extends Student{
⋮
```

(3) 研究生类定义（完整程序请扫描二维码“6.4 节源代码 3”）

6.4 节源代码 3

```
//Postgraduate.java
package unit2.inherit;
class Postgraduate extends Student{
⋮
```

统计一个班级中的所有学生成绩等级并打印，本质上就是测试 Undergraduate 类和 Postgraduate 类。作为测试类，其所有代码写在 main 方法中即可。因为不止有一个学生，可以将这些学生存放在一个一维数组中，数组的类型定义为 Student 即可。

(4) 测试类定义（完整程序请扫描二维码“6.4 节源代码 4”）

6.4 节源代码 4

```
package unit2.inherit;
public class TestIt {
    public static void main(String[] args)
    {   //声明实例化学生数组
⋮
```

在这个项目中需要重点强调的有如下3点。

(1) 抽象类。抽象类作为代码重用的一种手段，它处于继承派生关系的最顶级，可以将子类共有的属性提取放在抽象类中作为属性，也可以将子类具有相似功能但具体实现有区别的方法提取出来作为抽象类中的抽象方法。抽象类可以含有抽象方法，也可以含有非抽象方法。抽象类是可以有构造方法的，但抽象类不能实例化自身对象，因此抽象类的构造方法是为了子类继承的。

(2) super 调用父类构造方法。在继承关系中，子类默认调用父类的无参构造方法。如果父类没有无参构造方法，则必须使用 super(参数)调用父类带参构造方法，且这条语句应该是所隶属构造方法的第一条可执行语句。

(3) 多态性。在 TestIt 类中定义的 Student 的数组在具体指向时可以指向任何的子类对象，这是因为子类对象可以赋值给任何的父类对象，而通过 students[i]调用 calculateGrade 方法时，因为 calculateGrade 方法在研究生类和本科生类都有，因此在调用时根据 student[i]具体指向的是研究生类对象还是本科类对象而决定调用哪个类中的方法，这是一种典型的多态，不必关心是哪类对象使用统一的接口，即能执行正确的代码，方便了使用。

6.5 强 化 训 练

编程实现图形类及其图形面积的计算，要求能够计算三角形、矩形和圆的面积。

6.6 课后习题

一、选择题

1．下列修饰符中与访问控制无关的是(　)。

A) private　　B) public　　C) protected　　D) final

2．关于继承的说法正确的是(　)。

A) 子类将继承父类所有的属性和方法

B) 子类将继承父类的非私有属性和方法

C) 子类只继承父类 public 方法和属性

D) 子类只继承父类的方法，而不继承属性

3．关于 super 的说法正确的是(　)。

A) 是指当前对象的内存地址

B) 是指当前对象的父类对象的内存地址

C) 是指当前对象的父类

D) 可以用在 main( )方法中

4．覆盖与重载的关系是(　)。

A) 覆盖只有发生在父类与子类之间，而重载可以发生在同一个类中

B) 覆盖方法可以不同名，而重载方法必须同名

C) final 修饰的方法可以被覆盖，但不能被重载

D) 覆盖与重载是同一回事

5．假设类 A 是类 B 的父类，下列声明对象 x 的语句中不正确的是(　)。

A) A x=new A( );　　B) A x=new B( );　　C) B x=new B( );　　D) B x=new A( );

6．在一个应用程序中定义了数组 a：int[ ]　a={1,2,3,4,5,6,7,8,9,10}，为了打印输出数组 a 的最后一个数组元素，下面正确的代码是(　)。

A) System.out.println(a[10]);　　B) System.out.println(a[9]);

C) System.out.println(a[a.length]);　　D) System.out.println(a(8));

7．下面关于数组定义，语句不正确的是(　)。

A) int[ ]　a1,a2;　　B) int　a0[ ]={11,2,30,84,5};

C) double[] d=new double[8];　　D) float f[ ]=new　{2.0f,3.5f,5.6f,7.8f};

8．设有定义语句“int　a[ ]={3,9,-9, -2,8};”，则以下对此语句的叙述错误的是(　)。

A) a 数组有 5 个元素　　B) 数组中的每个元素是整型

C) a 的值为 3　　D) 对数组元素的引用 a[a.length-1]是合法的

9．设有定义语句“int　a[ ]={66,88,99};”，则以下对此语句的叙述错误的是(　)。

A) 定义了一个名为 a 的一维数组　　B) a 数组有 3 个元素

C) a 数组的元素的下标为 1～3　　D) 数组中的每个元素是整型

10．为了定义 3 个整型数组 a1、a2、a3，下面声明正确的语句是(　)。

A) intArray [ ]　a1,a2;　　int　a3[ ]={1,2,3,4,5};

B) int[ ]　a1,a2;　　int　a3[ ]={1,2,3,4,5};

C) int a1,a2[ ];　　int　a3={1,2,3,4,5};

D) int [ ] a1,a2;   int a3=(1,2,3,4,5);

11．设 i、j 为 int 型变量名，a 为 int 型数组名，以下选项中，正确的赋值语句是( )。

A) i= i + 2   B) a[0] = 7;   C) i++--j;   D) a(0) = 66;

二、填空题

1．定义数组，需要完成以下三个步骤，即：________、_______和________。

2．在 Java 语言中，所有的数组都有一个_______属性，这个属性存储了该数组的元素的个数(数组长度)。

3．若有定义“int[ ] a=new int[8];”，则 a 的数组元素中第 7 个元素和第 8 个元素的下标分别是____和____。

4．定义一个整型数组 y，它有 5 个元素，分别是 1，2，3，4，5。用一个语句实现对数组 y 的声明、创建和赋值：__________________。

5．下面程序的功能为计算数组各元素的和，完成程序填空。

```
public class SumArray
{    public static void main(String  []args)
     {    int a[] = { 1, 3, 5, 7, 9, 10 };
          int total=0;
          for ( int i = 0; ____________;  i++ )
               total=______________;
          System.out.println( "Total of array elements: " +total);
     }
}
```

三、程序阅读题

1．现有类说明如下，请回答问题：

```
public class A
{
     String  str1=" Hello! ";
     String  str2=" How  are  you? ";
     public String  toString( )
     { return  str1+str2;  }
}
public class B extends A
{
     String  str1="how are you Bill.";
     public String toString( )
     { return  super.str1+str1;  }
}
```

问题：

(1) 类 A 和类 B 是什么关系？

(2) 类 A 和类 B 都定义了 str1 属性和方法 toString( )， 这种现象分别称为什么？

(3) 若 a 是类 A 的对象，则 a.toString( )的返回值是什么？

(4) 若 b 是类 B 的对象，则 b.toString( )的返回值是什么？

2．阅读程序，回答问题。

```
public class InheritTest1
{
  public static void main (String[] args)
```

```
    {
       A  aa;                 B  bb;
       aa=new  A( );          bb=new  B( );
       aa.show( );            bb.show();
    }
  }
  class A
  {
    int a=1;
    double d=2.0;
    void show( )
    {   System.out.println("Class A: "+"\ta="+a +"\td="+d);   }
  }
  class B extends A
  {
    float a=3.0f;
    String d="Java program.";
    int b=4;
    void show( )
    {
       System.out.println("Class A: "+"\ta="+super.a +"\td="+super.d);
       super.show( );
       System.out.println("Class B: "+"\ta="+a +"\td="+d+"\tb="+b);
    }
  }
```

问题：

(1) 这是哪一类 Java 程序?

(2) 类 A 和类 B 是什么关系？

(3) 按程序输出的格式，写出程序运行后的结果。

三、编程题

1．定义一个描述等边三角形的类 Trival，其中的属性包括三角形的 bian，方法包括：默认构造方法、为 bian 指定初值的构造方法、获取三角形面积 findArea( )。试利用方法覆盖的知识，设计三棱柱体类 TriCylinder（其中 findArea( )为计算三棱柱体的表面积）。

2．定义一个 Document 类，包含成员属性 name。从 Document 派生出 Book 子类，增加 pageCount 属性，编写一个应用程序，测试定义的类。

3．利用随机数产生一个 10 行×10 列的整型矩阵。完成如下操作：

(1) 输出矩阵中元素的最大值及最大值所在的位置（行、列值）；

(2) 输出该矩阵的转置矩阵。

4．编写一个程序，读入 10 个 double 型数字，计算它们的平均值并找出有多少个数字在平均值以上。

第7章 收费计算

【本章概述】本章以项目为导向，介绍了Java语言中接口的作用和用法；通过本章的学习，读者能够理解接口的作用，掌握接口的定义及其接口的实现语法规则。

【教学重点】接口的定义、接口的实现、接口的使用。

【教学难点】接口的使用。

【学习指导建议】学习者应首先通过学习【技术准备】，了解Java语言中接口的基本概念。通过学习本章的【项目学做】完成本章的项目，理解和掌握接口的作用和用法。通过【强化训练】巩固对本章知识的理解。最后通过【课后习题】进行学习效果测评，检验学习效果。

7.1 项目任务

编写程序为公共汽车、出租车、电影院等提供一定的收费功能，我们可以把收费功能提取出来以接口的形式定义，然后被公共汽车类、出租车类和电影院类继承。

7.2 项目分析

1. 项目完成思路

将3个风马牛不相及类的共有方法提取来作为一个规范而存在，在每个具体类中根据各自的收费特点实现收费功能。

2. 需解决问题

(1) 将共有的方法提取出来后如何存放？

(2) 3个具体的类如何根据各自特点实现互不相同的收费功能？在实现时和提取出来的共有方法间有什么关系？

解决以上问题涉及的技术将在7.3节中详细阐述。

7.3 技术准备

Java是从C++发展而来的，在C++中有这样一个问题：一个类可以同时继承多个父类，也就是允许类的多重继承，但是在进行多重继承时容易导致方法访问的冲突，比如一个子类同时继承了两个父类，在这两个父类中有两个具有相同方法头的方法，这时就会导致冲突。为了避免这个问题，Java中类之间只能单继承，也就是说一个子类只能直接继承一个父类。Java只允许单重继承既避免了前面所说的冲突问题，又简化了程序的结构，增强了程序的可读性。但是某些现实问题还需要用多重继承来描述，比如：图7-1所示的继承关系，其中蔬菜和水果既是一种植物，也是可食用的，因此需要多重继承来描述这个问题。那么为了解决多重继承的问题，Java提供一种特殊的类——接口，通过接口可以实现多重继承，比如图7-1中的“可食用”就可以定义成接口。蔬菜和水果既可以是植物的子类，也可以是接口的子类。

那么如何定义接口？接口如何使用？接口和类又有什么区别？这就是本节要阐述的问题。

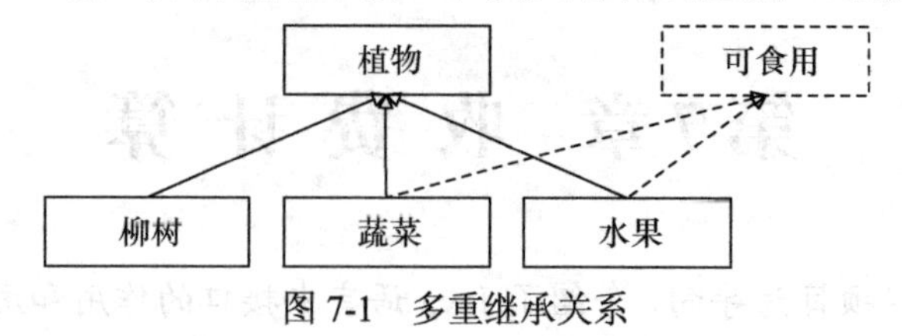

图 7-1　多重继承关系

7.3.1　接口的定义

首先，通过两个例子来说明在 Java 中如何定义接口。

(1) 例 7-1 代码

【例 7-1】定义接口。

```
//MyInterface.java
public interface MyInterface
{
    public static final int MIN = 0;
    public static final int MAX = 100;
    public abstract void method1();
    public abstract void method2();
}
```

(2) 例 7-1 代码分析

从例 7-1 可以看出，接口的定义与类的定义基本类似，只是定义的关键字变成了 interface。除此之外，细心的读者可以发现，例 7-1 中接口的属性全部都是静态的常量，方法都是抽象的方法。事实上，这也是接口和类的一个重要区别，那么为什么接口中只能有常量和抽象方法呢？这和接口的作用有关系。Java 中定义接口的目的是描述一种实现某种功能所必须遵守的规范，规范中的数据当然是不能随便更改的，因此，接口中的属性必须是常量。而接口要完成提供某种功能规范的任务，还需要借助于在其中定义的抽象方法来完成，在接口中定义的抽象方法可以强制那些“继承”了这个接口的类，必须覆盖它们。换句话说，就是那些“继承”了接口的类必须按照接口中定义的抽象方法来提供具体的方法，也就是说“继承”接口的类按照接口定义的功能规范来实现某种功能。这种“继承”在 Java 中称为“实现”，关于实现的问题 7.3.2 节再详细阐述。总而言之，接口中只能定义静态的常量和抽象方法。

为了弄清楚接口定义的问题，请再看一个例子。

(3) 例 7-2 代码

【例 7-2】接口的继承。

```
//CanSwim.java
public interface CanSwim
{
    void swim();
}
//CanJump.java
public interface CanJump
{
    void jump();
}
```

```
//CanDive.java
public interface CanDive extends CanSwim,CanJump
{
    void dive();
}
```

(4) 例 7-2 代码分析

例 7-2 中定义了 3 个接口：可游泳接口(CanSwim)、可跳跃接口(CanJump)和可跳水接口(CanDive)。从接口 CanSwim 中可以看到，接口中的方法没有加 abstract 修饰，但是没有方法体，这会不会有问题呢？事实上，由于接口的目的是定义一种功能实现的规范，其中所有方法都必须是抽象的，因此接口中方法默认就是公开的和抽象的。

另外，从接口 CanDive 可以看到，这个接口同时继承了 CanSwim 接口和 CanJump 接口，这样在 CanDive 接口中就有 3 个抽象方法，其中 swim 方法和 jump 方法分别继承自 CanSwim 和 CanJump 接口。这说明接口之间也可以继承，而且可以是多重的继承。那么为什么接口可以多重继承呢？主要原因是由于接口中的方法都是抽象方法，没有方法体，即使两个父接口中存在相同的方法，也不会引起冲突。

(5) 知识点

通过以上分析，总结接口定义的语法如下：

```
[public] interface 接口名 [extends 父接口列表]
{
    // 属性声明
    [public] [static] [final] 属性类型 属性名 = 常量值;
    // 方法声明
    [public] [abstract] 返回值类型 方法名 ( 参数列表 ) [throws 异常列表];
}
```

说明：

- 一般情况下，接口都用 public 修饰，这时接口定义所在的源文件名必须和接口名一致；
- 接口使用 interface 关键字声明；
- 接口之间可以通过 extends 关键字继承，而且可以同时继承多个父接口，多个父接口之间用“,”隔开；
- 接口中所有属性默认都是使用 public static final 修饰的；
- 接口中所有方法默认都是使用 public abstract 修饰的。

(6) 举一反三

仿照例题来完成两个练习题：

① 定义一个接口 Eatable，其中定义 void eat( )方法，以描述可食用功能的规范。

② 定义一个接口 Comparable，其中定义 int compareTo(Object o)方法，以描述可比较功能的规范。

7.3.2 接口的实现

在 7.3.1 节中提到，接口中定义的功能(方法)需要在“继承”这个接口的类中来实现，因此这个“继承”的过程在 Java 中称为实现。下面通过一个例子来看类如何实现接口。

(1) 示例代码

【例 7-3】接口的实现。

```
//Swimmer.java
public class Swimmer implements CanSwim
{
    public void swim()
    {
        System.out.println("Swimmer is swimming");
    }
}
```

(2) 代码分析

例 7-3 中定义了一个 Swimmer 类，这个类实现了例 7-2 中定义的 CanSwim 接口。从这个例子可以看出，类实现接口需要使用一个新的关键字 implements。另外，如果在类中把 swim( ) 方法注释掉，则会出现编译错误，这说明类在实现接口时还必须覆盖接口中的抽象方法，也就是说接口中定义的抽象方法对实现接口的类具有一定的强制作用，这一点和抽象类中的抽象方法作用是一样的。也正是因为这种强制的作用，接口才能够起到为类的定义提供规范的作用。

(3) 知识点

类实现接口的语法：

```
class 类名 [extends 父类] [implements 接口列表]
{
    覆盖所有接口中定义的方法;
}
```

说明：

- 一个类可以同时实现多个接口，但是只能继承一个类。
- 在类中必须覆盖它所实现的接口中定义的所有方法。注意，接口中的方法都是公开的。

(4) 举一反三

① 定义水果类 Fruit，实现 7.3.1 节练习中定义的接口 Eatable，其中 eat 方法可以通过打印“可以食用”字符串来模拟实现。

② 定义圆类 Circle，其中包括半径属性、获取半径的方法和计算面积的方法，同时这个类要实现 7.3.1 节练习中定义的接口 Comparable，圆的大小是以半径大小来衡量的。

7.3.3 使用接口

下面通过一个实例来看如何使用接口。

(1) 示例代码

【例 7-4】接口的使用。

```
//TestInterface.java
interface CanClimb
{
    void climb();
}
class Monkey implements CanClimb
{
    public void climb()
```

```
{
    System.out.println("Monkey can climb");
    }
}
class Cat implements CanClimb
{
    public void climb()
    {
        System.out.println("Cat can climb");
    }
}
public class TestInterface
{
    static void testClimb(CanClimb c)
    {
        c.climb()
    }
    public static void main(String[] args)
    {
        testClimb(new Monkey());
        testClimb(new Cat());
    }
}
```

程序运行后的输出信息如下所示：

```
Monkey can climb
Cat can climb
```

(2) 代码分析

本例中定义了一个 CanClimb 接口，描述可爬树的能力。又定义了一个猴子类 Monkey 和一个猫类 Cat，它们都实现了 CanClimb 接口。在测试类中定义了一个 testClimb( )方法，其中的参数为 CanClimb 类型，在 main 方法中可以看到，这个方法可以测试 Monkey 对象，也可以测试 Cat 对象。说明接口 CanClimb 就相当于 Monkey 类和 Cat 类的父类。从这一点上来说，接口在使用上就相当于一个只包含抽象方法的抽象类，不同的是接口可以多重继承。

(3) 举一反三

① 定义接口 Fly 和 Jump，分别描述飞和跳的能力。

② 定义 Locust(蝗虫)类和 Balloon(气球)类，Locust 类具有飞和跳的能力，Balloon 类具有飞的能力。飞和跳的方法可以通过输出相应的字符串来实现。

③ 写一个测试类，其中包含一个 testFly( )方法，其功能是让能飞的物体执行飞的动作。在主方法中分别创建 Locust 类和 Balloon 类的对象，调用 testFly( )方法，运行程序查看结果。

7.4 项 目 学 做

从项目描述可以看出应该有 3 个类 Bus，Taxi，Cinema 外，还应该定义一个接口 Charge，代码如下所示。

(1) 定义收费接口

```
package bb;
interface Charge
{
    void receive();
}
```

(2) 公共汽车类的收费功能

```
class Bus implements Charge
{
    public void receive()
    {System.out.println("公交收费 1 元");}
}
```

(3) 出租车类的收费功能

```
class Taxi implements Charge
{   double distance;
    public void receive()
    {   double r=8+distance/2*0.4;
        System.out.println("出租车收费："+r);
    }
    public void setDistance(double d)
    {this.distance=d;}
}
```

(4) 电影院类的收费功能

```
class Cinema  implements Charge
{
    public void receive()
    {
        System.out.println("电影院收费 80 元");
    }
}
```

(5) 测试类

```
public class Test
{
    public static void main(String[]args)
    {
        charge bus=new Bus();
        charge taxi=new Taxi();
         taxi.setDistance(40);
        charge cinema=new Cinema();
        bus.receive();
        taxi.receive();
        cinema.receive();
    }
}
```

该项目定义了接口来实现不同类共有的一种功能，如果此处用抽象类来实现，从继承关系上则是说不通的。因此，接口是用来封装在不具有继承关系的类之间共有的功能，而抽象类是将子类共有的特征抽取而封装的，这是这两个类之间的区别。此外，接口也是 Java 中实现多重继承的一种手段。

7.5 知 识 拓 展

7.5.1 Collection 框架

Collection 表示集合，当需要管理多个对象时可以使用 Collection 中的类。Collection 框架分 3 层：第一层是接口，第二层是抽象类，第三层是实际要使用的类。

1．接口

(1) Collection 接口

最顶层接口就是 Collection，表示一个集合。因为是接口，所以主要考虑它的方法，这个接口中定义的方法是所有实现该接口的类都应该实现的。因为 Collection 描述的是集合，所以它的方法都是与集合操作相关的方法。

① 第一类方法，向集合中添加对象的方法。可以添加一个，可以添加多个，添加多个也就是把另外一个集合的元素添加进来。下面的两个方法是添加元素的方法：

- public boolean add(Object o)：向集合中添加参数指定的元素。
- public boolean addAll(Collection c)：向集合中添加参数指定的所有元素。

② 第二类方法，从集合中删除元素的方法。可以删除一个，可以删除多个，还可以删除所有的元素。此外，还有一个特殊的——删除某些元素之外的所有元素。所以对应的方法也有 4 个。

- public boolean remove(Object o)：删除指定的某个元素。
- public boolean removeAll(Collection c)：删除指定的多个元素。
- public void clear( )：删除所有的元素。
- public boolean retainAll(Collection c)：只保留指定集合中存在的元素，其他的都删除，相当于取两个集合的交集。

③ 第三类方法，判断集合中元素的方法。

- public boolean isEmpty( )：用于判断集合是否是空的。
- public boolean contains(Object o)：判断是否包含指定的元素。
- public boolean containsAll(Collection c)：判断是否包含指定的多个元素。
- public int size( )：用于获取集合中元素的个数。

④ 第四类方法，与其他类型的对象进行转换的方法。

- public Iterator iterator( )：转换成迭代器，方便集合中元素的遍历。
- public Object[] toArray( )：转换成集合，也是方便集合中元素的遍历。

通常在管理集合的过程中使用集合本身提供的方法，但是遍历集合最好先转换成迭代器或者数组，这样访问比较方便，并且效率比较高。

⑤ 第五类方法，比较通用的方法。

- public boolean equals(Object o)：判断是否与另外一个对象相同。
- public int hashCode( )：放回集合的哈希码。

上面是 Collection 接口中的方法，直接继承这个接口的接口有 3 个：Set、List 和 Map，下面分别进行介绍。

(2) Set 接口

Set 接口表示集合，对实现该接口的对象有一个要求，就是集合中的元素不允许重复。该接口与 Collection 接口基本一致，方法与 Collection 完全相同。

(3) List 接口

List 接口继承了 Collection 接口，List 中的元素是有序的。List 就是通常所说的链表，是一种特殊的集合，集合中的元素是有序的，所以多了一些与顺序相关的方法。这里只介绍增加的方法。

① 第一种方法，在指定的位置上添加元素。

- public void add(int index,Object o)：第一个参数表示要添加的元素的位置，从 0 开始。
- public boolean addAll(int index,Collection c)：第一个参数表示位置，如果不指定位置，则默认在最后添加。

② 第二种方法，删除指定位置的元素。

- public Object remove(int index)：参数用于指定要删除的元素的位置。

③ 第三种方法，获取某个元素或者获取某些元素。

- public Object get(int index)：获取指定位置的元素。
- public List subList(int fromIndex,int toIndex)：获取从 fromIndex 到 toIndex 这些元素，包括 fromIndex，不包括 toIndex。

④ 第四种方法，查找某个元素。

- public int indexOf(Object o)：查找元素在集合中第一次出现的位置，并返回这个位置，如果返回值为-1，则表示没有找到这个元素。
- public int lastIndexOf(Object o)：查找元素在集合中最后一次出现的位置。

⑤ 第五种方法，修改元素的方法。

- public Object set(int index,Object o)：用第二个参数指定的元素替换第一个参数指定位置上的元素。

⑥ 第六种方法，转换成有顺序的迭代器。

- public ListIterator listIterator( )：把所有元素都转换成有顺序的迭代器。
- public ListIterator listIterator(int index)：从 index 开始的所有元素进行转换。

List 接口与 Set 接口相比，主要是增加了元素之间的顺序关系，并且允许元素重复。

(4) Map 接口

Map 接口同样是包含多个元素的集合，但是比较特殊，因为它的每个元素包括两个部分：键(Key)和值(Value)。同一个 Map 对象中不允许使用相同的键，但是允许使用相同的值。所以 Map 接口隐含地有 3 个集合：键的集合、值的集合和映射的集合。

Map 接口和 List 接口有一些相同之处：List 接口中的元素是用位置确定的，元素虽然可以相同，但是位置不能相同，也就是不会出现某个位置两个元素的情况；而 Map 接口中的元素是通过键来确定的，如果把 List 接口中的位置信息看成键的话，则 List 接口也可以是一种特殊的 Map 接口。

与 Collection 接口相比，Map 接口中主要增加了通过键进行操作的方法，就像 List 接口中增加了通过位置进行操作的方法一样。

① 第一类方法，添加元素的方法。

- public Object put(Object key,Object value)：第一个参数指定键，第二个参数指定值，如果键存在，则用新值覆盖原来的值，如果不存在则添加该元素。

● public void putAll(Map m)：添加所有参数指定的映射。

② 第二类方法，获取元素的方法。

● public Object get(Object key)：获取指定键所对应的值，如果不存在，则返回 null。

③ 第三类方法，删除元素的方法。

● public Object remove(Object key)：根据指定的键删除元素，如果不存在该元素，则返回 null。

④ 第四类方法，与键集合、值集合和映射集合相关的操作：

● public Set entrySet( )：获取映射的集合。

● public Collection values( )：获取值的集合。

● public Set keySet( )：返回所有键名的集合。

这 3 个方法的返回值不一样，因为 Map 接口中的值是允许重复的，而键是不允许重复的，当然映射也不会重复。Set 接口不允许重复，而 Collection 接口允许重复。

⑤ 第五类方法，判断是否存在指定 Key 和 Value 的方法。

● public boolean containsValue(Object value)：判断是否存在值为 value 的映射。

● public boolean containsKey(Ojbect key)：判断是否存在键为 key 的映射。

(5) SortedSet 接口

前面介绍的 Set 接口中的元素是没有顺序的，SortedSet 接口继承了 Set 接口，但是 SortedSet 中的元素是按照升序排列的。排列的顺序既可以按照元素的自然顺序，也可以按照创建 SortedSort 时指定的 Comparator 对象。所有插入 SortedSort 接口中的元素必须实现 Comparator 对象，实现该接口的类只有 TreeSet 类。

主要方法如下：

① 第一类方法，得到相关的 Comparator 对象。

● public Comparator comparator()：返回相关的 Comparator 对象，如果按照自然排序，则返回 null。

②第二类方法，获取子集的方法。

● public SortedSort subSet(Object fromElement,Object toElement)：获取从 fromElement 到 toElement 的元素，包含 fromElement，不包含 toElement。

● public SortedSet headSet(Object toElement)：获取从开头到 toElement 的所有元素，不包含 toElement。

● public SortedSet tailSet(Object fromElement)：获取从 fromElement 开始到结束的所有元素，包含 fromElement。

③ 第三类方法，获取元素的方法。

● public Object first( )：获取第一个元素。

● public Object last( )：获取最后一个元素。

2．抽象类

为了减少用户在实现接口时的工作量，Collection 框架提供了一些对基本接口的抽象实现。

● Collection 接口的抽象实现：AbstractCollection

● Set 接口的抽象实现：AbstractSet

● List 接口的抽象实现：AbstractList

● AbstractSequentialList 继承了 AbstractList

● Map 接口的抽象实现：AbstractMap

3．具体实现类

这些类是程序中经常要使用的类，也是一个 Java 程序员必须要掌握的内容。

(1) HashSet 类

HashSet 类是实现 Set 接口的一个类，具有以下的特点。

- 不能保证元素的排列顺序，顺序有可能发生变化。
- HashSet 类不是同步的，如果多个线程同时访问一个 Set 接口，则只要有一个线程修改 Set 接口中的值，就必须进行同步处理。通常通过同步封装这个 Set 接口的对象来完成同步，如果不存在这样的对象，则可以使用 Collections.synchronizedSet( )方法完成。
- Set s = Collections.synchronizedSet(new HashSet(...));
- 元素值可以是 null。

主要方法如下：

① 构造方法

提供了 4 个构造方法：

- public HashSet( )
- public HashSet(Collection<? extends E> c)
- public HashSet(int initialCapacity)
- public HashSet(int initialCapacity,float loadFactor)

第一个方法创建初始化大小为 16，加载因子为 0.75 的默认实例；第二个方法是以已经存在的集合对象中的元素为基础新的 HashSet 实例；第三个方法根据指定的初始化空间大小的实例；第四个方法在创建实例时不仅指出了初始化大小空间，同时也指出了加载因子。

下面的例子分别采用了 4 种方法来创建 HashSet 对象：

```
HashSet<String> set1 = new HashSet<String>();
set1.add("元素 1");
set1.add("元素 2");
HashSet<String> set2 = new HashSet<String>(set1);
HashSet<String> set3 = new HashSet<String>(10);
HashSet<String> set4 = new HashSet<String>(10,0.8f);
```

② 添加元素的方法

可以添加一个，也可以添加多个，添加多个就是把另外一个集合的元素添加进来。下面的两个方法是添加元素的方法。

- public boolean add(Object o)：向集合中添加参数指定的元素。
- public boolean addAll(Collection c)：向集合中添加参数指定的所有元素。

例如：

```
set3.add("元素 5");
set3.add("元素 6");
set1.addAll(set3);
set1.add("元素 3");
```

添加之后，集合中的元素为：元素 2,元素 5,元素 3,元素 1,元素 6。

③ 删除元素的方法

可以删除一个，可以删除多个，还可以删除所有的元素。此外还有一个特殊的——删除某些元素之外的所有元素，所以对应的方法也有 4 个。

- public boolean remove(Object o)：删除指定的某个元素。

● public boolean removeAll(Collection c)：删除指定的多个元素。

● public void clear( )：删除所有的元素。

● public boolean retainAll(Collection c)：只保留指定集合中存在的元素，其他的都删除，相当于取两个集合的交集。

下面的代码展示了具体用法：

```
set1.remove("元素 3");
set1.remove(set2);
```

第一方法删除了元素 3，第二个方法删除 set2 中的元素，包括元素 1 和元素 2，删除之后集合中剩下元素 5 和元素 6。

④ 查找元素的方法

HashSet 类提供了判断元素是否存在的方法。

方法定义：

```
public boolean contains(Object o)
```

如果包含则返回 true，否则返回 false。

⑤ 判断集合是否为空

方法定义如下：

```
public boolean isEmpty()
```

如果集合为空返回 true，否则返回 false。

⑥ 遍历集合的方法

HashSet 类提供了两种遍历集合的方法。

● public Iterator iterator( )：转换成迭代器，方便集合中元素的遍历。

● public Object[] toArray( )：转换成集合，也是方便集合中元素的遍历。

通常在管理集合的过程中使用集合本身提供的方法，但是遍历集合最好先转换成迭代器或者数组，这样访问比较方便，并且效率比较高。

下面是对 HashSet 进行遍历的两种方式。

方式一（得到迭代器对象）：

```
Iterator i = set1.iterator();
while(i.hasNext()){
    String temp = (String)i.next();
    System.out.println(temp);
}
```

方式二（转换成数组）：

```
Object o[] = hs.toArray();
for(int i=0;i<o.length;i++){
    System.out.println((String)o[i]);
}
```

(2) Vector 类

Vector 类的用法与 ArrayList 非常类似，会随着元素的变化调整自身的容量。它提供了 4 种构造函数。

● public Vector( )：默认的构造函数，用于创建一个空的数组。

● public Vector(Collection c)：根据指定的集合创建数组。

● public Vector(int initialCapatity)：指定数组的初始大小。

- public Vector(int initialCapacity,int increment)：指定数组的初始大小，并指定每次增加的容量。

(3) Hashtable 类

Hashtable 类实现了 Map 接口，是同步的哈希表，不允许类型为 null 的键名和键值。哈希表主要用于存储一些映射关系。这个类比较特殊，与 Collection 中的其他类不太一样，首先它是同步的，另外它是继承自 java.util.Dictionary 类。

一个典型的应用就是在连接数据库时，需要提供各种参数，包括主机、端口、数据库 ID、用户名、口令等，可以把这些信息先存储在哈希表中，然后作为参数使用。

(4) HashMap 类

HashMap 类是基于 Hash 表的 Map 接口实现。该类提供了所有可选的映射操作，允许 null 值和 null 键。HashMap 类和 Hashtable 类基本相同，只是 HashMap 类不同步，并且允许 null 键和 null 值。这个类不能保证元素的顺序，特别是顺序有可能随着时间变化。

HashMap 类使用了范型，对于 Map 类型的集合，在定义对象时同时要指定 Key 的类型和 Value 的类型。下面的例子展示了用法：

```
HashMap<String,Object> user = new HashMap<String,Object>();
user.put("name","zhangsan");
user.put("sex","男");
user.put("id",135);
user.put("age",21);
```

HashMap 对象的遍历：假设 map 是 HashMap 类的对象，对 map 进行遍历可以使用下面两种方式。

第一种：得到元素的集合，然后进行运算，元素类型是 Map.Entry。

```
//得到元素集合，然后转换成数组
Object[] o = map.entrySet().toArray();
Map.Entry x;
// 对数组进行遍历
for(int i=0;i<map.size();i++){
    // 取出数组的每一个元素
    x = (Map.Entry)o[i];
    // 获取该元素的 key
    Object key = x.getKey();
    //获取该元素的值
    Object value = x.getValue();
}
```

第二种：先得到所有元素的 key 的集合，然后根据 key 得到每个 key 对应的 value。

```
// 先得到 key 的集合，然后转换成数组
Object[] o = map.keySet().toArray();
// 对数组进行遍历
for(int i=0;i<o.length;i++){
    // 根据 key 得到具体的 value
    Object value = map.get(o[i]);
}
```

(5) 迭代器 java.util.Iterator

和枚举一样，迭代器表示一些对象的集合，主要用于对数组进行遍历，定义如下：

```
package java.util;
public interface Iterator {
    boolean hasNext();
    Object next();
    void remove();
}
```

3 个方法的作用如下：

- hasNext( )，判断是否有下一个元素，如果有，返回值为 true，否则返回值为 false；
- next( )方法用于得到下一个元素，返回值是 Object 类型，需要强制转换成自己需要的类型；
- remove( )用于删除元素，在实现这个接口时是可选的。

关于迭代器的使用，通常是在得到它之后对它进行遍历。

【例 7-5】先把信息(“0”、“1”、“2”、“3”、“4”等 5 个字符串)存储到 Vector 对象中，然后通过迭代器对这个对象进行遍历。

```
// IteratorTest.java
import java.util.Vector;
import java.util.Iterator;
public class IteratorTest {
    public static void main(String[] args) {
        // 定义一个向量
        Vector v = new Vector();
        // 通过循环向向量添加 5 个元素
        for(int i=0;i<5;i++)
        {
            v.add(String.valueOf(i));
        }

        // 把 Vector 对象转换成迭代器对象
        Iterator i = v.iterator();
        // 通过迭代器对象对 Vector 元素进行遍历
        while(i.hasNext())
        {
            String s = (String)i.next();
            System.out.println(s);
        }
    }
}
```

7.5.2 for-each 循环

for-each 循环是对 for 循环的增强，主要是对集合类型的对象的遍历，是 JDK5.0 之后才支持的，但是有一定的约束。

for-each 循环的基本结构如下：

```
for (变量修饰符 标识符：表达式) 语句
```

表达式的结果必须为 Iterable 类型的变量或者数组类型的变量，否则会产生编译错误。

变量修饰符是表达式的 iterator( )方法得到的元素的类型或者是数组中元素的类型。

标识变量表示表达式的 iterator( )方法得到的元素或者数组中的一个元素，有些类似于循环变量。

循环体中的代码主要是对标识变量的操作。

如果使用 I 表示元素的类型，标识符变量使用 i，表达式是 exp，要执行的语句为 stat，则 for-each 循环的格式如下：

```
for ( I i :exp)
{
  stat;
}
```

如果使用 for 循环结构，代码如下：

```
for(I i=exp.iterator();exp.hasNext();i=i.next())
{

}
```

【例 7-6】使用 for 循环为数组赋值，并分别使用 for 循环和 for-each 循环输出数组元素的值。

```
// ForEachTest.java
public class ForEachTest {
  public static void main(String[] args) {
     int a[] = new int[5];

     //通过 for 循环为数组元素赋值
     for(int i=0;i<5;i++){
         a[i] = 2*i;
     }

     // 通过 for 循环输出数组元素的值
     System.out.println("使用 for 循环输出数组元素的值");
     for(int i=0;i<5;i++){
         System.out.println(a[i]);
     }

     // 通过 for-each 循环输出数组元素的值
     System.out.println("使用 for-each 循环输出数组元素的值");
     for(int i:a){
         System.out.println(i);
     }
  }
}
```

运行的结果如下：

```
使用 for 循环输出数组元素的值
0
2
4
6
8
```

```
使用 for-each 循环输出数组元素的值
0
2
4
6
8
```

【注意】for-each 循环中的循环变量表示集合或者数组中的元素，而不是索引号。

【例 7-7】使用 for-each 循环遍历 ArrayList 对象。

```
// ForEachTest2.java
import java.util.ArrayList;
public class ForEachTest2 {
  public static void main(String[] args){
     // 创建 ArrayList 对象，并赋值
     ArrayList<String> users = new ArrayList<String>();
     for(int i=0;i<5;i++){
         users.add("user"+(i+1));
     }

     // 使用 for-each 循环遍历 ArrayList 对象
     for(String user:users){
         System.out.println(user);
     }
  }
}
```

运行结果如下：

```
user1
user2
user3
user4
user5
```

7.6 强化训练

假设复数类实现了一个所有数值都使用的加、减、乘的接口，编程建立并使用这个接口。

7.7 课后习题

一、选择题

1．Java 语言的类间的继承关系是(　)。

A) 多重的　　B) 单重的　　C) 线程的　　D) 不能继承

2．以下关于 Java 语言继承的说法正确的是(　　)。

A) Java 中的类可以有多个直接父类　　B) 抽象类不能有子类

C) Java 中的接口支持多继承　　D) 最终类可以作为其他类的父类

3．下列选项中，用于定义接口的关键字是(　)。

A）interface　　B) implements　　C) abstract　　D) class

4．下列选项中，用于实现接口的关键字是(　)。

A）interface　　B) implements　　C) abstract　　D) class

5．现有类A和接口B，以下描述中表示类A实现接口B的语句是(　)。

A) class　A　implements　B　　B) class　B　implements　A

C) class　A　extends　B　　D) class　B　extends　A

6．下列选项中，定义接口MyInterface的语句正确的是（　)。

A) interface MyInterface{　}　　B) implements MyInterface {　}

C) class MyInterface{　}　　D) implements interface My{　}

二、填空题

1．接口中所有属性均为_____、______和_____的。

2．Java 语言的接口中可以包含____常量和____方法。

3．一个类如果实现一个接口，那么它就必须实现接口中定义的所有方法，否则该类就必须定义成_____的。

4．接口中所有方法均为_____和_____的。

5．Java 语言中，定义一个类A继承自父类B，并实现接口C的类头是_______________。

6．下面是定义一个接口A的程序，完成程序填空。

```
public ________A
{
   public static final double PI=Math.PI;
   public _____ double area(double a, double b);
}
```

7．下面是定义一个接口A的程序，完成程序填空。

```
public interface  A
{
   public static ________ double PI=3.14159;
   public abstract double area(double a, double b)______
}
```

三、编程题

(1) 定义商品类Goods，包含单价unitPrice和数量account两个属性，方法包括构造方法和价格计算方法totalPrice( )。

(2) 定义接口 VipPrice，包含 DISCOUNT 属性和 reducedPrice( )方法，使 VIP 会员享受商品价格 85 折待遇。

(3) 定义服装子类Clothing，它继承商品类Goods并实现接口VipPrice，并有服装样式style属性、构造方法和toString方法。

(4) 编写一个测试类，创建一种服装（200，1，男装），利用toString方法输出服装信息。

第三篇　应用开发篇

- 第 8 章　加法计算器
- 第 9 章　用户注册界面
- 第 10 章　绘图板
- 第 11 章　键盘练习小游戏
- 第 12 章　记事本
- 第 13 章　电子时钟
- 第 14 章　模拟售票系统
- 第 15 章　自制浏览器
- 第 16 章　自制 HTTP 服务器
- 第 17 章　商品信息管理系统

第8章　加法计算器

【本章概述】本章以项目为导向，介绍了编写Java图形用户界面程序的基本过程；通过本章的学习，读者能够了解图形用户界面的基础知识，掌握如何使用容器组件和控制组件构建简单的图形用户界面，理解布局管理器的作用和用法，理解委托事件处理模型的工作原理，掌握动作事件的处理方法。

【教学重点】框架、布局管理器、控制组件、委托事件处理模型、动作事件。

【教学难点】布局管理器、委托事件处理模型。

【学习指导建议】学习者应首先通过学习【技术准备】，了解编写Java图形用户界面程序的基本过程。通过学习本章的【项目学做】完成本章的项目，理解和掌握委托事件处理模型的工作原理。通过【强化训练】巩固对本章知识的理解。最后通过【课后习题】进行学习效果测评，检验学习效果。

8.1　项 目 任 务

设计实现一个小型加法器，具体的界面效果如图8-1所示。当用户输入两个整数，并单击等号按钮时，加法器能够计算并显示结果。

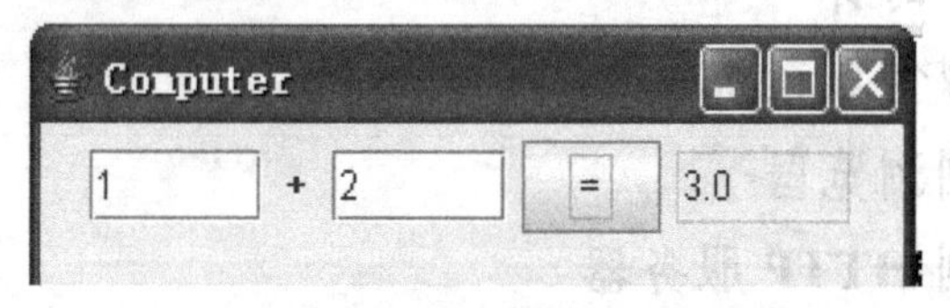

图8-1　加法器的运行效果图

8.2　项 目 分 析

1．项目完成思路

根据项目任务描述的项目功能需求，本项目需要先构造一个图形用户界面，然后再实现交互功能，具体可以按照以下过程实现：

(1) 构造界面外观

先构造一个图形用户界面窗体，在窗体上顺序摆放3个文本框，其中两个用于输入计算的整数，最后一个显示计算结果。在第三个文本框之前再摆放一个显示“=”的按钮。

(2) 实现交互功能

为按钮注册动作事件监听器。在监听器中读取前两个文本框中的整数，然后将计算的结果显示在第三个文本框中。

2．需解决问题

(1) 如何构造界面外观？

具体需解决的问题包括：如何构造矩形的窗体、文本框和按钮等界面组件？如何在窗体中按顺序摆放这些界面组件？

(2) 如何实现交互功能?

具体需解决的问题包括:如何实现能够处理按钮动作事件的监听器？以及如何完成监听器的注册？

解决以上问题涉及的技术将在 8.3 节详细阐述。

8.3 技术准备

8.3.1 构造简单的图形界面

在程序设计中，一项重要的任务就是设计和构造用户界面。用户界面是人与计算机交互的接口，用户界面的好坏对软件的应用有着直接的影响。图形用户界面(Graphical User Interfaces，GUI)使用图形化的方式为人与程序进行交互提供了一种友好的机制。与字符界面相比，图形界面省去了记忆各种命令的麻烦，界面美观，操作简便。因此，目前绝大多数应用软件都是采用图形界面的。

首先，介绍几个基本的概念。Java 中使用 GUI 组件构成图形用户界面，GUI 组件按照作用的不同可以分成两类：容器和控制组件。其中，容器是用来组织其他组件的单元，在容器中可以容纳多个其他的容器和控制组件。而控制组件的作用是完成与用户的交互功能，简单地说就是受用户控制的组件，它是组成用户界面的最小单位，它和容器不同，不能容纳其他的组件。总的来说，要构造一个图形界面，首先应创建一个合适的容器，然后再在容器中按照特定的规则摆放各种满足交互需求的控制组件，这个特定的规则是通过为容器设置布局管理器来完成的。

下面以图 8-2 所示的图形界面为例来阐述如何构造一个图形用户界面的外观，以及容器、控制组件和布局管理器之间的关系。

图 8-2　简单图形界面

图 8-2 所示的图形界面主要由两部分组成：一部分是带标题栏的窗口(Java 中称为框架)，另一部分是带有“确定”和“取消”字样的两个按钮。要构造这样一个界面，首先应该创建框架，然后在其上安放两个按钮即可。这里框架就是一种容器，而按钮就是一种控制组件。下面详细阐述如何创建框架以及如何将按钮添加到框架上。

1. 创建框架

(1) 示例代码

【例 8-1】实现简单框架界面程序。

```
// TestFrame.java
//引入程序中需要使用的 JFrame 类
import javax.swing.JFrame;
public class TestFrame
{
    public static void main(String[] args)
```

图 8-3　例 8-1 的运行结果

```
    {
        //创建一个标题为“图形界面程序”的框架
        JFrame frame = new JFrame("图形界面程序");
        //设置框架初始显示的大小
        frame.setSize(200,100);
        //设置框架在关闭的同时退出应用程序
        frame.setDefaultCloseOperation(JFrame.EXIT_ON_CLOSE);
        //显示框架
        frame.setVisible(true);
    }
}
```

程序运行后显示如图 8-3 所示的图形界面。

(2) 代码分析

例 8-1 先引入了 javax.swing 包中的 JFrame 类，然后在 main 方法中创建了类 JFrame 的一个实例，从图 8-3 可以看到，传递给构造方法的字符串参数显示在框架的标题栏上。这说明，Java 中可以通过 JFrame 创建框架。另外，程序通过 frame.setSize(200,100)方法设置框架的大小为 200 像素宽、100 像素高。如果注释掉这条语句，则可以看到程序运行后只显示一个标题栏。然后程序通过 frame.setVisible(true)方法将创建的框架对象显示出来，也就是说，如果注释掉这条语句，则什么都将看不到。最后，frame.setDefaultCloseOperation (JFrame.EXIT_ON_CLOSE) 方法的作用是当关闭框架的同时退出应用程序。也就是说，如果没有这条语句，则当关闭框架时应用程序仍在继续运行。

(3) 知识点

① 框架类 JFrame

其实，Java 中用于定义框架的类有两个：Frame 和 JFrame，它们都可以创建框架，只不过，前者定义在 java.awt 包中，属于 AWT 组件，而后者定义在 javax.swing 包中，属于 Swing 组件。其中有这样一个规律，凡是以“J”开头的就是 Swing 组件。尽量要使用这种以“J”开头的 Swing 组件，本书实例中介绍的也全部都是 Swing 组件，不过 Java 中 Swing 组件有 250 多个，而且还在继续扩充，因此，本章只能介绍其中一小部分，更多的 Swing 组件还需要读者通过查阅其他参考书或者 JDK 帮助文档来进一步学习。

在 Java 中，框架是最常用的容器之一，它是编写图形化应用程序所使用的最外层容器。也就是说，编写一个图形化应用程序，先要创建一个框架，然后通过这个框架来组织其他的 GUI 组件。与其相似的容器还有 JApplet，它是编写 Java 小应用程序所使用的最外层容器。关于 Java 小应用程序留到本章最后再介绍。

② JFrame 的构造方法

- public JFrame( )：创建不带标题的框架。
- public JFrame(String title)：创建指定标题的框架，标题通过参数 title 指定。

③ JFrame 的常用方法

- public void setSize(int width, int height)：设置框架的大小，width 为框架的宽度，height 为框架的高度，它们以像素为单位。
- public void setVisible(boolean b)：设置框架的可视状态，参数为 true 框架显示，参数为 false 框架隐藏。
- public void setDefaultCloseOpration(int operation)：设置框架默认的关闭操作，operation

的值如果设置为 JFrame.EXIT_ON_CLOSE，则在关闭框架时退出应用程序。

(4) 举一反三

① 创建并显示一个标题为“MyFrame”、宽为 400 像素、高为 300 像素的框架。

② 如果创建按钮的 AWT 组件类是 Button，那么对应的 Swing 组件类是什么？

2. 添加组件

通过 JFrame 可以创建一个框架，但是，要创建的图形界面除了要有框架外，上面还要有两个按钮，那么如何创建按钮以及如何将按钮添加到框架上呢？

(1) 例 8-2 代码

【例 8-2】添加按钮不使用布局管理器程序。

```
// TestFrame.java
import javax.swing.*;
public class TestFrame
{
    public static void main(String[] args)
    {
        //创建一个标题为“图形界面程序”的框架
        JFrame frame = new JFrame("图形界面程序");
        //创建一个标签为“Ok”的按钮，并添加在框架的内容窗格上
        frame.getContentPane().add(new JButton("确定"));
        //创建一个标签为“Cancel”的按钮，并添加在框架的内容窗格上
        frame.getContentPane().add(new JButton("取消"));
        //设置框架初始显示的大小
        frame.setSize(200,100);
        //实现在关闭框架的时候退出应用程序的功能
        frame.setDefaultCloseOperation(JFrame.EXIT_ON_CLOSE);
        //显示框架
        frame.setVisible(true);
    }
}
```

图 8-4　例 8-2 的运行结果

程序运行后显示如图 8-4 所示的图形界面。

(2) 例 8-2 代码分析

例 8-2 与例 8-1 相比只添加了两条语句。其中，frame.getContentPane( )可以获取框架的内容窗格，这里要说明的是：在 Java 中，一般不直接在 JFrame 中添加组件，而是将组件添加到 JFrame 上附着的一层称为内容窗格的容器中，这种容器默认是透明的，看上去就和直接加到 JFrame 中一样。另外，还可以看到：使用 new JButton("确定")可以创建一个显示为“确定”的按钮，同样，使用 new JButton("取消")可以创建一个显示为“取消”的按钮，然后，通过内容窗格的 add 方法将这个按钮添加到内容窗格上。最后，在显示框架时，就可以看到带有按钮组件的框架了，显示效果如图 8-4 所示。

但是从图 8-4 中可以看到，显示的效果并不是同时显示两个按钮，而是“取消”按钮填满了整个内容窗格，而且，“确定”按钮没有显示出来。这说明按钮在内容窗格中的摆放规则不满足需要，那如何改变这个规则呢？这就需要通过为容器设置布局管理器来设定容器的布局规则，那么如何构造布局管理器以及如何将布局管理器设置给容器呢？下面再看一个例子。

(3) 例 8-3 代码

【例 8-3】添加按钮并使用布局管理器程序。

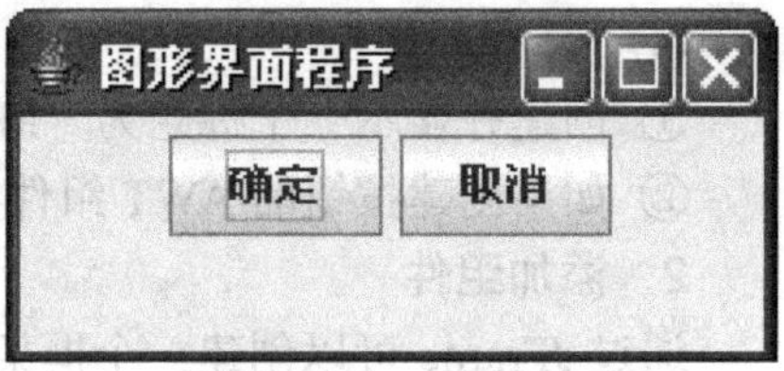

```
//TestFrame.java
import java.awt.*;
import javax.swing.*;
public class TestFrame
{
  public static void main(String[] args)
  {
      JFrame frame = new JFrame("图形界面程序");
      //将框架的内容窗格的布局管理器设置为 FlowLayout 布局
      frame.getContentPane().setLayout(new FlowLayout());
      frame.getContentPane().add(new JButton("确定"));
      frame.getContentPane().add(new JButton("取消"));
      frame.setSize(200,100);
      frame.setDefaultCloseOperation(JFrame.EXIT_ON_CLOSE);
      frame.setVisible(true);
  }
}
```

图 8-5　例 8-3 的运行结果

程序运行后显示如图 8-5 所示的图形界面。

(4) 例 8-3 代码分析

例 8-3 与例 8-2 相比添加了一条语句，从这条语句中，可以看到 new FlowLayout( )创建了一种名为 FlowLayout 的布局管理器，通过内容窗格容器的 setLayout 方法便可以将这种布局管理器设置给内容窗格了。其中，FlowLayout 的布局规则是，将组件按照从左到右的顺序依次摆放到容器中，如果一行放不下，则换一行。关于布局管理器的详细内容，8.3.2 节将详细介绍。

(5) 知识点

① 获取框架内容窗格的方法

- public Container getContentPane( )：其中 Container 类是所有容器类的父类。

② 所有容器常用的方法

- add(Component comp) ：该方法可以将组件添加到容器中，其中 Component 类是所有组件类的父类。
- setLayout(LayoutManager mgr)：该方法可以为容器设置一种布局管理器，其中 LayoutManager 是所有布局管理器类必须实现的接口，相当于所有布局管理器类的父类。

③ 构造图形用户界面的基本思路

根据界面设计确定需要的容器，然后通过 setLayout 方法为容器设置合适的布局管理器，最后通过 add 方法将组件添加到容器中。这里需要注意的是，容器中的组件包括控制组件，也包括一部分容器。

(6) 举一反三

创建并显示一个标题为“MyFrame”、宽为 400 像素、高为 300 像素的框架，并在框架上从左到右摆放 3 个按钮“Button1”、“Button2”和“Button3”。

8.3.2 布局管理器

为了实现良好的平台无关性，Java 不像其他语言那样使用像素来排列 GUI 组件，而是使用一种抽象的布局管理器来安排，上节中提到的 FlowLayout 就是一种布局管理器。在 Java 中有很多种布局管理器，其中 java.awt 包中定义了 5 个基本的布局管理器：FlowLayout、BorderLayout、GridLayout、CardLayout 和 GridBagLayout。这些类实现了 LayoutManager 接口，也就是说凡是实现了 LayoutManager 接口的类都可以作为布局管理器使用。这些类的实例便是一种布局管理器，每一种布局管理器都有不同的布局规则。它们通过容器的 setLayout 方法设置给容器后，容器就按照这种布局管理器的布局规则进行布局了。下面简单介绍这 5 种基本布局管理器中的前 3 种。

1. FlowLayout

FlowLayout 是最简单的布局管理器，它的布局规则是按照添加的顺序将组件由左到右排列在容器中，一行排满后再换一行。下面通过一个例子来看它如何使用。

(1) 示例代码

【例 8-4】应用 FlowLayout 布局管理器的程序。

```
// TestFlowLayout.java
import java.awt.*;
import javax.swing.*;
//定义一个 JFrame 的子类 TestFlowLayout，去扩展 JFrame
public class TestFlowLayout extends JFrame
{
  //构造方法
  public TestFlowLayout(String title)
  {
      //调用父类的构造方法，完成标题的初始化
      super(title);
      //获取框架的内容窗格，其中 Container 类是所有容器类的父类
      Container  cp = this.getContentPane();
      //创建左对齐，水平间距 10 像素，垂直间距 30 像素的 FlowLayout 布局
      //并将其设置为内容窗格的布局管理器
      cp.setLayout(new FlowLayout(FlowLayout.LEFT,10,30));
      //在内容窗格上添加按钮
      cp.add(new JButton("Button1"));
      cp.add(new JButton("Button2"));
      cp.add(new JButton("Button3"));
      cp.add(new JButton("Button4"));
  }
  public static void main(String[] args)
  {
      //创建这个 JFrame 子类的对象，框架的标题为“TestFlowLayout”
      TestFlowLayout frame = new TestFlowLayout("TestFlowLayout");
      frame.setSize(300,200);
      frame.setDefaultCloseOperation(JFrame.EXIT_ON_CLOSE);
      frame.setVisible(true);
  }
}
```

程序运行后显示如图 8-6 所示的图形界面。

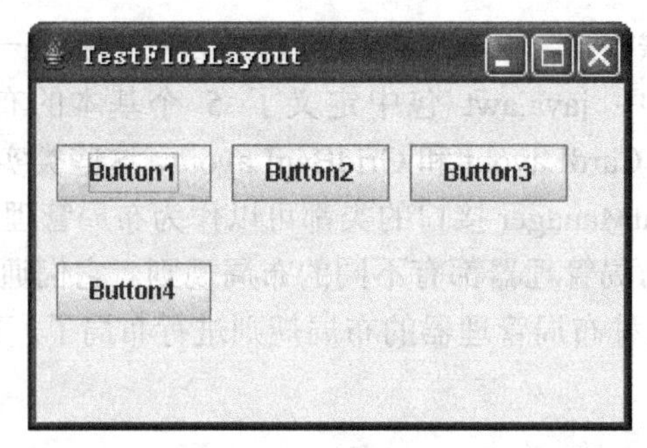

图 8-6 例 8-4 的运行结果

(2) 代码分析

本例定义了一个 TestFlowLayout 类，它是 JFrame 的子类。在它的构造方法中完成了为这个扩展框架设置布局和添加组件的工作，然后在 main 方法中创建了这个扩展的框架，并把它显示出来。这种方式和 8.3.1 节中创建框架的方式得到的效果是一样的，但这种方式更符合面向对象的思想。因此，以后创建图形用户界面时都是使用这种扩展原有框架类的方式完成的。

在本例中创建了一个 FlowLayout 的对象，并将其通过 setLayout 方法设置给了内容窗格，然后在内容窗格中通过 add 方法将按钮添加到内容窗格中，得到如图 8-6 所示的布局效果。如果改变框架的大小，则会发现按钮的位置发生了变化。

本例中使用的 Container 类是所有容器类的父类，因此，用其定义的引用 cp 可以引用所有类型的容器对象。

(3) 知识点

FlowLayout 的构造方法：

- public FlowLayout(int align, int hGap, int vGap)：3 个参数的构造方法。参数 align 能够指定组件在容器中排列的对齐方式，它的值使用 FlowLayout 类中的 3 个静态常量 FlowLayout.RIGHT、FlowLayout.CENTER 和 FlowLayout.LEFT。参数 hGap 指定水平排列的组件之间的间距，vGap 指定垂直排列的组件之间的间距，它们以像素为单位。
- public FlowLayout(int align)：一个参数的构造方法。参数 align 如同上一个构造方法中的 align，默认的水平间距和垂直间距是 5 像素。
- public FlowLayout( )：无参的构造方法。默认的对齐方式是居中对齐，默认的水平间距和垂直间距是 5 像素。

(4) 举一反三

编写一个应用程序，其功能为：在其图形框架上按右对齐方式摆放 3 个按钮，3 个按钮的标签分别显示为：“Button 1”，“Button 2”，“Button 3”。

2. BorderLayout

BorderLayout 布局管理器的布局规则是将容器分成 5 个部分：东区、南区、西区、北区和中央区，组件添加到这 5 个区中。下面通过一个例子来看它如何使用。

(1) 示例代码

【例 8-5】应用 BorderLayout 布局管理器的程序。

```
// TestBorderLayout.java
import java.awt.*;
import javax.swing.*;
public class TestBorderLayout extends JFrame
```

```
{
  public TestBorderLayout(String title)
  {
      //调用父类的构造方法，完成标题的初始化
      super(title);
      //获取框架的内容窗格，其中 Container 类是所有容器类的父类
      Container  cp = this.getContentPane();
      //设置内容窗格的布局为 BorderLayout
      cp.setLayout(new BorderLayout());
      //在内容窗格的不同区中添加按钮组件
      cp.add(new JButton("East"),BorderLayout.EAST);
      cp.add(new JButton("South"),BorderLayout.SOUTH);
      cp.add(new JButton("West"),BorderLayout.WEST);
      cp.add(new JButton("North"),BorderLayout.NORTH);
      cp.add(new JButton("Center"),BorderLayout.CENTER);
  }
  public static void main(String[] args)
  {
      TestBorderLayout frame = new TestBorderLayout("TestBorderLayout");
      frame.setSize(300,200);
      frame.setDefaultCloseOperation(JFrame.EXIT_ON_CLOSE);
      frame.setVisible(true);
  }
}
```

程序运行后显示如图 8-7 所示的图形界面。

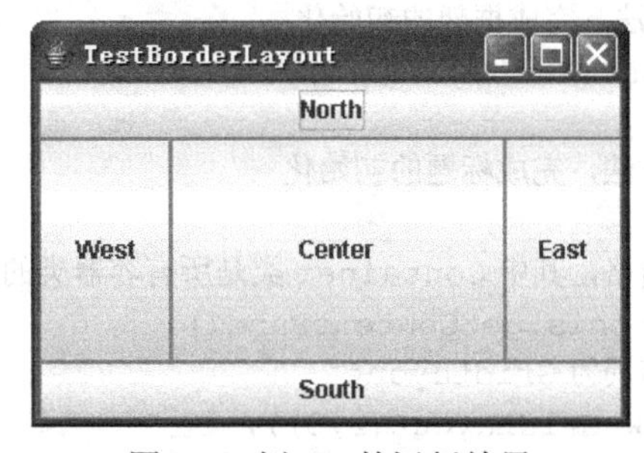

图 8-7　例 8-5 的运行结果

(2) 代码分析

在本例中使用 BorderLayout 的对象作为内容窗格的布局管理器，这里可以看到将组件添加到容器的 add 方法与前面有所不同，在添加时可以指定组件放置的位置。在本例中，5 个区域全部添加了组件，如果某个区域没有添加组件，则这个区域会被相邻区域占据。

【注意】 如果在使用 add 方法时没有指明将组件添加到哪个区域，则默认为中央区域，也就是说，add(component)与 add(component,BorderLayout.CENTER)是等价的。

(3) 知识点

① BorderLayout 的构造方法

- public BorderLayout(int hGap, int vGap)：具有两个参数的构造方法。参数 hGap 指定水平排列的组件之间的间距，vGap 指定垂直排列的组件之间的间距，它们以像素为单位。

● public BorderLayout( )：无参的构造方法，默认没有水平间距和垂直间距。

② 添加组件的方法

● add(Component comp, int index)：其中，参数 comp 指定需要向容器中添加的组件，参数 index 指定将组件添加到哪个区域中，它的取值可以是 BorderLayout.EAST、BorderLayout.SOUTH、BorderLayout.WEST、BorderLayout.NORTH 和 BorderLayout.CENTER，分别代表 5 个区域。

(4) 举一反三

请编写一个应用程序，其功能为：在其框架的内容窗格上安排两个按钮，分别命名为"Button1"和"Button2"，内容窗格的布局为 BorderLayout 布局，并将两个按钮放置在内容窗格的东部区域和西部区域。

3. GridLayout

GridLayout 布局管理器的布局规则是将容器划分成若干行和若干列的网格，然后在这些大小相同的网格中按照添加的顺序从左到右排列组件，如果一行排满，则从下一行接着排。下面通过一个例子来看它如何使用。

(1) 示例代码

【例 8-6】应用 GridLayout 布局管理器的程序。

```
// TestGridLayout.java
import java.awt.*;
import javax.swing.*;
//扩展 JFrame，定义 JFrame 类的子类
public class TestGridLayout extends JFrame
{
  //能够设置标题的构造方法，完成框架的初始化
  public TestGridLayout(String title)
  {
      //调用父类的构造方法，完成标题的初始化
      super(title);
      //获取框架的内容窗格，其中 Container 类是所有容器类的父类
      Container  cp = this.getContentPane();
      //设置内容窗格的布局为 GridLayout
      cp.setLayout(new GridLayout(2,3));
      //按顺序在内容窗格中添加不同的按钮组件
      cp.add(new JButton("Button1"));
      cp.add(new JButton("Button2"));
      cp.add(new JButton("Button3"));
      cp.add(new JButton("Button4"));
      cp.add(new JButton("Button5"));
  }
  public static void main(String[] args)
  {
      TestGridLayout frame = new TestGridLayout("TestGridLayout");
      frame.setSize(300,200);
      frame.setDefaultCloseOperation(JFrame.EXIT_ON_CLOSE);
      frame.setVisible(true);
  }
}
```

程序运行后显示如图 8-8 所示的图形界面。

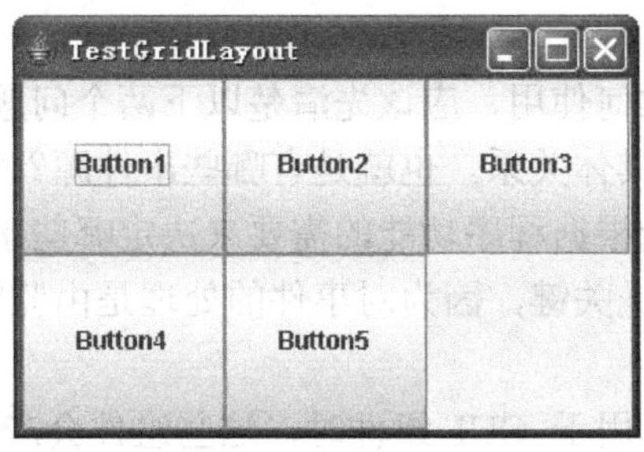

图 8-8　例 8-6 的运行结果

(2) 代码分析

在本例中使用 GridLayout 的对象作为内容窗格的布局管理器，通过 GridLayout 布局，将内容窗格划分成两行、三列的六个区域，在其中添加了 5 个按钮。与 FlowLayout 相比，相同点是，容器添加组件的方法一样，而且添加的顺序决定了组件在容器中的位置；不同点是组件的位置不会随着框架大小的变化而改变，而组件的大小会随着框架大小的变化而发生变化。

(3) 知识点

GridLayout 的构造方法：

- public GridLayout(int rows, int columns, int hGap, int vGap)：该构造方法通过前两个参数指定将容器划分的行数和列数，通过后两个参数指定组件之间的水平和垂直间距，以像素为单位。
- public GridLayout(int rows, int columns)：该构造方法通过两个参数指定将容器划分的行数和列数，默认组件之间的水平和垂直间距为 0 像素。
- public GridLayout( )：无参构造方法，构造的布局为在一行上添加若干个组件，默认组件之间的水平和垂直间距为 0 像素。

【注意】虽然 GridLayout 的构造方法可以指定容器划分网格的行数和列数，但是最终显示的列数却不一定是指定的列数，这与实际添加的组件也有关系。比如，构造方法中指定容器网格是 2 行 3 列，如果添加的组件是 4 个，那么显示的是 2 行 2 列；如果添加的组件是 7 个，那么显示的是 2 行 4 列。

(4) 举一反三

请编写一个应用程序，其功能为：在其框架的内容窗格上按照 3 行 4 列摆放 10 个相同大小的按钮，按钮的标题为“component1”、“component2”等，按钮之间的间隔为 5 像素。

8.3.3　交互与事件处理

前面阐述了如何绘制简单的图形用户界面外观，但是这些程序对用户的操作没有反应，也就是说都没有交互能力。本节所阐述的就是如何为前面绘制的图形界面添加交互能力，使得用户在单击按钮时或者进行其他操作时程序能够作出反应。

1. 事件处理模型

在 Java 中使用事件处理的方式来实现图形用户界面的交互，采用的事件处理机制称为委托事件处理模型。该模型规定的事件处理流程是这样的：当用户操作图形界面组件时，该组件会自动产生某种代表这种操作发生的信号，这个信号称为事件(event)，产生事件的组件称为事件源。然后一个称为监听器的对象会接收到这个事件，并对其进行处理。这样，当用户操作某个 GUI 组件时，只要有监听器监听这个组件产生的事件，那么程序就可以实现对用户行为的响应，也就是所谓的交互了。

要弄清楚这个模型具体如何使用，应该先清楚以下两个问题。

① 事件源与事件之间的具体关系。也就是有哪些事件源？它们在什么情况下会产生哪些类型的事件？知道了这些才能根据程序功能的需要来决定哪些事件需要处理，哪些可以忽略。

② 如何实现监听器？这是关键，因为对事件的处理是由监听器完成的。

首先来解决第一个问题。

前面讲过，当用户行为作用于 GUI 组件时，这些组件会产生某种事件(event)。产生事件的 GUI 组件称为事件源对象，所有的 GUI 组件都可以是事件源。事件是事件类的实例，它由事件源在用户行为的作用下自动产生，Java 中所有的事件类都是 Java.util.EventObject 的子类，它们的层次关系如图 8-9 所示。

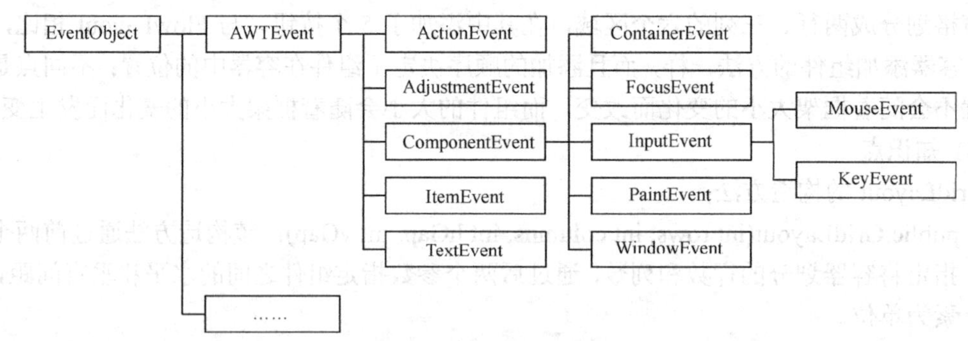

图 8-9　事件类的层次关系

EventObject 类的子类描述特定类型的事件，比如：ActionEvent 描述的是动作事件，WindowEvent 描述的是窗口事件，MouseEvent 描述的是鼠标事件等。图中只列举了基本的 AWT 事件类，它们定义在 java.awt.event 包中，AWT 组件和 Swing 组件都可以产生这些类型的事件，省略号部分是扩展的事件类，这一部分数目比较多，详细情况可以参照 JDK 文档，它们主要定义在 javax.swing.event 包中，由 Swing 组件产生。表 8-1 列举了一些基本的用户行为、事件源和事件类型之间的关系。

表 8-1　用户行为、事件源和事件类之间的关系

用户行为	事件源	事件类型
单击按钮	JButton(按钮)对象	ActionEvent
在文本域按下回车	JTextField(文本域)对象	ActionEvent
改变文本	JTextField(文本域)对象	TextEvent
改变文本	JTextArea(文本区)对象	TextEvent
窗口打开、关闭、最小化、还原或正在关闭	Window 及其子类对象	WindowEvent
在容器中添加或删除组件	Container 的所有子类对象	ContainerEvent
组件移动、改变大小、隐藏或显示	Component 的所有子类对象	ComponentEvent
组件获取或失去焦点	Component 的所有子类对象	FocuseEvent
按下或释放键	Component 的所有子类对象	KeyEvent
鼠标按下、释放、单击、进入或离开组件、移动或拖动	Component 的所有子类对象	MouseEvent

从表 8-1 中可以看到，不同的事件源在不同情况下产生事件的类型也是不同的，其中，所有的容器都能产生 ContainerEvent 事件。由于 Component 是所有 GUI 组件的父类，因此，所有的 GUI 组件都能产生 ComponentEvent、FocuseEvent、KeyEvent 和 MouseEvent。表中只列举了一小部分事件源和事件类，更多的内容在后面介绍各个 GUI 组件时再详细介绍。

在了解了事件与事件源之间的关系后，再来解决第二个问题：如何实现监听器？监听器又是如何进行事件处理的？

前面说过，Java 使用委托事件处理模型来进行事件处理，就是事件源产生的事件委托给监听器进行处理。具体来说，就是先要创建一个能够处理这种事件的监听器(监听器中实现了事件处理方法)，然后将这个监听器注册给产生这种事件的事件源(事件源中包含对应的注册方法)。这样，当用户行为作用于事件源(GUI 组件)时，事件源就会产生特定的事件，那么事先注册给它的特定监听器就能够接收到这个特定的事件，然后监听器调用其中实现的事件处理方法进行处理。具体的模型如图 8-10 所示。

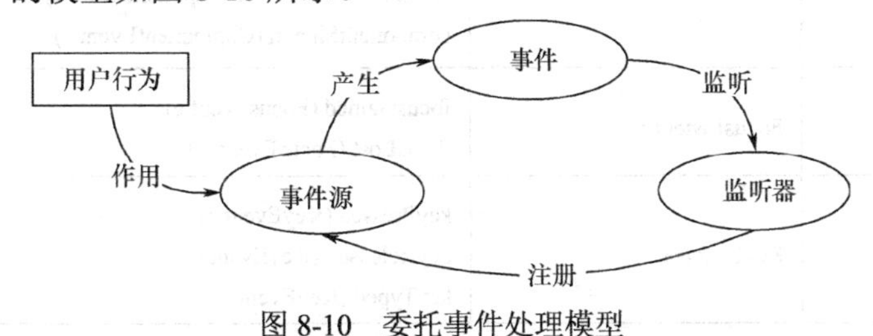

图 8-10　委托事件处理模型

在这个处理模型中，事件源就是 GUI 组件，在构造界面时已经创建完成。事件由事件源自动产生，剩下的问题就是如何来实现能够监听并处理事件的监听器了。那么具体如何实现一个监听器呢？

Java 中每一种事件类都有其对应的监听接口，要创建一个能够监听特定事件的监听器，就必须先定义一个实现监听接口的类，那么这个类的对象就是一个能够监听对应事件的监听器了。比如：ActionEvent 对应的监听接口是 ActionListener，要创建一个能够处理 AcitonEvent 事件的监听器，就要实现 ActionListener 接口。在每一个监听接口中都定义了若干个事件处理方法，实现监听器实际上就是实现这些事件处理方法。当事件发生并且监听器接收到这个事件时，监听器就会调用事件处理方法进行处理。比如：ActionListener 接口中定义了 actionPerformed 方法，当 ActionListener 接收到 ActionEvent 发生时，就会调用这个方法，写在这个方法体中的事件处理语句就会被执行。表 8-2 中列举了基本事件和对应的监听接口以及接口中定义的事件处理方法。

表 8-2　事件类及其对应的监听接口和事件处理方法

事件类	监听接口	监听器中的事件处理方法
ActionEvent	ActionListener	actionPerformed (ActionEvent e)
AdjustmentEvent	AdjustmentListener	adjustmentValueChanged (AdjustmentEvent e)
ItemEvent	ItemListener	itemStateChanged (ItemEvent e)
TextEvent	TextListener	textValueChanged (TextEvent e)

续表

事件类	监听接口	监听器中的事件处理方法
WindowEvent	WindowListener	windowOpened (WindowEvent e) windowActivated (WindowEvent e) windowDeactivated (WindowEvent e) windowIconified (WindowEvent e) windowDeiconified (WindowEvent e) windowClosing (WindowEvent e) windowClosed (WindowEvent e)
ContainerEvent	ContainerListener	componentAdded (ContainerEvent e) componentRemoved (ContainerEvent e)
ComponentEvent	ComponentListener	componentMoved (ComponentEvent e) componentHidden (ComponentEvent e) componentResized (ComponentEvent e) componentShown (ComponentEvent e)
FocuseEvent	FocusListener	focusGained (FocusEvent e) focusLost (FocusEvent e)
KeyEvent	KeyListener	keyPressed (KeyEvent e) keyReleased (KeyEvent e) keyTyped (KeyEvent e)
MouseEvent	MouseListener	mousePressed (MouseEvent e) mouseReleased (MouseEvent e) mouseEntered (MouseEvent e) mouseExited (MouseEvent e) mouseClicked (MouseEvent e)
	MouseMotionListener	mouseDragged (MouseEvent e) mouseMoved (MouseEvent e)

从表 8-2 中可以看到一些规律，就是 XXXEvent 对应的监听接口为 XXXListener，这里只有一个例外，就是 MouseEvent 对应两个监听接口 MouseListener 和 MouseMotionListener。

实现好监听器后还要将其注册给事件源，这样事件源产生事件时，事件才能被事先注册好的监听器监听到，并且进行相应的处理，从而实现程序的交互。注册是通过调用事件源的注册方法来实现的，在每一个事件源(GUI 组件)中都定义了若干个注册方法，这些注册方法与事件源能够产生的事件类型有关，与监听器类型对应，XXXListener 对应的注册方法为 addXXXListener。比如：按钮(JButton)可以产生 ActionEvent 事件，对应的监听器接口为 ActionListener，那么为按钮注册动作事件监听器的注册方法名为 addActionListener。

下面通过两个实例来进一步阐述具体如何进行事件处理，其中一个是动作事件处理，另外一个是窗口事件处理。

2．动作事件处理

(1) 示例代码

【例 8-7】简单动作事件处理程序。

```
//TestActionEvent.java
import javax.swing.*;
import java.awt.*;
```

```
//引入事件处理需要的事件类和监听接口
import java.awt.event.*;
//定义一个框架类，同时实现了动作事件的监听接口
public class TestActionEvent extends JFrame implements ActionListener
{
  // 创建两个按钮
  private JButton jbtOk = new JButton("确定");
  private JButton jbtCancel = new JButton("取消");
  // 构造方法
  public TestActionEvent(String title)
  {
    // 初始化框架标题
    super(title);
    // 设置内容窗格的布局为 FlowLayout
    getContentPane().setLayout(new FlowLayout());
    // 在内容窗格上添加两个按钮
    getContentPane().add(jbtOk);
    getContentPane().add(jbtCancel);
    // 为两个按钮注册监听器
    jbtOk.addActionListener(this);
    jbtCancel.addActionListener(this);
  }
  // main 方法
  public static void main(String[] args)
  {
    TestActionEvent frame = new TestActionEvent("动作事件");
    frame.setDefaultCloseOperation(JFrame.EXIT_ON_CLOSE);
    frame.setSize(100, 80);
    frame.setVisible(true);
  }
  // 事件处理方法，在事件发生时被调用
  public void actionPerformed(ActionEvent e)
  {
    //判断监听到的事件是否是按钮 jbtOk 产生的
    if (e.getSource() == jbtOk)
    {
      System.out.println("确定按钮被单击");
    }
    else if (e.getSource() == jbtCancel)
    {
      System.out.println("取消按钮被单击");
    }
  }
}
```

程序运行效果如图 8-11 所示。

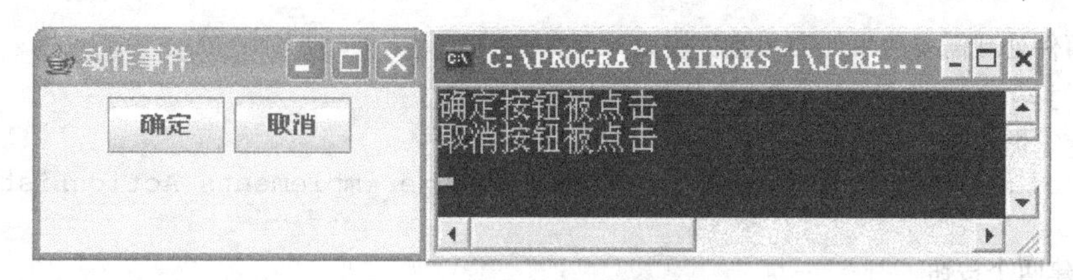

图 8-11　例 8-7 的运行效果

(2) 代码分析

本例在框架上添加了两个按钮“确定”和“取消”，当用户单击两个按钮时，程序在控制台上打印哪个按钮被单击了。按照上一节介绍的事件处理模型，按钮 jbtOk 和 jbtCancel 是事件源，它们产生的事件类型是 ActionEvent 动作事件，TestActionEvent 类定义了一个框架，同时它也实现了 ActionListener，因此，它也是动作事件的监听器。在 TestActionEvent 类的构造方法中，通过调用两个按钮的 addActionListener 注册方法，将监听器注册给了这两个事件源。这样，当用户单击按钮时，按钮就会产生 ActionEvent 事件，事先注册给这个按钮的监听器(当前的框架)就会监听到这个事件，然后调用事件处理方法 actionPerformed 进行处理。由于监听器负责监听两个事件源，所以在这个事件处理方法中，通过接收到的事件对象调用 getSource( ) 方法来区分用户单击了哪个按钮。

(3) 知识点

① 动作事件类

类名：ActionEvent

常用方法：

- public Object getSource( )：得到事件源引用，通常用于区分事件源。
- public String getActionCommand( )：得到动作命令，每个能够产生动作事件的事件源在产生动作事件时都会为动作事件赋予一个字符串类型的动作命令。对按钮来说，默认就是按钮上显示的标签，比如：本例中的 Ok 按钮，它的动作命令就是“Ok”，不过这个动作命令可以通过事件源的 setActionCommand 方法进行修改。通常这个方法用于区分动作事件的事件源。

② 动作事件监听接口

监听接口名：ActionListener

事件处理方法：

- public void actionPerformed(ActionEvent e)。

③ 事件源的注册方法：

- public void addActionListener(ActionListener listener)：将动作事件监听器注册给事件源。

(4) 举一反三

实现一个图形用户界面程序，在框架上顺序摆放 3 个按钮：Button1、Button2 和 Button3，单击按钮时在控制台上显示哪个按钮被单击。

8.3.4 项目中用到的其他 GUI 组件

1. 标签

标签是一种用于显示文本或者图片提示信息的控制组件。下面先看一个示例。

(1) 示例代码

【例 8-8】使用标签程序。

```
// TestLabel.java
import java.awt.*;
import java.awt.event.*;
import javax.swing.*;
public class TestLabel extends JFrame{
//定义了两个标签引用作为框架的属性
  private JLabel  jLabel1,jLabel2;
  public static void main(String[] args)  {
    //创建这个扩展框架对象
    TestLabel frame = new TestLabel();
    //pack 方法可以将容器的大小设置为刚好能盛放下其中所容纳的组件
    frame.pack();
    frame.setVisible(true);
  }
  //构造方法
  public TestLabel()  {
     setTitle("TestLabel");
     jLabel1 = new JLabel("这是一个显示文本的标签");
     jLabel2 = new JLabel(new ImageIcon("info.jpg"));
     getContentPane().setLayout(new FlowLayout());
     getContentPane().add(jLabel1);
     getContentPane().add(jLabel2);
  }
}
```

本例中创建了两个标签：jLabel1 显示文本，jLabel2 显示图标。显示的效果如图 8-12 所示。

图 8-12　例 8-8 显示的界面

(2) 标签的构造方法

- public JLabel( )：创建一个空标签。
- public JLabel(String text,int horizontalAlignment)：创建一个指定内容字符串和水平对齐方式的标签。其中，水平对齐方式可取值 SwingConstants.LEFT，SwingConstants.CENTER 和 SwingConstants.RIGHT。
- public JLabel(String text)：创建一个指定文字的标签。
- public JLabel(Icon icon)：创建一个指定图标的标签。图标可以利用 ImageIcon 类从图片文件中获取，比如：

```
Icon icon = new ImageIcon("images/Info.jpg");
```

目前 Java 支持 GIF 和 JPEG 两种图片格式。

- public JLabel(Icon icon,int horizontalAlignment)：创建一个指定图标和水平对齐方式的标签。
- public JLabel(String text,Icon icon,int horizontalAlignment)：创建一个指定文本、图标和水平对齐方式的标签。

(3) 常用的方法

- public void setText(String text)：设置标签上的文本。
- public String getText( )：获取标签上的文本。
- public void setIcon(Icon icon)：设置标签上的图标。
- public Icon getIcon( )：获取标签上的图标。

(4) 对标签的事件处理

标签能产生鼠标、焦点、键盘和组件等事件。但是，由于标签用于显示提示信息，所以一般不对其进行事件处理。

2．按钮

按钮(JButton)是一种单击时能够产生动作事件的控制组件，一般按钮用于执行某种操作。

(1) 示例代码

【例 8-9】使用按钮程序。

```
// TestButton.java
import java.awt.*;
import java.awt.event.ActionListener;
import java.awt.event.ActionEvent;
import javax.swing.*;
public class TestButton extends JFrame  implements ActionListener
{
  private JButton jButton1;
  private JLabel  jLabel1;
  private int count=0;
  public static void main(String[] args)
  {
    TestButton frame = new TestButton();
    frame.pack();
    frame.setVisible(true);
  }
  public TestButton()
  {
    setTitle("TestButton");
    //创建一个带有标签文本和图标的按钮
    jButton1=new JButton("Press me",new ImageIcon("button.jpg"));
    //设置按钮的热键为“ALT+P”
    jButton1.setMnemonic('P');
    //设置按钮的提示信息为“press me”
    jButton1.setToolTipText("Press me");
    jLabel1 = new JLabel("按钮单击了 0 次");
    getContentPane().setLayout(new FlowLayout());
    getContentPane().add(jButton1);
    getContentPane().add(jLabel1);
```

```
        //为按钮注册动作事件的事件监听器
        jButton1.addActionListener(this);
    }
    //事件处理方法
    public void actionPerformed(ActionEvent e)
    {
        count++;
        jLabel1.setText("按钮单击了 "+count+" 次");
    }
}
```

本例中在框架 TestButton 上添加了一个按钮 jButton1 和一个标签 jLabel1，按钮上同时显示了图标和文本。当单击按钮时，在标签上显示按钮被单击的次数。程序中为按钮设置了热键“P”，通过按组合键 ALT+P 可以得到与单击相同的效果。另外，还为按钮设置了提示信息“Press me”，当鼠标移动到按钮上时就会显示这个提示信息。本例的运行效果如图 8-13 所示。

图 8-13　例 8-9 显示的界面

(2) 按钮的构造方法

- public JButton( )：创建一个空按钮。
- public JButton(String text)：创建一个标有指定文字的按钮。
- public JButton(Icon icon)：创建一个标有指定图标的按钮。
- public JButton(String text,Icon icon)：创建一个标有指定文字和图标的按钮。

(3) 常用的方法

- public void setMnemonic(int mnemonic)：设置按钮的热键。比如：setMnemonic('P')，设置按钮的热键为 ALT+P。
- public void setToolTipText (String text)：设置按钮的提示信息。
- public void setText(String text)：设置按钮上的文本。
- public String getText( )：获取按钮上的文本。
- public void setIcon(Icon icon)：设置按钮上的图标。
- public Icon getIcon( )：获取按钮上的图标。

(4) 对按钮的事件处理

按钮可以产生多种事件，不过由于按钮一般用于触发某种操作的执行，因此，一般情况下只处理按钮的动作事件 ActionEvent，要处理动作事件需要实现 ActionListener 中的 ActionPerformed 方法。

3．文本框

文本框(JTextField)是一种用于显示、输入或编辑单行文本的控制组件。

(1) 示例代码

【例 8-10】使用文本框程序。

```
// TestTextField.java
import java.awt.*;
import javax.swing.*;
import java.awt.event.*;
class TestTextField extends JFrame implements  ActionListener{
   JLabel   p;
   JTextField   in;
   JLabel   out;
   String  s="";
 public MyFrame()    {
   p=new  JLabel ("请输入口令: ");
   in=new JTextField(18);
   out=new  JLabel();
   this.getContentPane().setLayout(new FlowLayout());
   this.getContentPane().add(p);
   this.getContentPane().add(in);
   this.getContentPane().add(out);
      in.addActionListener(this);
 }
 public  void  actionPerformed(ActionEvent  evt)     {
      s=in.getText();
   if(s.equals("MyKey"))
    out.setText("通过! ");
      else
       out.setText("口令错! ");
    }
 public static void  main(String[] args)     {
    TestTextField textField = new TestTextField ();
    textField.setTitle("Show");
    textField.setDefaultCloseOperation(JFrame.EXIT_ON_CLOSE);
    textField.setSize(250,250);
    textField.setVisible(true);
  }
}
```

本例中在框架 TestTextField 上添加了一个文本框，定义了两个标签，其中第一个标签上面的文本信息为“请输入口令:”；第二个标签用于显示口令是否正确的提示信息；再定义一个文本框，用于口令输入，假设口令为字符串“MyKey”正确，则第二个标签设置为“通过！”，否则设置为“口令错！”。本例中实现动作事件的监听器在 actionPerformed 方法中，通过文本框的 getText( )方法获得文本框中用户输入的字符串，通过 String 类的 equals 方法判断输入的字符串是否等于“MyKey”，然后通过 JLabel 的 setText 方法修改第二个 JLabel 标签的内容。本例的运行效果如图 8-14 所示。

图 8-14　例 8-10 显示的界面

(2) 文本框的构造方法

- public JTextField( )：创建一个空文本框。
- public JTextField(int columns)：创建一个指定列数的空文本框。
- public JTextField(String text)：用指定初始文字创建一个文本框。
- public JTextField(String text,int columns)：创建一个文本框，并用指定文字和列数初始化。

(3) 常用的方法

- public String getText( )：获取文本框中的文本。
- public void setText(String text)：将给定字符串写入文本框中。
- public void setEditable(boolean editable)：设置文本框的可编辑属性，true 为可编辑，false 为不可编辑，默认为 true。
- public void setColumns(int col)：设置文本框的列数，文本框的长度可变。

(4) 对文本框的事件处理

JTextField 能产生 ActionEvent 事件及其他组件事件。在文本域按回车键引发 ActionEvent 事件。不过，由于文本框一般用于文本的输入和编辑，因此，不对其进行事件处理。

8.4 项目学做

(1) 引入项目所需要的包：

```
import javax.swing.*;
import java.awt.*;
import java.awt.event.*;
```

(2) 构造加法器的图形界面，首先继承 JFrame，声明界面组成部分的组件。关于界面的构造在 MyComputer 的构造方法中完成：

```
class MyComputer extends JFrame implements ActionListener{
    JTextField JTest1,JTest2,JTest3;
    JLabel Jla1;
    JButton Jbu;
    test(){
        setTitle("cumputer");
        Container cp=this.getContentPane();
        cp.setLayout(new FlowLayout());
        cp.add(JTest1=new JTextField(5));
        JTest1.setText("0");
        cp.add(Jla1=new JLabel("+"));
        cp.add(JTest2=new JTextField(5));
        cp.add(Jbu=new JButton("="));
        cp.add(JTest3=new JTextField(5));
        JTest3.setEditable(false);
        Jbu.addActionListener(this);
    }
```

(3) 为加法器添加动作事件，在类 MyComputer 后面实现动作事件对应的接口 implements ActionListener，在 MyComputer 中实现动作事件对应的方法 actionPerformed(ActionEvent e)，具体的实现如下：

```
public void actionPerformed(ActionEvent e){
    double n1=0,n2=0;
    n1=Double.parseDouble(JTest1.getText());
    n2=Double.parseDouble(JTest2.getText());
    JTest3.setText((n1+n2+" "));
}
```

(4) 在 main 方法中创建 MyComputer，使其可见，设置关闭方法等。

```
public static void main(String[] args){
    MyComputer t=new MyComputer();
    t.pack();
    t.setVisible(true);
  }
}
```

8.5 知 识 拓 展

8.5.1 图形用户界面简介

在 Java 中，GUI 由 GUI 组件构成，目前常用的 GUI 组件类多数定义在 javax.swing 包中，称为 Swing 组件。这和早期的 Java 有些不同，早期的 GUI 组件定义在称为抽象窗口工具包(Abstract Window Toolkit，AWT)的 java.awt 包中。由于 AWT 组件直接绑定在本地图形用户界面功能上，对底层平台的依赖性较强，因此可移植性较差。到了 Java 2 时，出现了 Swing 组件，Swing 组件直接使用 Java 语言编写，对本地底层平台的依赖性较少，更灵活也更稳定。Swing 组件称为轻型组件，而 AWT 组件称为重型组件。因此，编程中建议使用 Swing 组件，以提高程序的可移植性。但需要注意的是，Swing 组件不能完全取代 AWT 组件的全部，AWT 组件中的一些图形辅助类目前还在使用。

为了方便实现各种图形用户界面程序，Java 提供了大量的图形用户界面类和接口，比如组件类有：JFrame、JPanel、JDialog、JButton、JLabel、JTextField、JMenu 和 JMenuBar 等，事件类有：ActionEvent、MouseEvent 和 KeyEvent 等；监听接口有：ActionListener、MouseListener 和 MouseMotionListener 等，布局管理器类有：BorderLayout、FlowLayout 和 GridLayout 等，绘图相关的类有：Griphics、Color、Font 等。

从列举的这些类和接口中可以感觉到，图形化程序设计比之前的命令行方式要复杂。特别是对于刚刚接触 Java 的初学者来讲，同时接触这么多的类和接口可能感觉无从下手。为了便于理解，可以简单地将图形用户界面程序设计的主要工作分成两部分。

(1) 设计并创建界面外观：主要是创建组成图形界面的各个组件，并按照设计组合排列，构成完整的图形用户界面。

(2) 实现界面的交互功能：主要是为界面外观添加事件处理，实现能够处理各种界面事件的处理方法，以完成程序与用户之间进行交互的任务。

8.5.2 窗口事件

我们已经学习了事件处理模型，知道实现某一事件类型要先实现其对应的监听接口，然后实现监听接口里面对应的方法。现在要处理窗口事件，具体的代码如下：

【例 8-11】处理窗口事件程序。

```
// TestWindowEvent.java
import java.awt.*;
import java.awt.event.*;
import javax.swing.JFrame;
//实现一个框架，同时实现一个窗口事件监听器
public class TestWindowEvent extends JFrame  implements WindowListener
{
  // 构造方法
  public TestWindowEvent(String title)
  {
    super(title);
    //注册窗口事件监听器
    addWindowListener(this);
  }
  //当窗口打开时被调用
  public void windowOpened(WindowEvent event)
  {
    System.out.println("窗口被打开");
  }
  //当窗口还原时被调用
  public void windowDeiconified(WindowEvent event)
  {
    System.out.println("窗口被还原");
  }
  //当窗口最小化时被调用
  public void windowIconified(WindowEvent event)
  {
    System.out.println("窗口被最小化");
  }
  //当窗口激活时被调用
  public void windowActivated(WindowEvent event)
  {
    System.out.println("窗口被激活");
  }
  //当窗口失效时被调用
  public void windowDeactivated(WindowEvent event)
  {
    System.out.println("窗口失效");
  }
  //当窗口正在关闭时被调用
  public void windowClosing(WindowEvent event)
  {
    System.out.println("窗口正在关闭");
  }
  //当窗口已经关闭时被调用
  public void windowClosed(WindowEvent event)
  {
```

```
    System.out.println("窗口被关闭");
  }
  //main 方法
  public static void main(String[] args)
  {
    TestWindowEvent frame = new TestWindowEvent("TestWindowEvent");
    frame.setDefaultCloseOperation(JFrame.EXIT_ON_CLOSE);
    frame.setSize(100,80);
    frame.setVisible(true);
  }
}
```

程序运行效果如图 8-15 所示。

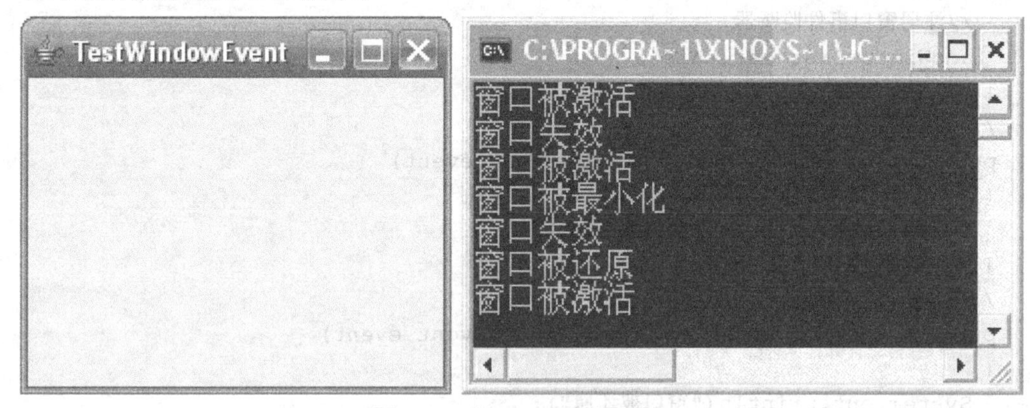

图 8-15　例 8-11 的运行效果

本例演示了如何处理窗口事件。由于 Window 类的任何子类都能发生窗口事件，所以本例以 JFrame 为例演示了窗口事件的处理过程。程序中 TestWindowEvent 是一个框架，因此它可以作为 Window 事件的事件源，同时它又实现了 WindowListener，所以，它也是监听器。在构造方法中，将它自己作为事件监听器，通过方法 addWindowListener 注册给了自己。从实例中可以看到，Window 事件的事件处理方法有 7 个，分别是 windowOpened、windowClosing、windowClosed、windowActivated、windowDeactivated、windowIconfied 和 windowDeiconfied。主要原因是当窗口打开、正在关闭、关闭、激活、失效、最小化和还原时都会产生 WindowEvent，7 个事件处理方法分别用于处理这 7 种不同的情况，也就是说，windowOpened 方法在窗口打开时被执行，windowClosed 方法在窗口关闭时被执行，依此类推。

(1) 窗口事件类

类名：WindowEvent

可产生窗口事件的事件源：所有 Window 的子类。

(2) 窗口事件监听接口

监听接口名：WindowListener

事件处理方法：

- public void windowOpened (WindowEvent e)：用于处理窗口打开时的情况。
- public void windowClosing (WindowEvent e)：用于处理窗口正在关闭时的情况。
- public void windowClosed (WindowEvent e)：用于处理窗口关闭时的情况。
- public void windowActivated (WindowEvent e)：用于处理窗口激活时的情况。

● public void windowDeactivated (WindowEvent e)：用于处理窗口失效时的情况。
● public void windowIconfied (WindowEvent e)：用于处理窗口最小化时的情况。
● public void windowDeiconfied (WindowEvent e)：用于处理窗口还原时的情况。

【注意】因为所有这些方法在接口中都是抽象的，所以，即使只想处理其中某种情况的 Window 事件，所有这些方法也必须在监听器类中全部实现。

(3) 事件源的注册方法

● public void addWindowListener(WindowListener listener)：将 Window 事件监听器注册给事件源。

8.5.3 事件裁剪类

在 8.5.2 节中学习了 Window 事件的处理，其中监听接口中定义了 7 个事件处理方法，以对应产生窗口事件的 7 种情况。而实际编程中往往只要处理其中某一两种情况，但是限于接口实现的要求，却必须要实现全部 7 个方法，即使是用空的方法体实现。而这种情况在许多事件的监听接口中普遍存在。针对这种情况，Java 为那些具有多个事件处理方法的监听接口提供了对应的事件裁剪类，这个类通常命名为 XXXAdapter，有时也称为事件适配器类。在这种类中，以空的方法体实现相应接口中的所有事件处理方法，在实际实现监听器类时就可以继承这个裁剪，这样在监听器类中就可以根据需要只实现监听接口中的某些抽象方法，而不必全部实现接口中的抽象方法了。下面以窗口事件为例介绍事件裁剪类的用法。

【例 8-12】通过窗口事件裁剪类实现窗口关闭事件处理程序。

```
// TestWindowAdapter.java
import java.awt.*;
import java.awt.event.*;
import javax.swing.JFrame;
//定义一个框架
public class TestWindowAdapter extends JFrame
{
  // 构造方法
   public TestWindowAdapter(String title)
   {
     super(title);
     //注册窗口事件监听器
     addWindowListener(new MyListener());
   }
   //main 方法
   public static void main(String[] args)
   {
     TestWindowAdapter frame = new TestWindowAdapter("TestWindowAdapter");
     frame.setSize(200,100);
     frame.setVisible(true);
   }
   //通过继承 WindowAdapter 实现一个监听器类
   class  MyListener extends WindowAdapter
   {
   //当窗口正在关闭时被调用
```

```
        public void windowClosing(WindowEvent event)
        {
          System.out.println("Window closing");
          System.exit(0);
        }
    }
}
```

当关闭窗口时，控制台的输出信息如图 8-16 所示。

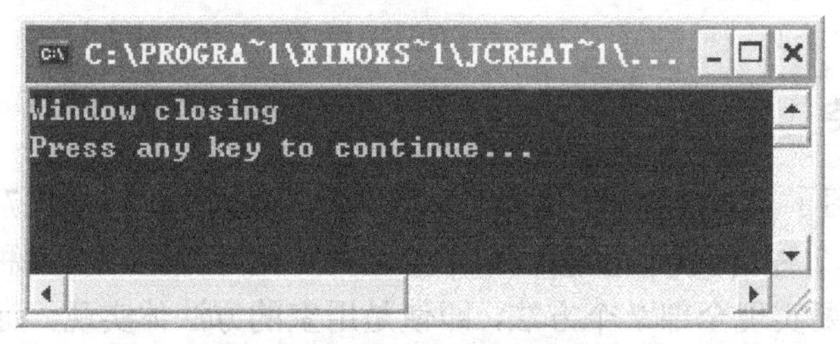

图 8-16　例 8-12 的输出信息

本例通过继承 WindowAdapter 实现了一个监听器类，通过监听器实现了在关闭窗口时打印提示信息，并退出应用程序的功能。通过与例 8-11 的比较可以看到，借助于裁剪类，事件监听器的实现被简化了。但是，由于 Java 是单继承的，所以，不能像例 8-11 那样一个类既是框架类，又是监听器类。而且，一个监听器类也不能同时继承两个裁剪类，也就是说一个监听器类不能监听一种以上的事件，而通过实现监听接口却可以做到。

8.6 强 化 训 练

请编写一个应用程序实现如下功能：定义一个用于给出提示信息的标签、两个文本框和一个显示“计算”的按钮。其中，一个文本框用于获取用户给出的一个整数，单击“计算”按钮后，求出该数的平方后将计算结果在另一个文本框中输出。

(考察知识点：定义标签和文本框，数值型数据与字符串类型相互转换，动作事件的处理)

8.7 课 后 习 题

一、选择题

1．下面属于容器类的是(　　)。

A) JFrame　　B) JTextField　　C) Color　　D) JMenu

2．FlowLayout 的布局策略是(　　)。

A) 按添加的顺序由左至右将组件排列在容器中　　B) 按设定的行数和列数以网格的形式排列组件

C) 将窗口划分成 5 部分，在这 5 个区域中添加组件　　D) 组件相互叠加排列在容器中

3．BorderLayout 的布局策略是(　　)。

A) 按添加的顺序由左至右将组件排列在容器中　　B) 按设定的行数和列数以网格的形式排列组件

C) 将窗口划分成 5 部分，在这 5 个区域中添加组件　　D) 组件相互叠加排列在容器中

4．GridLayout 的布局策略是(　　)。

A) 按添加的顺序由左至右将组件排列在容器中　　B) 按设定的行数和列数以网格的形式排列组件

C) 将窗口划分成 5 部分，在这 5 个区域中添加组件　D) 组件相互叠加排列在容器中

5．JFrame 中内容窗格默认的布局管理器是(　　)。

A) FlowLayout　　B) BorderLayout　　C) GridLayout　　D) CardLayout

二、填空题

1．Java 的 Swing 包中定义框架的类是__________。

2．Java 的 Swing 包中定义按钮的类是__________。

3．Java 的 Swing 包中定义文本域的类是__________。

4．Java 的 Swing 包中定义标签的类是__________。

5．ActionEvent 类定义在__________包中。

6．ActionEvent 事件的监听接口是__________，注册方法名是__________，事件处理方法名是_________。

7．WindowEvent 事件的监听接口是__________，注册方法名是__________。

8．设置容器布局管理器的方法是__________。

9．显示 JFrame 框架的方法名是__________。

10．设置 JFrame 框架标题的方法名是__________。

11．设置 JFrame 框架大小的方法名是__________。

12．设置按钮上文本的方法名是__________，获取按钮上文本的方法名是__________。

13．设置文本域上文本的方法名是__________，获取文本域上文本的方法名是__________，设置文本域可编辑属性的方法名是__________。

三、编程题

1．请编写一个应用程序，实现如下功能：在其图形窗口按右对齐方式摆放 3 个按钮，3 个按钮的标题分别显示为：“Button 1”，“Button 2”，“Button 3”。

(考察知识点：FlowLayout 布局管理器的使用)

2. 请编写一个应用程序，实现如下功能：在其框架的内容网格上安排两个按钮，分别命名为 East 和 West，内容网格的布局为 BorderLayout 布局，并将两个按钮放置在内容网格的东部区域和西部区域。

(考察知识点：BorderLayout 布局管理器的使用方法)

3．设计一个程序在窗口的东、南、西、北、中各放置一按钮，水平和垂直的间距均为 6 像素，具体实现效果如图 8-17 所示。

4．将 6 个按钮顺序摆放在窗口中，且中央对齐，每个组件之间水平间距 10 像素，垂直间距 10 像素，具体实现效果如图 8-18 所示。

5．设计一个计算器面板，只要求布置 9 个数字按钮，具体实现效果如图 8-19 所示。

图 8-17　题 3 的效果图

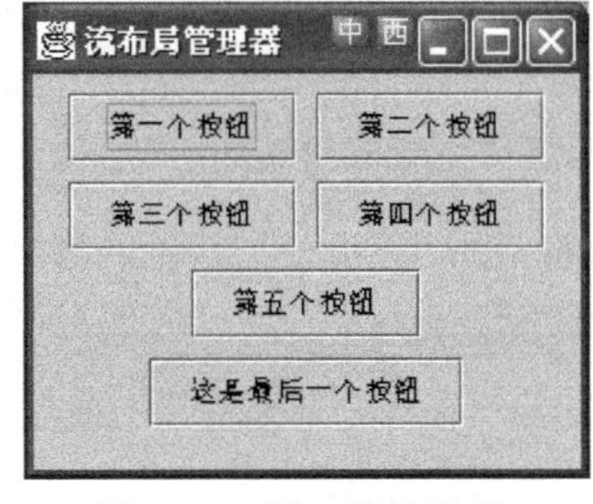

图 8-18　题 4 的效果图

图 8-19　题 5 的效果图

6．请编写一个应用程序，实现如下功能：在窗口上摆放两个标签。构造第一个标签时，令其上面的文本信息为“我将参加 Java 程序设计考试。”，将第二个标签构造为空标签。程序将第一个标签的信息复制到第二

个标签上，并增加信息“希望自己考取好成绩。”。要求第一个标签以红色为背景，绿色为前景；第二个标签以绿色为背景色，蓝色为前景色。

(考察知识点：定义标签，设置标签文本值和背景颜色)

7. 请编写一个应用程序实现如下功能：定义 3 个文本框。其中，第一个文本框上面的文本信息为“请输入口令：”；第二个文本框为口令输入域；第三个文本框上的信息由程序设置：若口令(假设口令为字符串“MyKey”)正确，则设置为“通过！”，否则设置为“口令错！”。

(考察知识点：定义文本框，设置和获取文本框的文本值)

8. 编写应用程序，其中包含两个按钮 b1、b2，初始时 b1 的前景色为蓝色，b2 的前景色为红色，它们的标签分别为“蓝按钮”、“红按钮”。无论哪个按钮被单击，都将该按钮上的标记改为“已按过”，并使该按钮变灰。

(考察知识点：定义并设置按钮的前景色和背景色，单击按钮触发事件处理过程)

第9章　用户注册界面

【本章概述】本章以项目为导向，通过实现一个用户注册界面程序介绍了 Java 中一些常用 GUI 组件的用法，以及构建复杂用户界面的基本思路；通过本章的学习，读者能够了解如何使用文本区、按钮、单选按钮、复选框和对话框等组件的用法；理解面板在构造复杂界面布局中的作用，了解弹出式对话框的使用方法。

【教学重点】文本区、按钮、单选按钮、复选框、对话框和面板。

【教学难点】复杂界面布局。

【学习指导建议】学习者应首先通过学习【技术准备】，了解 Java 中一些常用 GUI 组件的用法。通过学习本章的【项目学做】完成本章的项目，理解和掌握构建复杂用户界面的基本思路。通过【强化训练】巩固对本章知识的理解。最后通过【课后习题】进行学习效果测评，检验学习效果。

9.1　项 目 任 务

用图形化方法创建一个注册界面，实现效果如图 9-1 所示。

单击“确定”按钮时，出现如图 9-2 所示。

图 9-1　注册页面的运行效果

图 9-2　单击“确定”按钮后的运行效果

9.2　项 目 分 析

1．项目完成思路

根据项目任务描述的项目功能需求，本项目需要先构造一个稍微复杂的用户注册界面，然后再实现交互功能，具体可以按照以下过程实现。

(1) 构造注册界面外观

在注册界面中，需要用到一些常用的GUI组件，比如文本框、文本区、标签、单选按钮、复选框和弹出式对话框等，为了实现例9-1的效果，还要用面板实现对复杂界面的控制。

(2) 实现交互功能

为了弹出对话框，还要给“确定”按钮添加事件处理的功能，在弹出的对话框中显示出注册信息，弹出式对话框还要获取页面输入的信息。

2. 需解决问题

(1) 如何构造注册界面外观？

具体需解决的问题包括：如何构造包括单选按钮、复选框、文本区等界面组件的复杂界面？当界面复杂时如何用面板来实现复杂界面的布局？

(2) 交互功能如何实现？

具体需解决的问题包括：如何弹出弹出式对话框，以及弹出式对话框如何获取页面的输入信息并显示出来？

解决以上问题涉及的技术将在9.3节详细阐述。

9.3 技术准备

第8章已经介绍了图形化程序设计的基本思路：先构造界面外观，再为界面外观添加事件处理以实现交互功能。在此基础上，本章介绍如何使用Java提供的一些常用GUI组件构造界面外观以及相应的事件处理。

9.3.1 文本区

文本框(JTextField)只能处理单行文本，如果要处理多行文本，那么就需要文本区(JTextArea)，它是一种能够处理多行文本的控制组件。

(1) 示例代码

【例9-1】使用文本区的程序。

```
// TestTextArea.java
import java.awt.*;
import java.awt.event.*;
import javax.swing.*;
import javax.swing.event.*;
public class TestTextArea extends JFrame
{
  //构造方法，完成初始化
  public TestTextArea()
  {
      //创建4个文本区
      JTextArea jta0 = new JTextArea("TextArea0",10,10);
      JTextArea jta1 = new JTextArea("TextArea1",10,10);
      JTextArea jta2 = new JTextArea("TextArea2",10,10);
      JTextArea jta3 = new JTextArea("TextArea3",10,10);
      //为文本区添加滚动条
```

```
        JScrollPane jsp1 = new JScrollPane(jta1);
        JScrollPane jsp2 = new JScrollPane(jta2,
                 JScrollPane.VERTICAL_SCROLLBAR_AS_NEEDED,
                 JScrollPane.HORIZONTAL_SCROLLBAR_ALWAYS);
        JScrollPane jsp3 = new JScrollPane(jta3,
                 JScrollPane.VERTICAL_SCROLLBAR_ALWAYS,
                 JScrollPane.HORIZONTAL_SCROLLBAR_AS_NEEDED);
        getContentPane().setLayout(new FlowLayout());
        getContentPane().add(jta0);
        getContentPane().add(jsp1);
        getContentPane().add(jsp2);
        getContentPane().add(jsp3);
    }
    public static void main(String[] args)
    {
        TestTextArea frame = new TestTextArea();
        frame.setTitle("TestTextArea");
        frame.pack();
        frame.setDefaultCloseOperation(3);
        frame.setVisible(true);
    }
}
```

本例在框架 TestTextArea 上添加了 4 个文本区，由于文本区本身没有滚动条，所以，当第一个文本区中输入的文本超出文本区的范围时，将没有滚动条产生。如果希望为文本区添加滚动条，则可以借助于滚动窗格(JScrollPane)。滚动窗格自身带有两个滚动条：水平和垂直滚动条，只要将文本区添加到 JScrollPane 中，则滚动窗格会自动为文本区添加滚动条，如例中所示，滚动条也可以在构造 JScrollPane 时指定如何添加。本例的运行效果如图 9-3 所示。

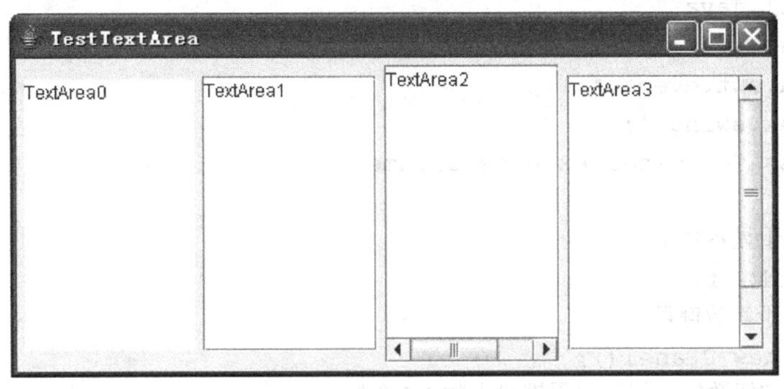

图 9-3　例 9-1 显示的界面

(2) 文本区的构造方法

● public JTextArea( )：创建一个空的文本区。
● public JTextArea(int rows, int columns)：创建一个指定行数和列数的文本区。
● public JTextArea(String s, int rows, int columns)：创建一个指定文本、行数和列数的文本区。

(3) 常用的方法

● public String getText( )：获取文本区中的文本。

- public void setText(String text)：将给定字符串写入文本区中。
- public void setEditable(boolean editable)：设置文本区的可编辑属性，true 为可编辑，false 为不可编辑，默认为 true。
- public void setColumns(int col)：设置文本区的列数。
- public void setRows(int rows)：设置文本区的行数。
- public int getRows( )：获取文本区的行数。
- public void insert(String s,int pos)：将字符串 s 插入到文本区的指定位置 pos。
- public void append(String s)：将字符串 s 添加到文本的末尾。
- public void replaceRange(String s,int start,int end)：用字符串 s 替换文本中从位置 start 到 end 的文字。

(4) 对文本区的事件处理

文本区能够产生多种事件。不过，由于文本区一般用于文本的输入和编辑，因此，通常情况下不对其进行事件处理。

9.3.2 面板

在实际应用中，一个图形界面可能包含很多个组件，如果将这些组件全部放在一个容器中，则往往达不到预期的效果。因为一个容器中的布局方式只能有一种，为了实现复杂的界面，可以借助于面板(JPanel)。面板是一种透明的容器组件，能够容纳其他组件，也能添加到其他容器中，其本身也可以相互嵌套。通过这样一种可嵌套的透明容器，就可以对构成界面的 GUI 组件进行分组，每一组使用一种布局方式，这样就能够构成复杂的用户界面了。下面通过一个实例来介绍面板的用法。

(1) 示例代码

【例 9-2】使用面板的程序。

```
// TestPanel.java
import java.awt.*;
import java.awt.event.*;
import javax.swing.*;
public class TestPanel extends JFrame
{
  //文本框用于显示数字
  JTextField  tf;
  //面板 p 用于盛放键盘
  JPanel p=new JPanel();
  //定义一个按钮数组，用于引用键盘上的 16 个按钮
  JButton  b[]=new JButton[16];
  //构造方法，完成界面初始化
  public TestPanel()
  {
      //设置框架标题
      setTitle("计算器");
      //设置框架的默认大小为 180 像素宽，180 像素高
      setSize(180,180);
      //创建文本框，用于显示数字，并将其添加到内容窗格的北区
```

```
        tf=new JTextField(20);
        getContentPane().add(tf,BorderLayout.NORTH);
        //构造键盘上 16 个按钮的标签文本
        String name[]={"1","2","3","+",//第 1 行
                   "4","5","6","-",//第 2 行
                   "7","8","9","*",//第 3 行
                   "0",".","=","/",//第 2 行
                   };
        //设置用于盛放键盘的面板的布局为 4 行 4 列的 GridLayout 布局
        p.setLayout(new GridLayout(4,4));
        //根据按钮标签创建 16 个按钮，并将其顺序添加到面板 p 上
        for(int i=0;i<name.length;i++)
        {
          b[i]=new JButton(name[i]);
          p.add(b[i]);
        }
        //将面板添加到内容窗格的中央区
        getContentPane().add(p,BorderLayout.CENTER);
        //显示框架
      setVisible(true);
    }
    public static void main (String[] args)
    {
        TestPanel frame = new TestPanel();
    }
}
```

程序运行后显示的界面如图 9-4 所示。

图 9-4 所示的是一个计算器图形界面，很明显，按钮之间是 GridLayout 方式的布局，而文本框与按钮之间就不是了。要实现这样的界面，可以先将文本框添加到内容窗格的北区，再将所有的按钮添加到一个面板(JPanel)上，构成一组，这个面板采用 GridLayout 布局，然后将这个面板添加到内容窗格的中央区，这样就实现了预期的计算器界面了。通过这个实例可以看到，面板(JPanel)的使用很简单，创建面板可以使用无参的构造方法 JPanel( )，比如：

```
JPanel p = new JPanel();
```

向其中添加组件的方法是 add 方法，比如：

```
p.add(new JButton("Ok"));
```

设置布局的方法是 setLayout，比如：

```
p.setLayout(new BorderLayout());
```

图 9-4　例 9-2 计算器界面

【注意】 JPanel 的默认布局是 FlowLayout，而之前所说的 JFrame 上的内容窗格的默认布局是 BorderLayout。

(2) 举一反三

使用面板构造如图 9-5 所示的图形界面。

图 9-5　教室布局

9.3.3　单选按钮

单选按钮(JRadioButton)是可以让用户从一组选项中只能选择一个选项的控制组件。

(1) 示例代码

【例 9-3】使用单选按钮的程序。

```
// TestRadioButton.java
import java.awt.*;
import java.awt.event.*;
import javax.swing.*;
public class TestRadioButton extends JFrame implements ItemListener
{
  //创建 3 个单选按钮
  private JRadioButton rb1 = new JRadioButton("居左对齐",false);
  private JRadioButton rb2 = new JRadioButton("居中对齐",false);
  private JRadioButton rb3 = new JRadioButton("居右对齐",false);
  //创建一个按钮组，用于实现单选按钮之间的互斥
  private ButtonGroup group = new ButtonGroup();
  private JTextField jtf = new JTextField("Hello");
  //构造方法
  public TestRadioButton()
  {
     setTitle("单选按钮");
     JPanel p1 = new JPanel();
     p1.setLayout(new FlowLayout(FlowLayout.CENTER,20,10));
     //将 3 个单选按钮添加到面板 p1 上
     p1.add(rb1);
     p1.add(rb2);
     p1.add(rb3);
     //将 3 个单选按钮添加到按钮组 group 中，实现 3 个按钮之间的互斥
     group.add(rb1);
     group.add(rb2);
     group.add(rb3);
     //将面板 p1 和文本框 jtf 分别添加到内容窗格的相应区域
     getContentPane().add(p1,BorderLayout.CENTER);
     getContentPane().add(jtf,BorderLayout.NORTH);
```

```
        //为 3 个单选按钮注册 ItemEvent 事件的监听器
        rb1.addItemListener(this);
        rb2.addItemListener(this);
        rb3.addItemListener(this);
    }
    //事件处理方法，在产生 ItemEvent 事件时调用
    public void itemStateChanged(ItemEvent e)
    {
        //判断事件源是否是单选按钮
        if(e.getSource() instanceof JRadioButton)
        {
          //判断哪个单选按钮处于选中状态，如果选中则设置文本框的相应对齐方式
          if(rb1.isSelected())
              jtf.setHorizontalAlignment(JTextField.LEFT);
          if(rb2.isSelected())
              jtf.setHorizontalAlignment(JTextField.CENTER);
          if(rb3.isSelected())
              jtf.setHorizontalAlignment(JTextField.RIGHT);
        }
    }
    public static void main(String[] args)
    {
        TestRadioButton frame = new TestRadioButton();
        frame.setSize(250,100);
        frame.setDefaultCloseOperation(3);
        frame.setVisible(true);
    }
}
```

程序运行后显示的界面如图 9-6 所示。

图 9-6　例 9-3 显示的界面

本例中显示了 3 个单选按钮，选择其中某一个，能够使得文本框中文本的对齐方式与选择的单选按钮对应改变。从本例可以看到，要实现单选功能，单纯依靠单选按钮还不够，还需要按钮组(ButtonGroup)，只有加到一组内的单选按钮才能实现单选。

(2) 单选按钮的构造方法

- JRadioButton( )：创建空的单选按钮，默认未选中。
- JRadioButton(String text)：创建指定文本标签的单选按钮，默认未选中。
- JRadioButton(String text, boolean selected)：创建指定文本标签和选择状态的单选按钮。
- JRadioButton(Icon icon)：创建指定图标的单选按钮，默认未选中。
- JRadioButton(Icon icon, boolean selected)：创建指定图标和选择状态的单选按钮，默认未选中。

● JRadioButton(String text, Icon icon)：创建指定文本标签和图标的单选按钮，默认未选中。
● JRadioButton(String text, Icon icon, boolean selected)：创建指定文本标签和图标的单选按钮，并指定选择状态。

(3) 常用的方法

单选按钮具备所有按钮的方法。另外，它还有一个方法经常使用：

● public boolean isSelected( )：获取单选按钮的选择状态。

(4) 对单选按钮的事件处理

单选按钮(JRadioButton)可以产生 ActionEvent 和 ItemEvent。ActionEvent 事件的处理与按钮基本一致。从本节的示例可以看到，当单选按钮的选择状态发生改变时，会触发 ItemEvent 事件，负责监听的接口是 ItemListener，在事件发生时会调用 itemStateChanged 方法进行处理。

9.3.4 复选框

与单选按钮(JRadioButton)不同，复选框(JCheckBox)是一种用户能够打开或者关闭选项的控制组件。

(1) 示例代码

【例 9-4】使用复选框的程序。

```
// TestCheckBox.java
import java.awt.*;
import java.awt.event.*;
import javax.swing.*;
public class TestCheckBox extends JFrame implements ItemListener
{//定义两个复选框
  private JCheckBox jchkBold,jchkItalic;
  private JTextField jtf = new JTextField("Hello");
  public static void main(String[] args)
  {
    TestCheckBox frame = new TestCheckBox();
    frame.setDefaultCloseOperation(JFrame.EXIT_ON_CLOSE);
    frame.setSize(200,100);
    frame.setVisible(true);
  }
 //构造方法
  public TestCheckBox()
  {
    setTitle("复选框");
    JPanel p = new JPanel();
    p.setLayout(new FlowLayout());
    //创建两个复选框，并添加到面板 p 上
    p.add(jchkBold = new JCheckBox("加粗"));
    p.add(jchkItalic = new JCheckBox("斜体"));
    //在内容窗格中添加文本框和包含两个复选框的面板
    getContentPane().add(jtf, BorderLayout.NORTH);
    getContentPane().add(p, BorderLayout.CENTER);
    //为复选框注册 ItemEvent 事件的监听器
    jchkBold.addItemListener(this);
```

```
    jchkItalic.addItemListener(this);
  }
//事件处理方法，在产生 ItemEvent 事件时调用
 public void itemStateChanged(ItemEvent e)
  {
    if (e.getSource() instanceof JCheckBox)
    {
      int selectedStyle = 0;
      //判断复选框是否处于选中状态
      if (jchkBold.isSelected())
        selectedStyle = selectedStyle+Font.BOLD;
      if (jchkItalic.isSelected())
        selectedStyle = selectedStyle+Font.ITALIC;
      //为文本框设置字体，“Serif”表示字体名字，selectedStyle 为字体风格
      //字体风格有 Font.BOLD(加粗)和 Font.ITALIC(斜体)，20 表示字体大小
      jtf.setFont(new Font("Serif", selectedStyle, 20));
    }
  }
}
```

程序运行后显示的界面如图 9-7 所示。

图 9-7　例 9-4 显示的界面

本例中显示了两个复选框，选择其中某一个，能够改变文本框中文本的字体风格。从本例中可以看到，复选框与单选按钮在使用上非常相似，唯一不同的是单选按钮在一组中只能选择一个，而复选框没有组的限制，可以多选。鉴于它们之间的相似性，这里就不详细介绍复选框了。

9.3.5　对话框

对话框(JDialog)是一种重要的容器组件，与框架(JFrame)非常相似，也有标题栏、边框和关闭按钮，也不需要添加到其他容器中。不同的是，对话框没有最大化和最小化按钮，也不是最外层容器，它必须从属于一个框架或另一个对话框，或者说必须通过一个已经存在的框架或对话框来创建并弹出。对话框有两种类型。

① 模态对话框：这种对话框一旦被弹出，就阻止用户操作它的拥有者，直到它被关闭。

② 非模态对话框：这种对话框弹出后，即使没有关闭，用户也可以操作它的拥有者。

下面通过一个实例来看这两种对话框的区别。

【例 9-5】使用模态对话框与非模态对话框的程序。

```
// TestDialog.java
import java.awt.*;
import java.awt.event.*;
import javax.swing.*;
```

```
public class TestDialog extends JFrame implements ActionListener
{
  JButton  jbt1=new JButton("显示模态对话框");
  JButton  jbt2=new JButton("显示非模态对话框");
  //创建两个对话框
  JDialog dlg1 = new JDialog(this);
  JDialog dlg2 = new JDialog(this);
  //构造方法
  public TestDialog()
  {
      setTitle("对话框");
      setSize(200,150);
      getContentPane().setLayout(new FlowLayout());
      getContentPane().add(jbt1);
      getContentPane().add(jbt2);
      //设置对话框 dlg1 为模态对话框
      dlg1.setModal(true);
      dlg1.setSize(180,100);
      dlg1.setTitle("模态对话框");
      //设置对话框 dlg2 为非模态对话框
      dlg2.setModal(false);
      dlg2.setSize(180,100);
      dlg2.setTitle("非模态对话框");
      //为两个按钮注册监听器
      jbt1.addActionListener(this);
      jbt2.addActionListener(this);

  }
  //事件处理方法
  public void actionPerformed(ActionEvent e)
  {
      if(e.getSource()==jbt1)
        dlg1.setVisible(true);
      else if(e.getSource()==jbt2)
        dlg2.setVisible(true);

  }
  public static void main (String[] args)
  {
      TestDialog frame = new TestDialog();
      frame.setVisible(true);
  }
}
```

程序的运行结果如图 9-8 所示。

在本例中构造了两个对话框：一个模态对话框和一个非模态对话框。可以看到，显示模态对话框后，如果不将其关闭就无法操作主窗口；而显示非模态对话框后，即使不将其关闭，一样可以再操作主窗口。通过本例可以看到，对话框(JDialog)的常用方法与框架(JFrame)基本相

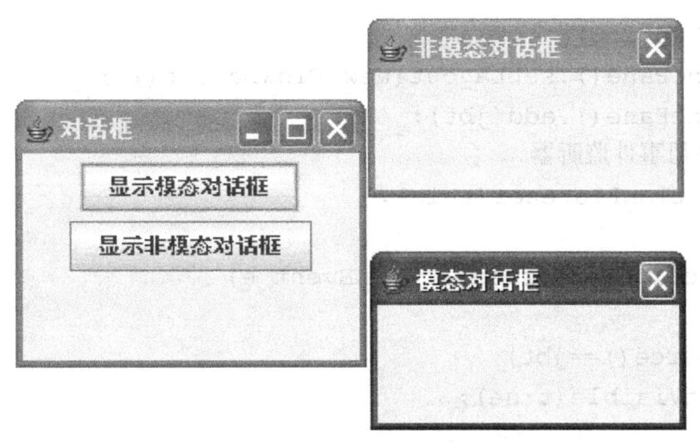

图 9-8　例 9-5 的运行结果

同，只是对话框多了一个设置模式的方法：

- public void setModal(boolean modal)：设置对话框的模式，参数为 true 表示模态对话框，false 表示非模态对话框。

另外，对话框的构造方法与框架有些不同，具体如下：

- JDialog( )：创建一个没有标题、没有拥有者的非模态对话框。
- JDialog (Dialog owner)：创建一个没有标题、以指定对话框为拥有者的非模态对话框。
- JDialog (Dialog owner, boolean modal)：创建一个没有标题、以指定对话框为拥有者、指定模式的对话框。
- JDialog (Dialog owner, String title, boolean modal)：创建一个以指定对话框为拥有者、指定标题、指定模式的对话框。
- JDialog (Frame owner)：创建一个没有标题、以指定框架为拥有者的非模态对话框。
- JDialog (Frame owner, boolean modal)：创建一个没有标题、以指定框架为拥有者、指定模式的对话框。
- JDialog (Frame owner, String title, boolean modal)：创建一个以指定框架为拥有者、指定标题、指定模式的对话框。

前面说过，对话框是一种与框架类似的容器，那么它如何作为容器使用呢？也就是说，如何在上面添加组件呢？下面再看一个例子。

【例 9-6】在对话框上添加组件的程序。

```
// TestMyDialog.java
import java.awt.*;
import java.awt.event.*;
import javax.swing.*;
//定义一个扩展框架，并实现监听器
public class TestMyDialog extends JFrame implements ActionListener
{
  //创建一个按钮属性
  JButton  jbt=new JButton("显示我的对话框");
  //定义一个标题为“MyDialog”的模态对话框
  MyDialog dlg = new MyDialog(this,"我的对话框",true);
  public TestMyDialog()
  {
      setTitle("对话框");
```

```
        setSize(200,150);
        getContentPane().setLayout(new FlowLayout());
        getContentPane().add(jbt);
        //为按钮注册事件监听器
        jbt.addActionListener(this);
    }
    public void actionPerformed(ActionEvent e)
    {
       if(e.getSource()==jbt)
          dlg.setVisible(true);
    }
    public static void main (String[] args)
    {
       TestMyDialog frame = new TestMyDialog();
       frame.setVisible(true);
    }
    }
    //定义一个扩展的对话框类，在对话框上添加两个按钮组件
    class MyDialog extends JDialog
    {
      JButton  jbt1=new JButton("确定");
      JButton  jbt2=new JButton("取消");
      public MyDialog(Frame parent,String title ,boolean modal)
      {
        super(parent,title,modal);
        setSize(180,100);
        getContentPane().setLayout(new FlowLayout());
        getContentPane().add(jbt1);
        getContentPane().add(jbt2);
      }
    }
```

程序的运行结果如图 9-9 所示。

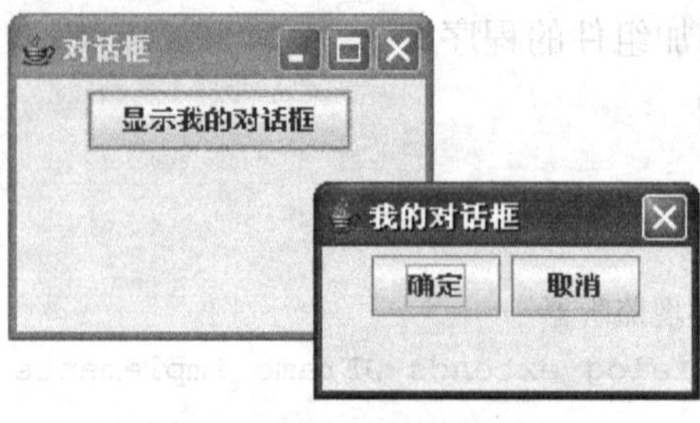

图 9-9　例 9-6 的运行结果

本例定义了一个 JDialog 的扩展类，在扩展类的构造方法中完成组件的添加，这与 JFrame 的用法完全一样。而且，JDialog 上也有内容窗格，组件也同样是添加到内容窗格上的。

从以上两个例子可以看到，对话框的使用与 JFrame 基本类似，不同的是对话框一般是作为子窗口存在的，而且对话框有模态和非模态两种模式。

9.3.6 弹出式对话框

为了便于使用，Java 通过 JOptionPane 类提供了一些固定模式的弹出式对话框，主要有 4 种类型：消息对话框(MessageDialog)、确认对话框(ConfirmDialog)、输入对话框(InputDialog)和选项对话框(OptionDialog)。这些对话框通常用作临时窗口，用来接收用户的附加信息或提示用户发生了某事件。这些对话框是模态的，即对话框消失前其他窗口均不可用。由于它们频繁使用，所以为了方便，它们不需要构造，直接通过 JOptionPane 提供的静态方法就可以显示出来。

下面以消息对话框为例来介绍弹出式对话框的用法，其余几种弹出式对话框的用法可以参照 JDK 帮助文档。

消息对话框是一种用来显示提示信息的对话框。共有 5 种，其中一种如图 9-10 所示。

图 9-10 消息对话框

下面通过一个实例来看如何显示消息对话框。

【例 9-7】使用消息对话框 MessageDialog 的程序。

```
// TestMessageDialog.java
import java.awt.*;
import java.awt.event.*;
import javax.swing.*;
public class TestMessageDialog extends JFrame implements ActionListener
{
  private JButton b1 = new JButton("ERROR");
  private JButton b2 = new JButton("INFORMATION");
  private JButton b3 = new JButton("PLAIN");
  private JButton b4 = new JButton("WARNING");
  private JButton b5 = new JButton("QUESTION");
  //构造方法
  public TestMessageDialog()
  {
      getContentPane().setLayout(new FlowLayout());
      getContentPane().add(b1);
      getContentPane().add(b2);
      getContentPane().add(b3);
      getContentPane().add(b4);
      getContentPane().add(b5);
      //为按钮注册监听器
      b1.addActionListener(this);
      b2.addActionListener(this);
      b3.addActionListener(this);
      b4.addActionListener(this);
      b5.addActionListener(this);
  }
```

```
    //事件处理方法
    public void actionPerformed(ActionEvent e)
    {
        //根据单击按钮的不同，显示不同类型的消息对话框
        if(e.getSource()==b1)
            JOptionPane.showMessageDialog(this,
                "这是一个 ERROR_MESSAGE 对话框！",
                "ERROR_MESSAGE",
                JOptionPane.ERROR_MESSAGE);
        if(e.getSource()==b2)
            JOptionPane.showMessageDialog(this,
                "这是一个 INFORMATION_MESSAGE 对话框！",
                "INFORMATION_MESSAGE",
                JOptionPane.INFORMATION_MESSAGE);
        if(e.getSource()==b3)
            JOptionPane.showMessageDialog(this,
                "这是一个 PLAIN_MESSAGE 对话框！",
                "PLAIN_MESSAGE",
                JOptionPane.PLAIN_MESSAGE);
        if(e.getSource()==b4)
            JOptionPane.showMessageDialog(this,
                "这是一个 WARNING_MESSAGE 对话框",
                "WARNING_MESSAGE",
                JOptionPane.WARNING_MESSAGE);
        if(e.getSource()==b5)
            JOptionPane.showMessageDialog(this,
                "这是一个 QUESTION_MESSAGE 对话框",
                "QUESTION_MESSAGE",
                JOptionPane.QUESTION_MESSAGE);
    }
    public static void main(String[] args)
    {
        TestMessageDialog frame = new TestMessageDialog();
        frame.setSize(700,300);
        frame.setDefaultCloseOperation(3);
        frame.setVisible(true);
    }
}
```

从例子中可以看到，通过使用 JOptionPane 类中的静态方法可以显示这些对话框：

```
showMessageDialog(Component owner,
            Object message, String title, int messageType)
```

其中，owner 是对话框的拥有者，一般情况下为框架。message 是要显示的消息，通常是一个字符串。title 是对话框的标题。messageType 决定了所显示消息的类型。这些类型包括：

- ERROR_MESSAGE
- INFORMATION_MESSAGE
- PLAIN_MESSAGE
- WARNING_MESSAGE

● QUESTION_MESSAGE

另外，使用下面的方法还可以指定它们的图标，其中参数 icon 用于指定图标。

```
showMessageDialog(Component owner,
            Object message, String title, int messageType, Icon icon)
```

9.4 项 目 学 做

(1) 引入项目所需要的包：

```
import java.awt.*;
import java.awt.event.*;
import javax.swing.*;
```

(2) 构造图形界面，首先继承 JFrame，声明界面组成部分的组件。关于界面的构造在 Login 的构造方法中完成（完整程序请扫描二维码“9.4 节源代码 1”）：

9.4 节源代码 1

```
public class Login extends JFrame implements ActionListener{
⋮
```

(3) 添加动作事件，在类 Login 后面实现动作事件对应的接口 implements ActionListener，在 Login 中实现动作事件对应的方法 actionPerformed(Action vent e)，具体的实现（完整程序请扫描二维码“9.4 节源代码 2”）如下：

9.4 节源代码 2

```
public void actionPerformed(ActionEvent e)
⋮
```

(4) 在 main 方法中创建 Login，使其可见，设置关闭方法等。

```
public static void main(String[] args) {
    Login frame = new Login();
    frame.setSize(150,400);
    frame.setVisible(true);
    frame.setDefaultCloseOperation(JFrame.EXIT_ON_CLOSE);
  }
}
```

9.5 强 化 训 练

编写图 9-11 所示的计算器界面：将 16 个按钮放置在面板中(面板的布局为 4×4 的 GridLayout 布局)，再将面板放置在框架的中间(框架布局为默认布局 BorderLayout)。

(考察知识点：框架面板的定制，在框架中添加面板，使用 BorderLayout 和 GridLayout 布局)

图 9-11 计算器界面

9.6 课 后 习 题

1. 请编写一个应用程序，实现如下功能：在其窗口中摆放3个单选按钮，标签分别为“选项1”、“选项2”、“选项3”，初始时，所有按钮均可见；以后，如果某个单选按钮被选中了，则通过消息对话框显示它被选中的信息(例如，若单击第二个单选按钮，则显示“你选择了”选项 2””），并使该单选按钮自身不可见，而使其他单选按钮变为可见。

(考察知识点：定义单选按钮和消息提示框，单击按钮触发事件处理过程，修改提示框的 visible 属性)

2. 使用文本区和滚动条技术相结合显示一段字符串，程序输出结果如图 9-12 所示。

(考察知识点：定义文本区，设置滚动条)

3. 编程实现如图 9-13 所示界面，同时，利用事件处理机制实现功能：当单击图中的下拉列表框时，将会在下面的文本框中显示当前选项。

(考察知识点：定制下拉列表框，单击下拉列表框触发事件发生)

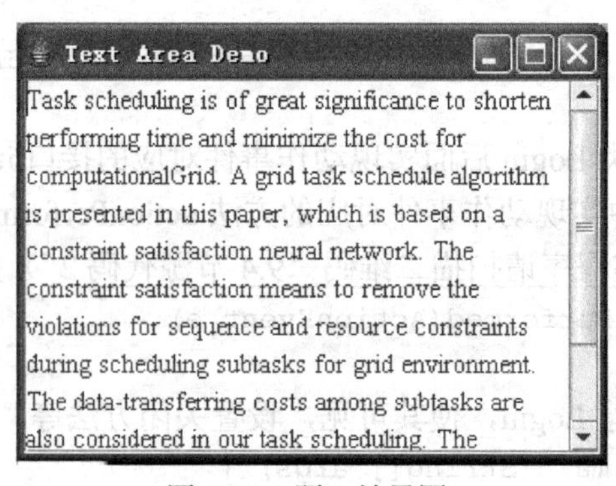

图 9-12　题 2 效果图

4. 如图 9-14 所示，图中的框架采用 BorderLayout 布局，中间放置一个面板，南区放置一个按钮，当单击按钮时，面板的背景色随机变换，请编程实现该程序。

(考察知识点：BorderLayout 布局管理器，按钮触发事件处理器，面板背景色的设置)

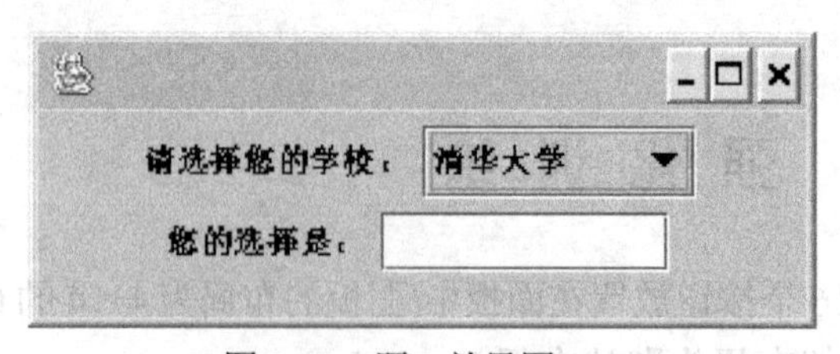

图 9-13　题 3 效果图

图 9-14　题 4 效果图

5. 编写一个图形界面应用程序，其中包含一个文本框 JtextField。在文本框中输入内容后弹出一个 JoptionPane 消息对话框，对话框的显示内容为文本框中的内容。

(考察知识点：定义文本框，使用消息文本框显示信息)

6. 编写一个图形界面应用程序，当用户每单击一次按钮时，一个标签对象的前景色随即发生一次变化。

(考察知识点：单击按钮触发事件发生，修改标签前景色)

7. 编写一个图形界面应用程序，其中包括3个横向的 Scrollbar 和1个 JLabel 对象。3个滚动条分别用来调整红、绿、蓝3种颜色的比例，当用户拖动滑块调整三色比例时，相应调整 JLabel 的前景色。

(考察知识点：定义 Scrollbar 和 JLabel 对象，设置标签前景色)

第10章 绘 图 板

【本章概述】本章以项目为导向，通过实现一个绘图板程序介绍了Java中在组件上绘图的方法，以及鼠标事件的处理方法；通过本章的学习，读者能够了解如何在图形环境中设置颜色和字体，如何绘制简单几何图形；掌握菜单的用法；掌握鼠标事件的处理方法。

【教学重点】菜单、鼠标事件。

【教学难点】鼠标事件。

【学习指导建议】学习者应首先通过学习【技术准备】，了解Java中在组件上绘图的方法，以及鼠标事件的处理方法。通过学习本章的【项目学做】完成本章的项目。通过【强化训练】巩固对本章知识的理解。最后通过【课后习题】进行学习效果测评，检验学习效果。

10.1 项 目 任 务

用图形化方法，创建一个小小画板，具体实现效果如图10-1和图10-2所示。

图10-1 选择画笔颜色图

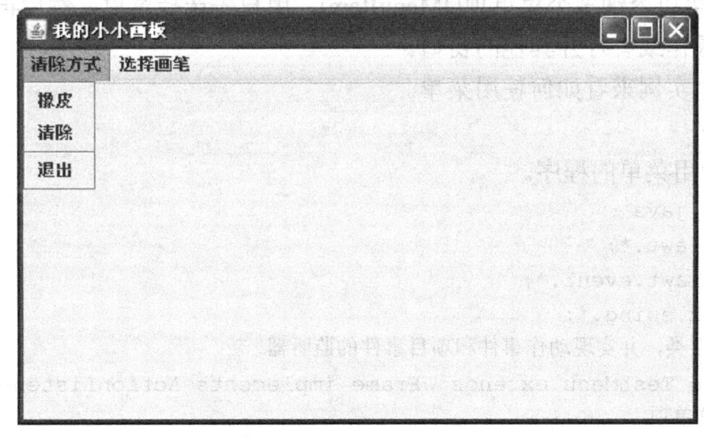

图10-2 选择清除方式图

10.2 项目分析

1．项目完成思路

根据项目任务描述的项目功能需求，本项目需要先构造绘画板的界面，然后再实现交互功能，具体可以按照以下过程实现。

(1) 构造绘画板界面外观

先用菜单栏实现功能的选择，比如可以选择“清除方式”和“选择画笔”，用程序实现一个画板，在“选择画笔”之后可以画图，在选择“清除方式”后可以按照相应的方式清除图形。

(2) 实现绘画和擦除的交互功能

为“画板”注册鼠标事件监听器；为“清除方式”注册动作事件监听器；为“选择画笔”注册项目事件监听器，就可以实现绘画和擦除的交互功能。

2．需解决问题

(1) 如何构造绘画板界面外观？

具体需解决的问题包括：如何用菜单栏实现功能的选择？如何定义自己的面板类来实现画板？

(2) 如何实现绘画和擦除的功能？

具体需解决的问题包括：如何注册鼠标事件监听器？如何注册项目事件监听器？如何实现绘画的功能？如何实现擦除的功能？

以上项目分析中涉及的技术会在 10.3 节详细阐述。

10.3 技术准备

10.3.1 菜单

菜单是实现多窗口程序中窗口切换的主要 GUI 组件，由于它的集中选择方式，使得它在多窗口程序中普遍存在。下面主要介绍 Java 中如何实现菜单。

要创建菜单，需要先创建一个菜单栏(JMenuBar)，再创建多个菜单(JMenu)和多个菜单项(JMenuItem)。其中，菜单栏(JMenuBar)是最上层的菜单组件，用来容纳多个菜单(JMenu)，每个菜单(JMenu)中可以容纳多个菜单项(JMenuItem)，用户先选择菜单，然后再选择菜单中的菜单项来执行某种操作或者打开其他的窗口。

下面通过一个实例来看如何使用菜单。

(1) 示例代码

【例 10-1】使用菜单的程序。

```
// TestMenu.java
import java.awt.*;
import java.awt.event.*;
import javax.swing.*;
//定义一个框架类，并实现动作事件和项目事件的监听器
public class TestMenu extends JFrame implements ActionListener,ItemListener
{//定义 3 个菜单项
   private JMenuItem jmiNew,jmiOpen,jmiExit;
```

```
    //定义3个单选按钮菜单项
    private JRadioButtonMenuItem jrbmiBlue,jrbmiYellow,jrbmiRed;
    //构造方法
    public TestMenu()
    {
        //创建一个菜单栏
        JMenuBar jmb=new JMenuBar();
        //将菜单栏添加到框架上
        setJMenuBar(jmb);
        //创建两个菜单
        JMenu fileMenu=new JMenu("文件", false);
        JMenu OptionMenu=new JMenu("选项", true);
        //将两个菜单添加到菜单栏上
        jmb.add(fileMenu);
        jmb.add(OptionMenu);
        //在“文件”菜单中添加菜单项
        fileMenu.add(jmiNew=new JMenuItem("新建"));
        fileMenu.add(jmiOpen=new JMenuItem("打开"));
        fileMenu.addSeparator();//在菜单中添加一条分隔线
        fileMenu.add(jmiExit=new JMenuItem("退出"));
        //在“选项”菜单中添加菜单项
        OptionMenu.add(new JCheckBoxMenuItem("自动换行"));
        //创建子菜单，并添加到选项菜单中
        JMenu colorSubMenu=new JMenu("颜色");
        OptionMenu.add(colorSubMenu);
        colorSubMenu.add(jrbmiBlue=new JRadioButtonMenuItem("蓝色"));
        colorSubMenu.add(jrbmiYellow=new JRadioButtonMenuItem("黄色"));
        colorSubMenu.add(jrbmiRed=new JRadioButtonMenuItem("红色"));
        //为单选按钮菜单项分组
        ButtonGroup btg=new ButtonGroup();
        btg.add(jrbmiBlue);
        btg.add(jrbmiYellow);
        btg.add(jrbmiRed);
        //为菜单项注册动作事件的监听器
        jmiNew.addActionListener(this);
        jmiOpen.addActionListener(this);
        jmiExit.addActionListener(this);
        //为单选按钮菜单项注册项目事件的监听器
        jrbmiBlue.addItemListener(this);
        jrbmiYellow.addItemListener(this);
        jrbmiRed.addItemListener(this);
    }
    //动作事件的事件处理方法
    public void actionPerformed(ActionEvent e)
    {
        if(e.getSource()==jmiNew)
          JOptionPane.showMessageDialog(this,"新建文件");
        else if(e.getSource()==jmiOpen)
```

```
            JOptionPane.showMessageDialog(this,"打开文件");
        else if(e.getSource()==jmiExit)
            System.exit(0);
    }
    //项目事件的事件处理方法
    public void itemStateChanged(ItemEvent e)
    {
        if(e.getSource() instanceof JRadioButtonMenuItem)
        {
            if(jrbmiBlue.isSelected())
                getContentPane().setBackground(Color.BLUE);
            if(jrbmiYellow.isSelected())
                getContentPane().setBackground(Color.YELLOW);
            if(jrbmiRed.isSelected())
                getContentPane().setBackground(Color.RED);
        }
    }
    //main 方法
    public static void main(String[] args)
    {
        TestMenu frame = new TestMenu();
        frame.setSize(500,300);
        frame.setDefaultCloseOperation(3);
        frame.setVisible(true);
    }
}
```

本例运行后的效果如图 10-3 所示。

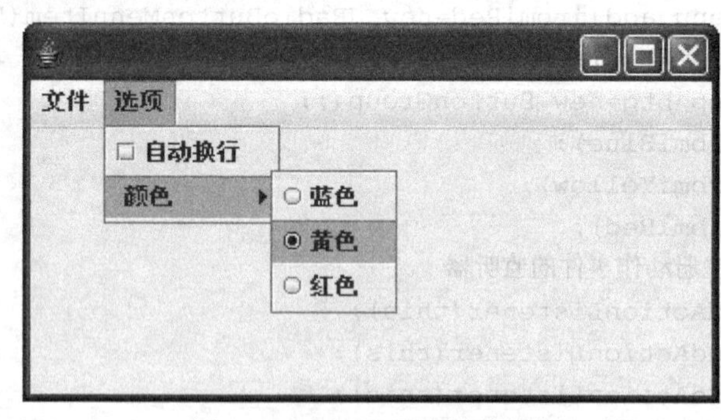

图 10-3　例 10-1 的运行效果

通过本例可以看出，在 Java 中实现菜单的步骤如下：

① 创建一个菜单栏(JMenuBar)，并建立它与框架的关联；

② 创建菜单(JMenu)；

③ 创建菜单项(JMenuItem、JCheckBoxMenuItem 或 JRadioButtonMenuItem)并将它们添加到菜单中。

下面详细说明这些类如何使用。

● JMenuBar 类(菜单栏类)

一个 JMenuBar 中存放菜单，JMenuBar 可以被添加到框架中。下列代码创建一个框架和一个菜单栏，并在框架中设置菜单栏：

```
JFrame f=new JFrame();
f.setSize(300,200);
f.setVisible(true);
JMenuBar jmb=new JMenuBar();
f.setJMenuBar(jmb);
```

● Menu 类(菜单类)

创建菜单并将菜单添加到菜单栏中。下述代码创建了两个菜单：File 和 Option，并将其添加到菜单栏 jmb 中：

```
JMenu fileMenu=new JMenu("文件",false);
JMenu OptionMenu=new JMenu("选项",true);
jmb.add(fileMenu);
jmb.add(OptionMenu);
```

● JMenuItem 类(菜单项类)

在菜单中添加菜单项。下述代码将菜单项“新建”、“打开”、分隔线和“退出”添加到 File 菜单中：

```
fileMenu.add(jmiNew=new JMenuItem("新建"));
fileMenu.add(jmiOpen=new JMenuItem("打开"));
fileMenu.addSeparator();//在菜单中添加一条分隔线
fileMenu.add(jmiExit=new JMenuItem("退出"));
```

● JCheckBoxMenuItem(复选框菜单项)

可以将 JCheckBoxMenuItem 添加到 JMenu 中。JCheckBoxMenuItem 是 JMenuItem 的子类。下述代码在菜单中加入了复选框菜单项“自动换行”：

```
OptionMenu.add(new JCheckBoxMenuItem("自动换行"));
```

● JRadioButtonMenuItem(单选按钮菜单项)

使用 JRadioButtonMenuItem 可以在菜单中加入单选按钮，常用于菜单中一组相互排斥的选项。下述代码添加了子菜单 colorSubMenu 和一组用来选择颜色的单选按钮：

```
JMenu colorSubMenu=new JMenu("颜色");
OptionMenu.add(colorSubMenu);
colorSubMenu.add(jrbmiBlue=new JRadioButtonMenuItem("蓝色"));
colorSubMenu.add(jrbmiYellow=new JRadioButtonMenuItem("黄色"));
colorSubMenu.add(jrbmiRed=new JRadioButtonMenuItem("红色"));
ButtonGroup btg=new ButtonGroup();
btg.add(jrbmiBlue);
btg.add(jrbmiYellow);
btg.add(jrbmiRed);
```

(2) 菜单项的事件

菜单项产生 ActionEvent 事件，复选框和单选按钮菜单项产生 ItemEvent 事件。程序必须实现处理器 actionPerformed 或 itemStateChanged 以响应选择菜单事件，详情请参见第 9 章按钮和单选按钮相关内容。

10.3.2 绘制图形

利用前面介绍的 GUI 组件就可以“堆砌”出图形用户界面了，但有时需要在图形界面上绘制一些自定义的图形，比如：要实现一个绘图工具，就需要在利用 GUI 组件构造的界面上显示一些自定义的图形了。不过，一般情况下不会在较小的 GUI 组件上绘制图形的，比如：按钮、文本框等一些控制组件就没有绘制图形的必要，而像面板这样的较大容器组件就比较适合绘制图形了。本节以面板为例介绍如何在面板上绘制自己的图形。

Java 中绘制图形要使用图形设备类 Graphics 类，它定义在 java.awt 包中，其中包含很多绘制图形的方法。Graphics 类的实例是由 Java 运行系统自动创建的，称这个实例为图形设备或画笔。利用这个实例就可以绘制图形了。

那么，如何得到图形设备？又如何将绘制的图形显示到组件上呢？Swing 组件中除了框架和对话框外，其他所有的组件都是从 JComponent 类扩展而来的。在 JComponent 类中有一个方法 paintComponent(Graphics g)，Java 运行系统在需要绘制组件时会自动调用这个方法。也就是说，如果希望在 JPanel 上绘制图形，则可以扩展 JPanel，然后覆盖 JPanel 的 paintComponent (Graphics g)，在这个方法中就可以直接使用图形设备 g，通过 g 就可以在扩展的 JPanel 上绘图了。下面通过一些实例介绍具体如何绘制文本、几何图形等。

1．显示文本

在图形界面上显示文本与字符界面有很大的不同，下面来看一个实例。

【例 10-2】在面板上显示文本的程序。

```
// TestDrawString.java
import java.awt.*;
import javax.swing.*;
//主框架类
public class TestDrawString extends JFrame
{
  public TestDrawString()
  {
      setTitle("TestDrawString");
      this.getContentPane().add(new MyPanel());
  }
  public static void main(String[] args)
  {
      TestDrawString frame = new TestDrawString();
      frame.setSize(200,100);
      frame.setVisible(true);
  }
}
//定义一个可以显示图形的面板类
class MyPanel extends JPanel
{
  public void paintComponent(Graphics g)
  {
      //调用父类的 paintComponent 方法进行初始绘制
      super.paintComponent(g);
      //绘制文本
      g.drawString("Hello World!!!",20,30);
  }
}
```

程序运行后显示界面如图 10-4 所示。

图 10-4　例 10-2 显示的图形界面

从本例中可以看到，要在面板上绘图需要做两件事情：一是要扩展 JPanel，定义自己的面板类；二是要覆盖 paintComponent(Graphics g)方法，通过这个方法的参数 g 来进行绘图。

【注意】在绘图之前要调用语句：

```
super.paintComponent(g);
```

这条语句的作用是先通过父类 JPanel 的 paintComponent 将面板清空，然后在此基础上进行绘图，如果不这样做的话，可能会造成不正确的显示效果。

另外，从本例中还可以看到，显示文本的语句：

```
g.drawString("Hello World!!!",20,30);
```

这条语句的作用是将第一个参数的字符串，显示到后两个参数指定的坐标位置上。由于图形化窗口是一个矩形的区域，因此，所有的绘图方法都要指明绘图的位置，这个位置通过以像素为单位的(*x*，*y*)坐标确定，Java 的坐标系统如图 10-5 所示。

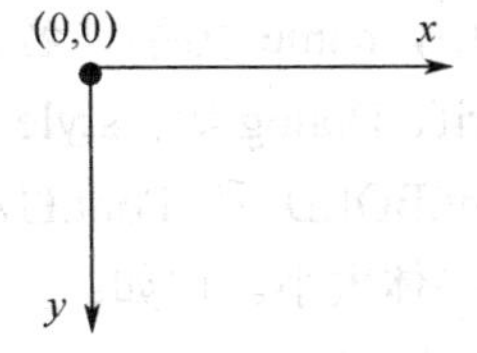

图 10-5　Java 的坐标系统

2．设置字体

前面介绍了如何在面板上显示文本，下面来介绍如何改变文本的字体。

【例 10-3】设置文本字体的程序。

```
// TestFont.java
import java.awt.*;
import javax.swing.*;
public class TestFont extends JFrame
{
  public TestFont()
  {
      setTitle("TestFont");
      this.getContentPane().add(new MyPanel());
  }
  public static void main(String[] args)
  {
      TestFont frame = new TestFont();
      frame.setSize(200,150);
      frame.setVisible(true);
  }
}
//定义可以绘制图形的面板
class MyPanel extends JPanel
{
  public void paintComponent(Graphics g)
  {
      super.paintComponent(g);
```

```java
        g.setFont(new Font("Serif",Font.PLAIN,16));
        g.drawString("Hello World!!!",20,30);

        g.setFont(new Font("Serif",Font.BOLD+Font.ITALIC,18));
        g.drawString("Hello World!!!",20,60);

        g.setFont(new Font("Dialog",Font.BOLD,20));
        g.drawString("Hello World!!!",20,100);
    }
}
```

程序运行后显示界面如图 10-6 所示。

图 10-6　例 10-3 显示的图形界面

从本例中可以看到，通过 g 的 setFont 方法可以为图形设备设置字体。Font 类的对象就代表一种字体。Font 类的构造方法是：

```java
public Font(String name, int style, int size)
```

其中，name 为字体名，可以选择 TimesRoman、Courier、Serif、Dialog 等；style 为字体风格，可以选择 Font.PLAIN、Font.BOLD 和 Font.ITALIC，这些风格可以组合使用；size 为字体大小。比如：

```java
Font myFont=new Font("Serif",Font.PLAIN,16);
Font myFont=new Font("Serif",Font.BOLD+Font.ITALIC,18);
```

3．设置颜色

Java 中颜色由 java.awt.Color 类的实例表示，具体的用法请看下面的实例。

【例 10-4】设置颜色的程序。

```java
import java.awt.*;
import javax.swing.*;
public class TestColor extends JFrame
{
  public TestColor()
  {
      setTitle("TestColor");
      this.getContentPane().add(new MyPanel());
  }
  public static void main(String[] args)
  {
      TestColor frame = new TestColor();
      frame.setSize(200,150);
      frame.setVisible(true);
  }
}
//定义可以绘制图形的面板
class MyPanel extends JPanel
{
  public void paintComponent(Graphics g)
  {
      super.paintComponent(g);
```

```
        g.setColor(new Color(50,100,150));
        g.setFont(new Font("Serif",Font.PLAIN,16));
        g.drawString("Hello World!!!",20,30);
        g.setColor(new Color(100,150,50));
        g.setFont(new Font("Serif",Font.BOLD+Font.ITALIC,18));
        g.drawString("Hello World!!!",20,60);
        g.setColor(Color.BLUE);
        g.setFont(new Font("Dialog",Font.BOLD,20));
        g.drawString("Hello World!!!",20,100);
    }
}
```

程序运行后显示界面如图 10-7 所示。

图 10-7　例 10-4 显示的图形界面

从本例中可以看到，通过 g 的 setColor 方法可以为图形设备设置颜色。Color 类的对象就代表一种颜色。Color 类的构造方法是：

```
public Color(int r,int g, int b)
```

3 个参数分别代表红、绿、蓝三原色，它们的取值介于 0～255 之间，0 表示最暗，255 表示最亮，也就是说全零表示黑色，反之为白色。

4．绘制几何图形

通过图形设备 g 还可以绘制直线、矩形、圆和多边形等几何图形，具体的用法请看下面的实例。

【例 10-5】绘制几何图形的程序。

```
// TestDrawFigures.java
import java.awt.*;
import javax.swing.*;
public class TestDrawFigures extends JFrame
{
    public TestDrawFigures()
    {
        setTitle("TestDrawFigures");
        this.getContentPane().add(new MyPanel());
    }
    public static void main(String[] args)
    {
        TestDrawFigures frame = new TestDrawFigures();
        frame.setSize(270,200);
        frame.setVisible(true);
    }
}
//定义可以绘制图形的面板
class MyPanel extends JPanel
{
    public void paintComponent(Graphics g)
    {
        super.paintComponent(g);
```

```
        g.drawLine(10,10,130,30);
        g.drawRect(20,35,30,40);
        g.fillRect(70,35,30,40);
        g.drawRoundRect(120,35,40,40,10,10);
        g.drawOval(20,90,30,40);
        g.fillOval(70,90,30,40);
        g.drawOval(120,90,40,40);
        int[] x = {180,250,210,190,175};
        int[] y1 = {25,50,80,40,70};
        int[] y2 = {75,100,130,90,120};
        g.drawPolygon(x,y1,x.length);
        g.fillPolygon(x,y2,x.length);
    }
}
```

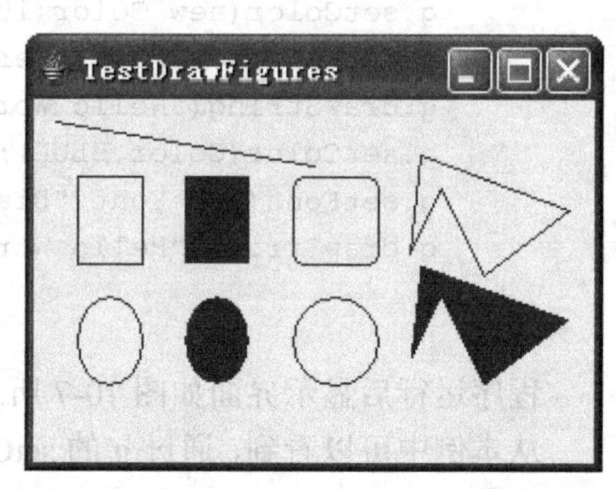

图 10-8　例 10-5 显示的图形界面

程序运行后显示界面如图 10-8 所示。

从本例中可以看到，通过 g 可以绘制各种几何图形。几何图形可以是绘制边框，也可以绘制填充，这些方法都是以像素为单位指定坐标位置和大小的。更多方法的细节请参见 JDK 帮助文档。

10.3.3　鼠标事件

在所有 GUI 组件上进行鼠标操作都会产生鼠标事件(MouseEvent)，MouseEvent 对应的监听接口有两个：MouseListener 和 MouseMotionListener。其中，MouseListener 负责监听和处理由鼠标按下(press)、释放(release)、单击(click)、进入(enter)和离开(exit)5 种动作所触发的鼠标事件；MouseMotionListener 负责监听和处理由鼠标移动(move)和拖动(drag)两种动作所触发的鼠标事件。

首先，通过一个实例来介绍 MouseListener。

【例 10-6】使用鼠标事件的程序。

```
// TestMouseEvent1.java
import java.awt.*;
import java.awt.event.*;
import javax.swing.*;
//主框架类，同时实现了 MouseListener
public class TestMouseEvent1 extends JFrame implements MouseListener
{
  JPanel mp=new JPanel();
  JTextField jtf = new JTextField();
  public TestMouseEvent1()
  {
      setTitle("鼠标事件");
      getContentPane().add(jtf,BorderLayout.NORTH);
      getContentPane().add(mp,BorderLayout.CENTER);
      //为面板注册鼠标事件监听器
      mp.addMouseListener(this);
  }
  public static void main(String[] args)
```

```
{
    TestMouseEvent1 frame = new TestMouseEvent1();
    frame.setSize(200,200);
    frame.setVisible(true);
}
//鼠标事件处理方法，在鼠标按下时调用
public void mousePressed(MouseEvent e)
{
    int x = e.getX();
    int y = e.getY();
    String s = "鼠标在坐标"+"("+x+","+y+")"+"处按下";
    jtf.setText(s);
}
//鼠标事件处理方法，在鼠标释放时调用
public void mouseReleased(MouseEvent e)
{
    int x = e.getX();
    int y = e.getY();
    String s = "鼠标在坐标"+"("+x+","+y+")"+"处释放";
    jtf.setText(s);

}
//鼠标事件处理方法，在鼠标单击时调用
public void mouseClicked(MouseEvent e)
{
    int x = e.getX();
    int y = e.getY();
    String s = "鼠标在坐标"+"("+x+","+y+")"+"处单击";
    jtf.setText(s);

}
//鼠标事件处理方法，在鼠标进入组件区域时调用
public void mouseEntered(MouseEvent e)
{
    int x = e.getX();
    int y = e.getY();
    String s = "鼠标在坐标"+"("+x+","+y+")"+"处进入";
    jtf.setText(s);

}
//鼠标事件处理方法，在鼠标离开组件区域时调用
public void mouseExited(MouseEvent e)
{
    int x = e.getX();
    int y = e.getY();
    String s = "鼠标在坐标"+"("+x+","+y+")"+"处离开";
    jtf.setText(s);
```

```
    }
}
```

程序运行后显示界面如图 10-9 所示。

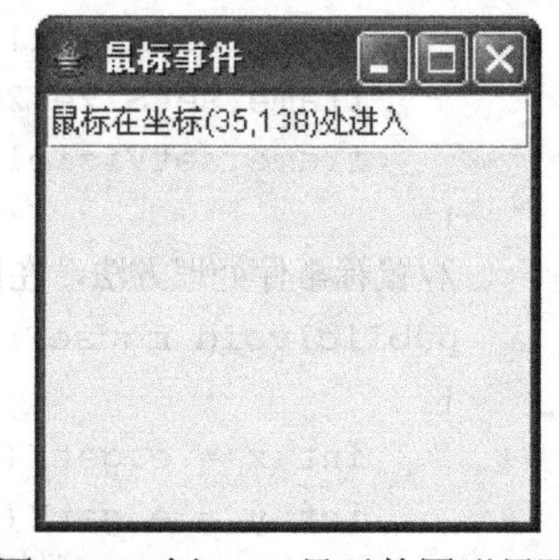

图 10-9 例 10-6 显示的图形界面

本例中在框架上添加了一个空白的面板和一个文本框，程序监听并处理面板的鼠标事件，当鼠标在面板上操作时在文本框中显示鼠标事件信息，通过这个实例可以看到，在 MouseListener 中有 5 个事件处理方法，它们分别是：

● public void mousePressed(MouseEvent e)：负责处理鼠标按下动作。

● public void mouseReleased(MouseEvent e)：负责处理鼠标释放动作。

● public void mouseClicked(MouseEvent e)：负责处理鼠标单击动作。

● public void mouseEntered(MouseEvent e)：负责处理鼠标进入组件区域动作。

● public void mouseExited(MouseEvent e)：负责处理鼠标移出组件区域动作。

另外，在这些事件处理方法中，可以通过接收到的 MouseEvent 事件对象的一些方法得到关于鼠标事件的信息。

● public int getX( )：获取发生鼠标事件的 x 坐标。

● public int getY( )：获取发生鼠标事件的 y 坐标。

在 MouseMotionListener 接口中有两个事件处理方法，它们分别是：

● public void mouseMoved(MouseEvent e)：负责处理鼠标移动动作。

● public void mouseDragged(MouseEvent e)：负责处理鼠标拖动动作。

另外，鼠标事件中还有一些常用的方法：

● public Point getPoint( )：获取发生鼠标事件的坐标点，返回 Point 对象。

● public int getClickCount( )：获取鼠标连击的次数。

● public boolean isMetaDown( )：判断是否由鼠标右键触发的鼠标事件。

10.4 项 目 学 做

(1) 引入项目所需要的包：

```
package test;
import java.awt.*;
import java.awt.event.*;
import javax.swing.*;
```

(2) 构造图形界面，首先继承 JFrame，声明界面组成部分的组件。关于界面的构造在 MyPanel 的构造方法中完成（完整程序请扫描二维码“10.4 节源代码 1”）：

10.4 节源代码 1

```
//定义一个框架类，并实现动作事件和项目事件的监听器
public class MyPanel extends JFrame implements 
ActionListener,ItemListener
{
⋮
```

(3) 添加动作事件，在类 MyPanel 后面实现动作事件对应的接口 implements

ActionListener，在 MyPanel 中实现动作事件对应的方法 actionPerformed(ActionEvent e)，具体的实现（完整程序请扫描二维码“10.4 节源代码 2”）如下：

```
//  动作事件的事件处理方法
public void actionPerformed(ActionEvent e)
⋮
```

10.4 节源代码 2

(4) 添加动作事件，在类 MyPanel 后面实现项目事件对应的接口 implements ItemListener，在 MyPanel 中实现动作事件对应的方法 itemStateChanged(ItemEvent e)，具体的实现（完整程序请扫描二维码“10.4 节源代码 3”）如下：

10.4 节源代码 3

```
//项目事件的事件处理方法
public void itemStateChanged(ItemEvent e)
⋮
```

(5) 为添加鼠标事件，以内部类的形式实现鼠标事件对应的接口 MouseMotionListener，并实现事件对应的方法，具体的实现（完整程序请扫描二维码“10.4 节源代码 4”）如下：

10.4 节源代码 4

```
class MyPanel2 extends JPanel implements MouseMotionListener
{
⋮
```

(6) 在 main 方法中创建 MyPanel，使其可见，设置关闭方法等。

```
//main 方法
public static void main(String[] args)
{
    MyPanel frame = new MyPanel();
    frame.setSize(500,300);
    frame.setDefaultCloseOperation(3);
    frame.setVisible(true);
}
```

10.5 强化训练

编写应用程序，其中包含两个按钮：按钮上的标签分别为“确定”和“取消”。当单击“确定”按钮时，在坐标(20，80)处，用绿色显示单击“确定”按钮的次数；当单击“取消”按钮时，在坐标(20，100)处，用红色显示单击“取消”按钮的次数(要求“确定”和“取消”的次数同时显示)。界面效果如图 10-10 所示。

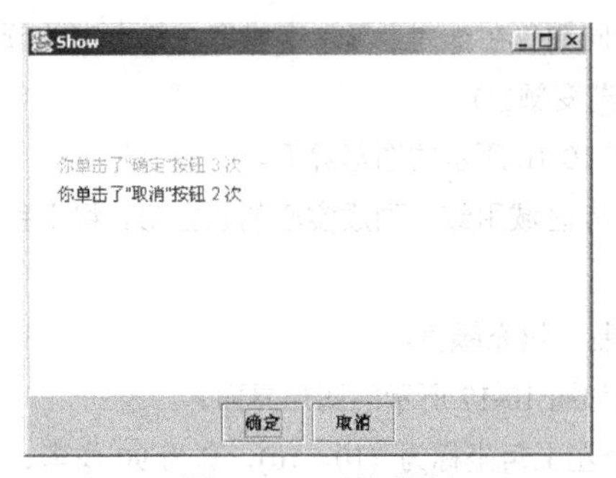

图 10-10　效果图

10.6 课后习题

1．编写一个应用程序，实现如图 10-11 所示的图形界面。

(考察知识点：在指定坐标位置上设置字符串的颜色)

提示：在图形界面坐标(20，30)处以绿色显示“我喜欢绿色。”，在坐标(20，60)处以蓝色显示“我也喜欢蓝色。”。

2．编写一个应用程序，分别以红、绿、黄、粉、白、蓝等 6 种颜色，在同一行上显示 6 个数字 1、2、3、4、5、6。图形界面如图 10-12 所示。

(考察知识点：对字符进行不同颜色的设置)

图 10-11　题 1 效果图

图 10-12　题 2 效果图

3. 编写一个应用程序，实现以不同的灰度值在一行上显示数字 0～9 的图形界面，如图 10-13 所示。

(考察知识点：对字符进行不同灰度的设置)

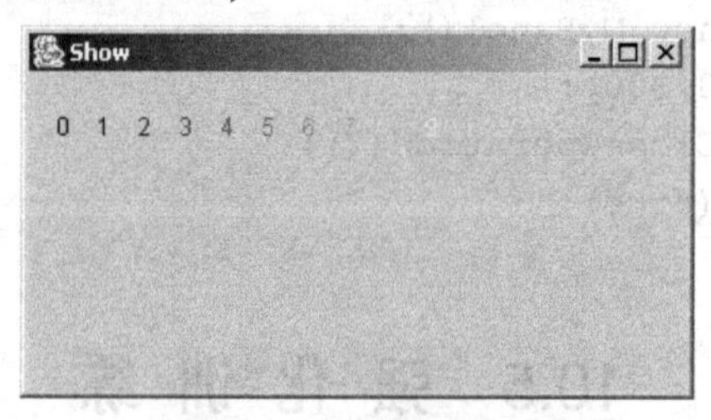

图 10-13　题 3 效果图

4．编写一个应用程序，实现如图 10-14 所示的图形界面。

提示：将字符串“I like java!”在图形界面上重复显示 5 次，每次显示在一行上。要求显示字体为“Courier”字体，字体风格为斜体，第一行字符串的字体大小是 15，后面的每一行的字体大小依次增加 5，每行的间隔为 30 像素。

(考察知识点：设置字符串的显示次数、字体、字号、字符间距)

5．编写一个应用程序，以不同颜色在一列上显示字符串“每个字的颜色都不同！”，如图 10-15 所示。

(考察知识点：设置字符串的渐变颜色)

6．编写 Java 程序，实现如图 10-16 所示的图形界面。

提示：将程序窗口的右上的 1/4 区域用红色画成实心的长方形，将小程序窗口的左下的 1/4 区域用蓝色画成实心的长方形。

(考察知识点：实心长方形绘制，填充颜色)

7．编写一个应用程序，实现如图 10-17 所示的图形界面。

提示：在窗口中用绿色画一个左上角坐标为 (10，10)、高为 90 像素、宽为 110 像素的矩形框，然后画内切于该矩形的红色椭圆。

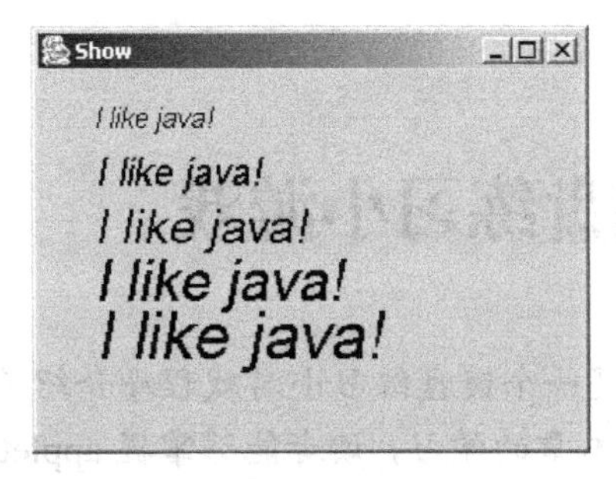

图 10-14　题 4 效果图

图 10-15　题 5 效果图

图 10-16　题 6 效果图

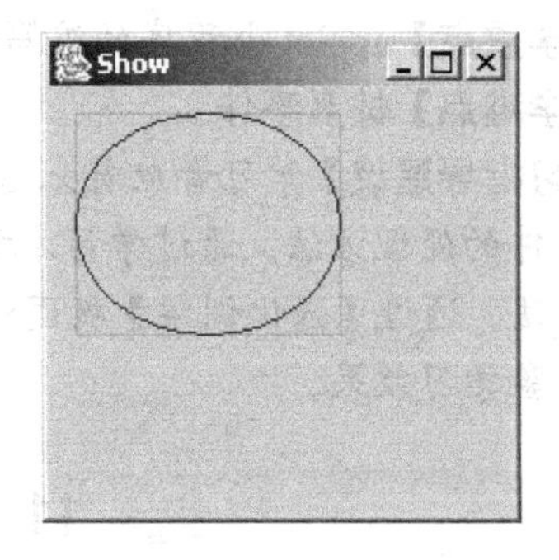

图 10-17　题 7 效果图

8．编写一个应用程序，其功能为：在窗口中先画一条从坐标(100，100)到坐标(200，100)的绿线，然后以该线起点为圆心，画半径为 50、边框为红色的圆。界面效果如图 10-18 所示。

(考察知识点：绘制坐标轴，按照规定的圆心和半径绘制圆)

9．编写一个实现如下功能的应用程序：在窗口中从 60° 开始逆时针画一个 30° 的绿色扇形，并令其内切于左上角坐标为 (100，60)、长为 110 像素、宽为 90 像素的矩形区域。

(考察知识点：按照要求绘制扇形和矩形)

10．编写一个图形界面应用程序，其中包含一个按钮。当鼠标移到按钮上时，隐藏按钮；当鼠标离开按钮时，显示按钮。

(考察知识点：设置监听器，进行事件处理)

11．编写一个程序，包含 4 个 button，各代表正方形、矩形、圆和椭圆，如图 10-19 所示。

(考察知识点：按钮触发事件过程，绘制正方形、矩形、圆和椭圆)

图 10-18　题 8 效果图

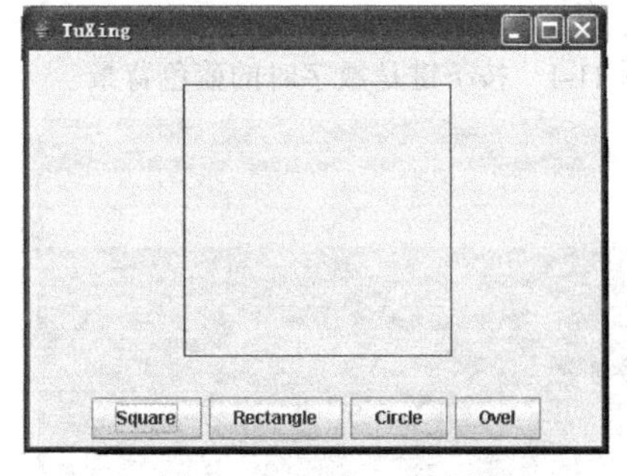

图 10-19　题 11 效果图

12．编写有菜单的应用程序，用来打开并显示本机目录下的 jpg 和 gif 图像文件。

13．编写有窗口界面应用程序，窗口使用默认的布局方式，窗口中有自定义的画布(中间)和控制画布的面板(南面)，单击面板中的按钮“画图”和“图片”，分别在画布中实现对应的功能。

第 11 章　键盘练习小游戏

【本章概述】本章以项目为导向，通过实现一个键盘练习小游戏程序介绍了 applet 小程序的工作原理，以及键盘事件的处理方法；通过本章的学习，读者能够掌握 applet 小程序的编写过程，熟悉<applet>标记的用法，掌握键盘事件的处理方法。

【教学重点】applet 小程序的编写过程、键盘事件。

【教学难点】键盘事件。

【学习指导建议】学习者应首先通过学习【技术准备】，了解 applet 小程序的工作原理，以及键盘事件的处理方法。通过学习本章的【项目学做】完成本章的项目，理解和掌握键盘事件的处理方法。通过【强化训练】巩固对本章知识的理解。最后通过【课后习题】进行学习效果测评，检验学习效果。

11.1　项 目 任 务

编写小程序(applet)，按下键是数字时背景变为蓝色，其他键时是淡蓝色，释放键时背景变为红色，输入字符 x 时退出程序。

按下键是数字时背景变为蓝色，如图 11-1 所示；按下键是其他时背景变为淡蓝色，如图 11-2 所示；释放键时背景变为红色，如图 11-3 所示。颜色效果请扫描二维码。

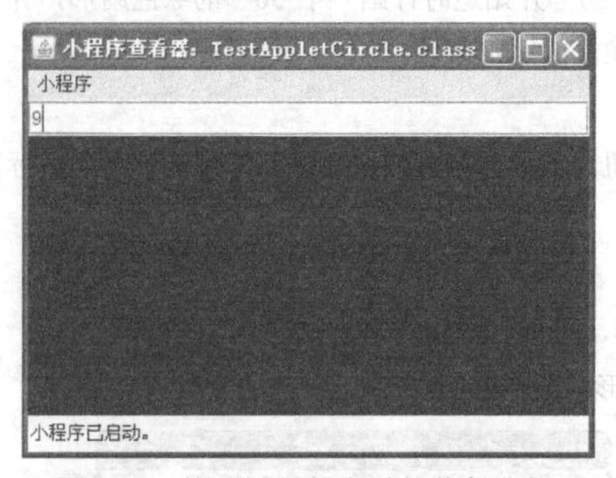

图 11-1　按下键是数字时的蓝色背景

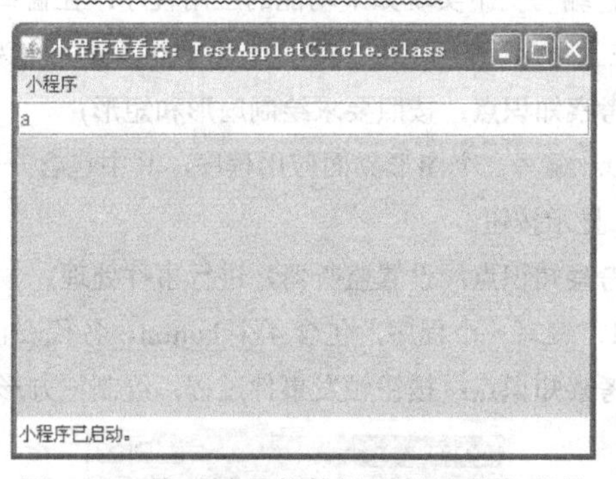

图 11-2　按下键是其他键时的淡蓝色背景

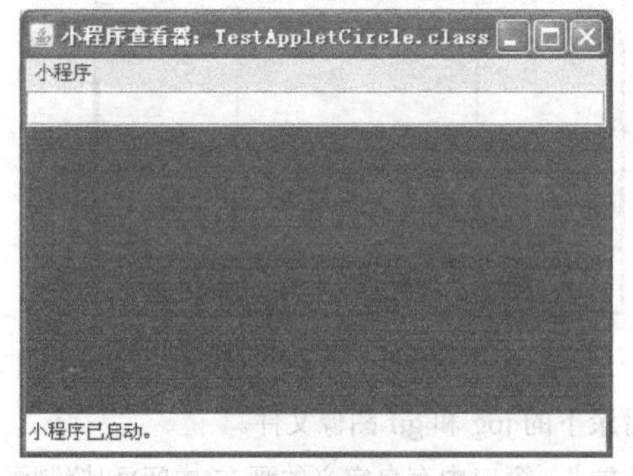

图 11-3　释放键时的红色背景

图 11-1～图 11-3 效果图

11.2 项 目 分 析

1. 项目完成思路

根据项目任务描述的项目功能需求，本项目需要用 applet 来构造一个图形用户界面，然后用键盘事件实现交互功能，具体可以按照以下过程实现。

(1) 构造界面外观

先用 applet 构造一个图形用户界面窗体，在窗体上包括两部分：上方用于显示键盘按钮的文本框和下方用于显示颜色的面板。

(2) 实现交互功能

为面板注册键盘事件监听器。在监听器中获取按下的键盘数，根据不同的按键显示不同的颜色：按下键是数字时背景变为蓝色，按下键是其他时背景变为淡蓝色，释放键时背景变为红色。

2. 需解决问题

(1) 如何用 applet 来构造界面外观？

具体需解决的问题包括：如何用 applet 构造界面外观？用 applet 构造界面和以前的方式有什么不同？

(2) 如何实现对不同的按键显示不同的颜色？

具体需解决的问题包括：为了获取输入的键盘数，还要注册键盘事件，如何注册键盘事件以及如何进行键盘事件处理。

以上项目分析中涉及的技术会在 11.3 节详细阐述。

11.3 技 术 准 备

11.3.1 键盘事件

与鼠标事件类似，在所有 GUI 组件上进行键盘操作时都会产生键盘事件(KeyEvent)。KeyEvent 对应的监听接口是 KeyListener，它负责监听和处理由键盘按下(press)、释放(release)和敲击(type) 3 种动作所触发的键盘事件。

下面通过一个实例来介绍如何处理键盘事件。

【例 11-1】键盘事件的程序。

```
// TestKeyEvent.java
import javax.swing.*;
import java.awt.*;
import java.awt.event.*;
public class TestKeyEvent extends JFrame implements KeyListener
{
  JTextField tf1 = new JTextField(10);
  JTextField tf2 = new JTextField(10);
  JTextField tf3 = new JTextField(10);
  String s = "";
  public TestKeyEvent()
  {
```

```
        Container container = getContentPane();
        container.setLayout(new FlowLayout());
        container.add(tf1);
        container.add(tf2);
        container.add(tf3);
        //为文本框注册键盘事件监听器
        tf1.addKeyListener(this);
    }
    //键盘事件处理方法，当敲击键时调用
    public void keyTyped(KeyEvent e)
    {
        //获取按下键的字符
        s = s + e.getKeyChar();
        //将字符显示到文本框上
        tf2.setText(s);
    }
    //键盘事件处理方法，当键按下时调用
    public void keyPressed(KeyEvent e)
    {
          //获取按下键的键码
          int code = e.getKeyCode();
          //根据键码获取对应的键盘文本
          String s = e.getKeyText(code);
          //将文本显示到文本框上
          tf3.setText(s);
    }
    //键盘事件处理方法，当键释放时调用
    public void keyReleased(KeyEvent e)
    {
    }
    public static void main(String[] args)
    {
          TestKeyEvent frame = new TestKeyEvent();
          frame.setTitle("TestKeyEvent");
          frame.setSize(100,200);
          frame.setVisible(true);
          frame.setDefaultCloseOperation(JFrame.EXIT_ON_CLOSE);
    }
}
```

程序运行后显示界面如图 11-4 所示。

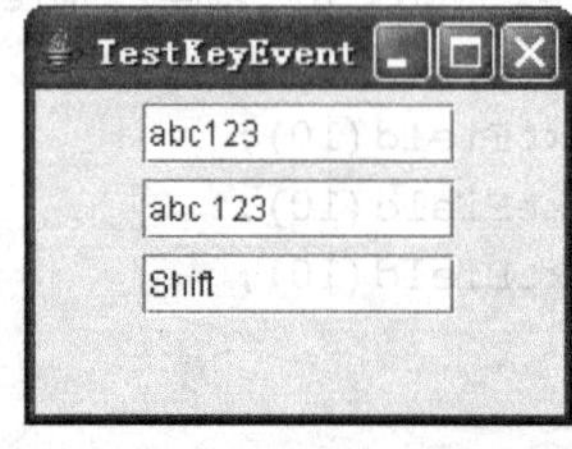

图 11-4　例 11-1 显示的图形界面

本例中在框架上添加了3个文本框，程序监听并处理了第一个文本框的键盘事件，当在第一个文本框中按键时在第二个文本框中记录所按下的字符和数字键，但是不能记录按下的一些功能键，而第三个文本框能够显示按下的所有键的描述。通过这个实例可以看到，在KeyListener中有3个事件处理方法，它们分别是：

- public void keyPressed(KeyEvent e)：负责处理键盘按下动作。
- public void keyReleased(keyEvent e)：负责处理键盘释放动作。
- public void keyTyped(KeyEvent e)：负责处理键盘敲击动作，即键盘按下并释放。

另外，在这些事件处理方法中，通过接收到的KeyEvent事件对象的一些方法得到关于键盘事件的信息。

- public char getKeyChar( )：获取按键的字符。该方法只能得到键盘上的可见字符，即一些字母、数字和符号。
- public int getKeyCode( )：获取按键的键盘码，在键盘上每一个键都有一个特定的整型编码，这些整型编码都以常量的形式定义在 KeyEvent 中。比如：Home 键的键盘码是KeyEvent.VK_HOME，详细情况请查阅JDK文档。
- public String getKeyText(int keyCode)：根据键盘码获取对应的键描述。

【注意】getKeyCode方法只能在键被按下时获取到键盘编码，如果键已经释放，那么就获取不到键盘编码，因此，getKeyCode方法只能像例11-1那样，在处理键盘按下动作时使用。在另外两个方法中将得不到正确的结果。

11.3.2 applet小程序

在本书的开始曾经介绍过，Java 有两种类型的程序：一种是可以独立运行的应用程序application，另一种是嵌入到网页中运行的applet小应用程序。这两种程序的主要区别是：

application程序包含main方法，可以通过Java解释器在虚拟机上独立运行，而applet小程序必须通过扩展java.applet.Applet类来实现，它只能在浏览器的环境下运行。而且，出于一些安全性考虑，Java对applet小程序在功能上做了一些限制，比如不能访问本地文件等。下面介绍如何编写applet小程序。

1. applet基础

Java中每个applet小程序都是由java.applet.Applet扩展而来的，Applet类提供了一个基本的程序结构。浏览器就是基于这个程序结构来控制 applet 的运行。这个程序结构主要包括 5个基本方法：init( )、start( )、paint( )、stop( )和destroy( )。浏览器在运行applet时，就是通过这5个方法来控制applet小程序运行的。下面来看一个简单实例。

【例 11-2】简单applet小程序。

```
//TestApplet.java
//<applet code=TestApplet width=100 height=100></applet>
import java.applet.*;
import java.awt.*;
public class TestApplet extends Applet
{
  public void init()
  {
      System.out.println("init");
  }
```

```
    public void start()
    {
        System.out.println("start");
    }
    public void paint(Graphics g)
    {
        System.out.println("paint");
    }
    public void stop()
    {
        System.out.println("stop");
    }
    public void destroy()
    {
        System.out.println("destroy");
    }
}
```

要运行这个 applet 小程序有两种选择：一种是编写带有<applet>标记的网页文件，然后通过浏览器来运行(参见第 1 章)；另外一种是通过 Java 自带的 applet 调试工具 appletviewer 来运行。下面介绍 appletviewer 的用法。

appletviewer 可以模拟浏览器环境来运行 applet 小程序，用它运行 applet 小程序与浏览器一样，也需要根据<applet>标记来决定如何运行。不过，这个<applet>标记可以选择写在网页文件中，也可以选择写到其他的文本文件中。由于 Java 的源文件也是文本文件，因此，本例将<applet>标记以注释的形式写在了 TestApplet.java 文件中。在编译这个源文件得到 TestApplet.class 文件后，可以在命令行上执行下面的命令来运行这个 applet 小程序：

```
appletviewer TestApplet.java
```

运行后可以看到运行结果如图 11-5 所示。

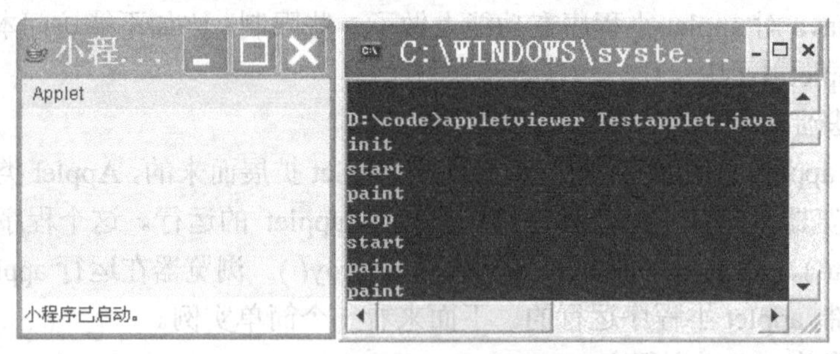

图 11-5 例 11-2 的运行结果

从运行结果可以看到，在 applet 小程序被加载并运行后，输出了 init 和 start，说明这时调用了 init 方法和 start 方法，然后紧接着又输出了 paint，当将程序最小化时，调用了 stop 方法，还原后又调用了 start。最后，当关闭时，调用了 destroy 方法。

通过这个例子可以说明浏览器是如何利用这 5 个方法来控制 applet 小程序运行的。下面总结这 5 个方法的作用。

(1) init( )方法

init 方法的作用是初始化 applet。在整个 applet 生命周期中，初始化只进行一次。当 Web 浏览器第一次浏览含有 applet 的网页时，浏览器首先加载该 applet 字节码文件，然后调用 init

方法对 applet 自身进行初始化。通常，该方法实现的功能包括：创建新的线程、装载图像、设置用户界面组件，以及从 HTML 网页的<applet>标记中获取参数等初始化操作。

(2) start( )方法

start 方法在 applet 启动时被调用。在整个 applet 生命周期中，启动可发生多次。当 applet 第一次装入并初始化后，或者离开该页面后再次进入时，浏览器都会调用 start 方法。比如：包含动画的 applet 就需要使用 start 方法播放动画。

(3) stop( )方法

stop 方法用于停止执行 applet。在整个 applet 生命周期中，停止执行可发生多次。当浏览器离开 applet 所在 Web 页时，浏览器调用 stop 方法。比如：当用户离开网页，applet 已经开始但未完成的任何线程都将继续运行。这时，应该使用 stop 方法挂起这些正在运行的线程，以便不活动的 applet 不再占用系统资源。

(4) destroy( )方法

destroy 方法在 applet 退出时被调用。在整个 applet 生命周期中，退出只发生一次，即关闭 Web 页时调用一次。通常情况下，不需要覆盖这一方法，除非要释放指定的资源，如 applet 所创建的线程等。

(5) paint( )方法

paint 方法负责绘制 applet 的显示区域，可多次发生。当需要刷新 applet 显示时，自动调用该方法。如果程序中需要刷新显示，则可用 repaint( )方法强制系统调用 paint 方法重新绘制显示区域。与前几个方法不同的是，paint 方法中带有一个参数 Graphics g，它表明 paint 方法需要引用一个 Graphics 类的对象。paint 方法的用法与 9.6 节介绍的 paintComponent 方法基本一致，如果需要在 applet 上绘制图形，则可以通过覆盖这个方法来实现。

2．在 applet 中使用 GUI 组件

由于 Applet 类也是 Container 的子类，因此，在 Applet 类上也可以添加其他的组件。不过 Applet 类对 Swing 组件的支持不是很理想，为了更好地使用 Swing 组件，编写 applet 小程序时可以通过扩展 JApplet 类来实现，JApplet 是 Applet 类的子类，而且它支持 Swing 组件。下面通过一个示例了解如何在 applet 小程序中使用 GUI 组件。

【例 11-3】在 applet 中使用 GUI 组件程序。

```
//TestJApplet.java
//<applet code=TestJApplet width=200 height=200></applet>
import javax.swing.*;
import java.awt.*;
import java.awt.event.*;
//定义一个 Applet 类，并实现监听器
public class TestJApplet extends JApplet implements ActionListener
{
  // 创建两个按钮
  private JButton jbtOk = new JButton("确定");
  private JButton jbtCancel = new JButton("取消");
  // 初始化方法
  public void init()
  {
    // 设置内容窗格的布局为 FlowLayout
    getContentPane().setLayout(new FlowLayout());
```

```
    // 在内容窗格上添加两个按钮
      getContentPane().add(jbtOk);
      getContentPane().add(jbtCancel);
      // 为两个按钮注册监听器
      jbtOk.addActionListener(this);
      jbtCancel.addActionListener(this);
    }
    // 事件处理方法，在事件发生时被调用
    public void actionPerformed(ActionEvent e)
    {
      if (e.getSource() == jbtOk)
      {
        JOptionPane.showMessageDialog(this,"确定按钮被单击");
      }
      else if (e.getSource() == jbtCancel)
      {
        JOptionPane.showMessageDialog(this,"取消按钮被单击");
      }
    }
}
```

从例 11-3 中可以看到，在 JApplet 上使用 GUI 组件与 JFrame 基本一致，不同的是初始化的功能是在 init 方法中实现的，而不是构造方法，也不再需要 main 方法。至于界面的构造和事件处理的实现与使用 JFrame 的应用程序完全一样。

3. <applet>标记

applet 小程序需要依赖 HTML 中的<applet>标记才能嵌入网页中运行，下面介绍<applet>标记的用法。

```
<applet
    code = applet 的字节码文件
    width = 宽度(以像素为单位)
    height = 高度(以像素为单位)
    codebase = applet 的字节码文件位置
    archive = 资源文件列表，以逗号隔开
    alt = 替代文本
   vspace = 垂直空白
    hspace = 水平空白
    align = 对齐方式
>
<param name = 参数名 1  value = 参数值 1>
<param name = 参数名 2  value = 参数值 2>
</applet>
```

code 属性：用于指定调用的 Java applet 程序字节码文件名，要注意全名和大小写。

width 和 height 属性：用于指定 applet 程序在 Web 浏览器中显示区域的宽度和高度，以像素为度量单位。

codebase 属性：用于定义 Java applet 字节码文件的路径或地址(URL)。当 applet 与 HTML 文档不在同一目录时，用它来定位字节码文件；如果没有该属性，则表示 applet 程序的字节码文件和 HTML 文档放在同一目录。

archive 属性：用逗号分隔的 JAR 文件列表。若 applet 程序由多个类构成，可以将多个 class 文件打包生成 JAR 文件，以方便程序的发布。而且 JAR 文件采用 zip 压缩算法，可以减少 class 文件在网络上传输的数据量，加快下载速度。

alt 属性：为不支持 Java applet 程序的 Web 浏览器显示替代的文字，如果支持，则该属性被忽略。

vspace 和 hspace 属性：用来设置以像素为单位的垂直和水平边距。

align 属性：用于控制 applet 的对齐方式，取值为 left、right、top、texttop、middle、absmiddle、baseline、bottom、absbottom。

param 属性：用于定义向 applet 小程序传递的参数。name 用于定义参数名，value 用于定义参数值。参数可以定义多个。在 applet 小程序中可以通过 getParameter( )方法获取到某个参数的值。

其中，属性 code、width 和 height 是必需的，其余属性可选。

下面看一个例子。

【例 11-4】 Applet 获取参数的程序。

```
//TestParameter.java
/*
<applet code=TestParameter width=200 height=120>
<param name = MESSAGE value = "这是我的 applet 小程序">
<param name = X value = 30>
<param name = Y value = 60>
</applet>
*/
import javax.swing.*;
import java.awt.*;

//定义一个 Applet 类
public class TestParameter extends JApplet
{
  public void paint(Graphics g)
  {
      //获取参数 MESSAGE 的值
      String message = getParameter("MESSAGE");
      //获取参数 X 的值
      int x = Integer.parseInt(getParameter("X"));
      //获取参数 Y 的值
      int y = Integer.parseInt(getParameter("Y"));
      //在 applet 上绘制文本
      g.drawString(message,x,y);
  }
}
```

相关的 HTML 文件中的<applet>标记如下：

```
<applet code=TestParameter width=200 height=200>
<param name = MESSAGE value = "这是我的 applet 小程序">
<param name = X value = 30>
<param name = Y value = 100>
```

```
</applet>
```

可以选择将这些标记写到HTML文件中通过浏览器运行，当然也可以像例11-3那样以注释的形式写到Java源文件中，用appletviewer运行。最后的运行效果如图11-6所示。

图11-6　例11-4的运行结果

从运行结果可以看到，写到标记中的参数内容显示到了applet小程序界面上了，也就是实现了网页向applet传递参数的目的。

11.4　项 目 学 做

(1) applet小程序需要依赖<applet>标记才能运行，首先以注释的形式写到Java源文件中：

```
//<applet code=TestAppletCircle width=800 height=800></applet>
```

(2) 导入项目所需要的包：

```
import javax.swing.*;
import java.awt.*;
import java.awt.event.*;
```

(3) 在init方法中，实现界面的构造，从中可以看出在JApplet上使用GUI组件与JFrame基本一致，不同的是初始化的功能是在init方法中实现的，而不是构造方法，也不再需要main方法：

```
public class TestAppletCircle extends JApplet{
    int x,y;
    JPanel p;
    public void init(){
        JTextField tField = new JTextField(7);
          Container  cp = this.getContentPane();
            p=new JPanel();
          MyKeyAdapter bAction = new MyKeyAdapter();
          tField.addKeyListener(bAction);
          cp.add(tField,BorderLayout.NORTH);
          cp.add(p);


}
```

(4) 添加键盘事件处理，实现方式与使用JFrame的应用程序完全一样：

```
private class MyKeyAdapter extends KeyAdapter {
      public void keyPressed(KeyEvent e){
          int c= e.getKeyChar();
          System.out.println(c);
          if(c>=48&&c<=57)
```

```
            p.setBackground(Color.blue);
        else
            p.setBackground(Color.CYAN);
            repaint(); }
    public void keyReleased(KeyEvent e) {
        p.setBackground(Color.red); repaint();  }
    public void keyTyped(KeyEvent e) {
      if (e.getKeyChar() == 'x')  System.exit(0); }
  }
}
```

11.5 强化训练

编写一个 applet 小程序，在其窗口中摆放两个复选按钮框，通过一个文本域显示它们被选中(哪个被选中、或两个均被选中、或两个均未选中)的信息。

(考察知识点：定义复选按钮，单击按钮触发事件处理过程)

11.6 课后习题

程序在画板中显示一条信息，并利用两个按钮 up 和 down 上下移动该信息。程序输出结果如图 11-7 所示。(考察知识点：单击按钮触发事件处理过程，注册监听器)

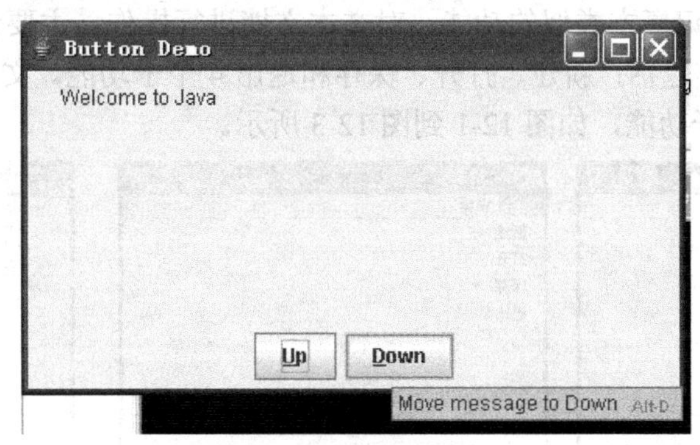

图 11-7　程序的运行结果

第12章　记 事 本

【本章概述】本章以项目为导向，通过编写一个记事本程序重点介绍了 Java 中输入/输出相关类和接口的用法，以及异常处理机制；通过本章的学习，读者能够熟悉 File 类的用法，掌握输入/输出流类中常用的方法，能够熟练使用输入/输出流进行外设的读写操作；能够理解 Java 异常处理机制，熟悉异常的处理、声明和抛出方法。

【教学重点】输入/输出流、异常处理。

【教学难点】输入/输出流、异常处理。

【学习指导建议】学习者应首先通过学习【技术准备】，了解 Java 中输入/输出相关类和接口的用法，以及异常处理机制。通过学习本章的【项目学做】完成本章的项目，理解和掌握输入/输出流类中常用的方法，能够熟练使用输入/输出流进行外设的读写操作；能够理解 Java 异常处理机制。通过【强化训练】巩固对本章知识的理解。最后通过【课后习题】进行学习效果测评，检验学习效果。

12.1　项 目 任 务

实现与 Windows 记事本类似的功能，对文本文档进行操作，主要包括文件操作和文件编辑两大功能。文件操作包括：新建、打开、保存和退出 4 个子功能。文件编辑包括：全选、复制、剪切、粘贴 4 个子功能，如图 12-1 到图 12-3 所示。

图 12-1　记事本主界面

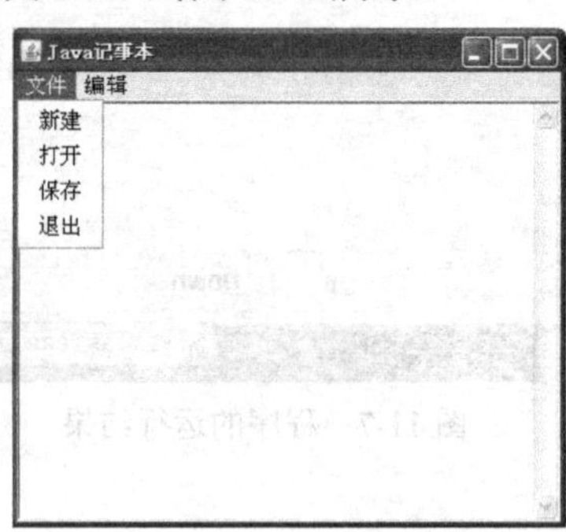

图 12-2　记事本“文件”菜单下子功能

图 12-3　记事本“编辑”菜单下子功能

12.2　项 目 分 析

1．项目完成思路

本项目要实现一个记事本功能，与 Windows 下的记事本功能类似，包括新建、打开、保存、退出、全选、复制、剪切和粘贴等功能。具体可以按照以下过程实现：

(1) 构建界面外观

先构建出记事本的图形界面窗体，在窗体上居中摆放记事本的文本区控件，在窗体上摆放设置记事本菜单。菜单分为“文件”和“编辑”两部分，“文件”菜单下包括“新建”、“打开”、“保存”和“退出”4个菜单项，“编辑”菜单下包括“全选”、“复制”、“剪切”、“粘贴”4个菜单项。

(2) 实现事件交互功能

为菜单项注册监听器，当单击菜单项时完成相应记事本操作功能。在监听器响应方法中实现文件和编辑两大类操作。

(3) 实现输入/输出功能

记事本的文件保存功能，是将编辑好的文件保存在硬盘上，需实现输出功能。文件打开功能是将硬盘上存储的文件读取并打开显示在记事本编辑区，属于输入功能。输入/输出功能都采用 File 类描述文件属性，用文件输入流和文件输出流 FileInputStream 和 FileOutputStream 实现文件的输入和输出。

2. 需解决问题

(1) 界面布局、新建、退出功能如何实现？

记事本的界面布局用到前面章节所述的图形化布局，主要用菜单的形式完成各个主要功能。新建功能就是将文本区置空，退出功能就是退出记事本程序，使用 System.exit( )方法。

(2) 打开和保存功能如何实现?

记事本项目中的打开即为读文件，使用文件输入流 FileInputStream，将磁盘存储的文件读取到内存，保存即为写文件，先将文本区中正编辑的文件内容放在内存字符串变量中，再使用文件输出流 FileOutputStream 将内存内容写入磁盘存储的文件中。

此外，磁盘存储的物理文件用 File 类描述。

(3) 全选、复制、剪切、粘贴功能如何实现？

这 4 个功能都在菜单动作事件的相应方法中，用 if 判断事件源，然后分别实现全选、复制、剪切、粘贴功能。

其中，全选使用 TextArea 组件的 selectAll( )方法即可。

复制和剪切功能要用 Java 剪贴板完成，将文本区中选中的内容复制到 Java 剪贴板中。实现复制功能时，原有文本区中的内容不清空；实现剪切功能时，原有文本区中的内容清空，即剪切功能。

粘贴功能的作用是将 Java 剪贴板中的数据读取到程序中的字符串变量中，再显示在组件上。

(4) 在项目中会涉及哪些异常？

在使用 File 类描述文件时，如果在磁盘相应的路径下没有找到对应的物理文件，则会抛出 FileNotFoundException 异常。

在打开和保存文件时，会用到输入/输出流，如果输入/输出流相关的方法发生异常，则会抛出 IOException 异常。

在实现复制、粘贴、剪切功能时，会用到 Java 剪贴板，涉及的相关异常是 Unsupported FlavorException。此外，由于这些功能涉及内存与 Java 剪贴板间的输入/输出，因此也涉及 IOException 异常。

以上项目分析中涉及的技术会在 12.3 节详细阐述。

12.3 技 术 准 备

12.3.1 File 类

Java 类库中的 File 类可以对文件系统中的文件和目录进行操作，它属于 java.io 这个包。在下面的案例中将测试 File 类的相关方法、输出文件名、文件路径、文件长度等。本章中的代码均放于 ch12 工程下，其中，技术准备相关案例放于 ch12.project.example 包下，记事本项目的代码放于 ch12.project 包下，知识拓展中的相关案例放于 ch12.others 包中。

下面创建本章的 Java 工程 ch12，如图 12-4 所示。

在 ch12 工程中创建 TestFile.java，如图 12-5 所示，测试文件类的相关方法的使用。

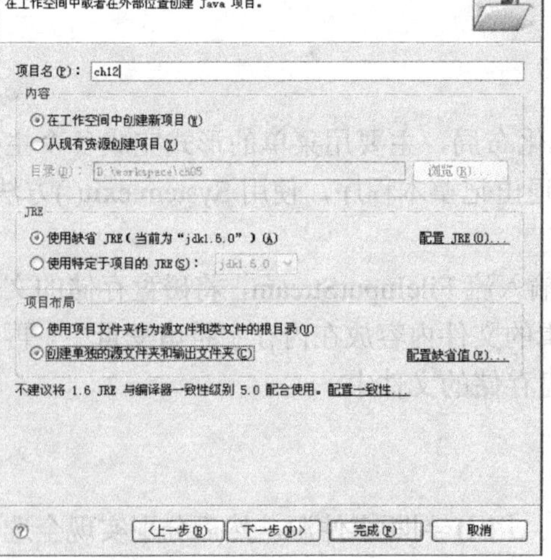

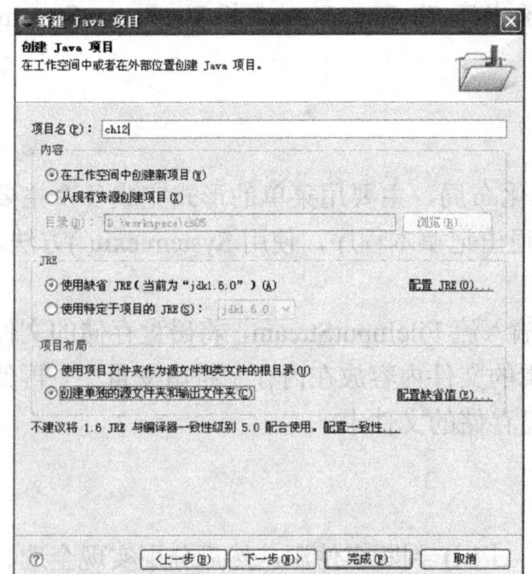

图 12-4 创建 ch12 项目　　　　图 12-5 创建 TestFile 类

【例 12-1】File 类测试程序。

```
//TestFile.java
package ch12.project.example;
import java.io.*;
public class TestFile
{
    public static void main(String[] args)
    {
        //path1 和 file1 是文件系统中已存在的目录和文件，与 TestFile.java 位于同一目录下
        File path1 = new File("path1");
        File file1 = new File("path1\\file1.txt");
        System.out.println ("目录 path1 的名字:"+path1.getName());
        System.out.println("文件 file1 的父路径:"+file1.getParent());
        System.out.println("文件 file1 的长度:"+file1.length());
        //path2 和 file2 是将要新建的目录和文件
        File path2=new File("path2");
        File file2=new File("path2\\file2.dat");
        System.out.println("正在创建目录 path2...");
        path2.mkdir();
```

```
        try
        {
            System.out.println("正在创建文件 file2...");
            file2.createNewFile();
        }
        catch(IOException e)
        {
        e.printStackTrace();
        }
        System.out.println ("文件 file2 的绝对路径: "+
            file2.getAbsolutePath());
        System.out.println("当前目录下的内容:");
        String[] sa = new File(".").list();
        for(int i = 0;i<sa.length;i++)
            System.out.println (sa[i]);
        System.out.println("正在删除目录 path2...");
        file2.delete();
        path2.delete();
        System.out.println("删除 path2 后,当前目录下的内容:");
        sa = new File(".").list();
        for(int i = 0;i<sa.length;i++)
            System.out.println (sa[i]);
    }
}
```

例 12-1 的运行结果如图 12-6 所示。

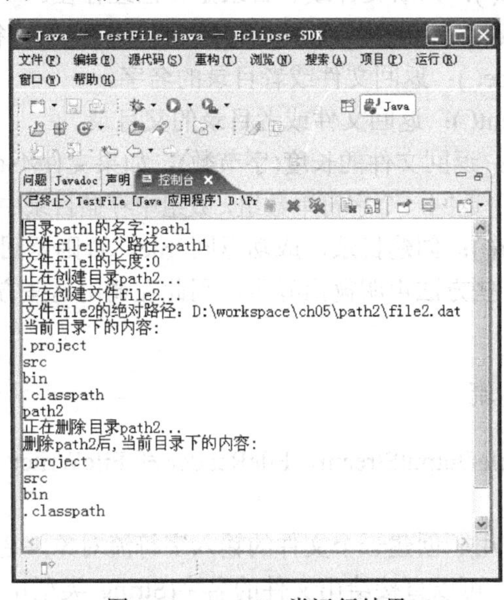

图 12-6　TestFile 类运行结果

代码分析：类 TestFile 创建了 File 类的两个对象 path1 和 file1，通过这两个对象去访问当前目录下已经存在的 path1 目录和 path1 目录下的 file1.txt 文件。程序利用这两个对象中的方法，分别向屏幕输出目录的名字、文件父目录的名字和文件的长度。其中，文件 file1.txt 中的内容如图 12-7 所示，该文件的长度是 9 字节，汉字和回车换行符分别占 2 字节。

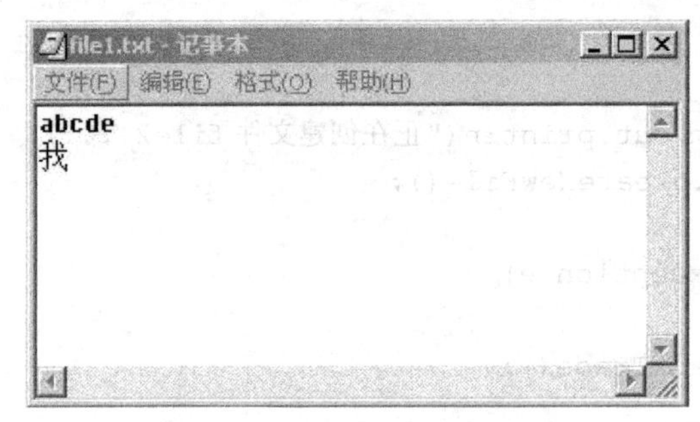

图 12-7　文件 file1.txt 的内容

利用 File 类还可以创建文件系统中不存在的目录和文件，也可以删除已存在的目录和文件，同时还可以查看某个目录下的文件及子目录列表，类似于 DOS 下的 dir 命令。

1．File 类的构造方法

```
File filename=new File("fileURL");
```

程序在访问文件或目录时，首先要利用 File 类的构造方法创建代表文件或目录的 Java 对象。构造方法的参数 fileURL 是文件名或目录名，可以是相对路径也可以是绝对路径，用一个字符串表示。例 12-1 中使用的是相对路径。

2．File 类中的常用方法

- public boolean createNewFile( ) throws IOException：如果文件不存在，则自动创建一个新的空文件。返回 true 表明文件不存在，并成功创建；返回 false 表明文件已经存在。
- public boolean delete( )：删除文件或者目录。删除目录时，必须保证目录为空。返回 true 表明删除成功，删除失败返回 false。
- public boolean exists( )：判断文件或者目录是否已经存在。
- public String getAbsolutePath( )：返回文件或者目录的绝对路径。
- public String getName( )：返回文件或者目录的名字。
- public String getParent( )：返回文件或者目录的父目录。
- public long length( )：返回文件的长度(字节数)，如果文件不存在，则返回 0。
- public String[] list( )：返回一个字符串数组，数组中存储目录中所包含的文件名和目录名。
- public boolean mkdir( )：创建目录，成功返回 true，否则返回 false。

【注意】File 类中的一些方法声明抛出异常，因此在调用这些方法时，必须使用 try-catch 语句。

12.3.2　文件输入/输出流

类 FileInputStream、FileOutputStream、FileReader 和 FileWriter 可以创建读写文件的流。

1．FileReader 类

它继承自 Reader 类，用于创建一个文件的输入字符流对象，通过该对象可以完成对文件的读取操作。构造对象时，可以直接给出文件的名字(String 类型)，也可以给出该文件对应的 File 类对象。

FileReader 类中的 read( )方法可以从文件中一次读取一个字符，也可以将内容读取到一个字符数组中。

2．FileWriter 类

它继承自 Writer 类，用于创建文件输出字符流对象，通过该对象完成对文件的写入操作。

构造对象时，如果给出的文件并不存在，则会自动创建这个文件；如果文件已存在，对文件的写入操作将覆盖掉文件原来的内容。

FileWriter 类中的 write( )方法可以一次向文件中写入一个字符，也可以一次将一个字符数组中的内容写入文件。

3. FileInputStream 类和 FileOutputStream 类

分别继承自 InputStream 类和 OutputStream 类，功能与 FileReader 类和 FileWriter 类相似，只不过每次处理的数据大小是一个字节而不是一个字符。

【例 12-2】 利用文件输入/输出流进行文本文件复制。

```
//TestFileStream.java
package ch12.project.example;
import java.io.*;
public class TestFileStream
{
  public static void main(String[] args)
  {   //创建代表文件 TestFileStream.txt 的 File 类对象 f
      File f=new File("D:\\workspace\\ch12\\bin\\TestFileStream.txt");
      //创建代表文件 CopyOfTestFileSteam.txt 的 File 对象 newf
      //CopyOfTestFileSteam.txt 作为 TestFileStream.txt 的副本
      File newf=new File("CopyOfTestFileSteam.txt");
      FileInputStream fis=null;
      FileOutputStream fos=null;
      FileReader fr=null;
      try
      {   //分别用文件输入字节流 fis 和文件输出字节流 fos 打开文件 f 和 newf
          fis=new FileInputStream(f);
          fos=new FileOutputStream(newf);
          System.out.println("源文件的长度："+f.length());
          System.out.println("正在复制文件...");
          int r;
          //循环读取 fis 中的内容并写入 fos
          while((r=fis.read())!=-1)
              fos.write(r);
          fis.close();
          fos.close();
          System.out.println("复制完毕，共复制"+newf.length()+"字节！");
          //用文件输入字符流 fr 打开文件 newf
          fr=new FileReader(newf);
    //创建字符数组 data,数组最大长度是文件的长度
          char[] data=new char[(int)newf.length()];
          //通过流 fr 读取文件中的内容到 data,num 保存了读取的字符数
          int num=fr.read(data);
          //通过字符数组构造字符串
          String str=new String(data,0,num);
          System.out.println("文件 CopyOfTestFileSteam.txt 的内容:");
          System.out.println(str);
          fr.close();
```

```
        }
        catch(IOException e){
            System.out.println(e.getMessage());
        }
    }
}
```

文件 TestFileStream.txt 的内容如图 12-8 所示，例 12-2 的运行结果如图 12-9 所示。

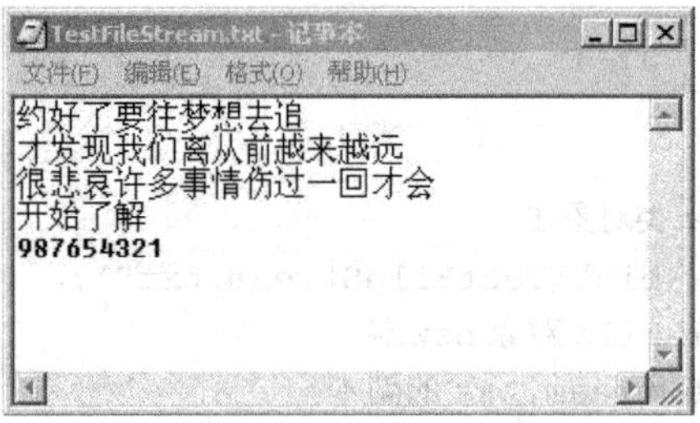

图 12-8　TestFileStream.txt 文件中的内容

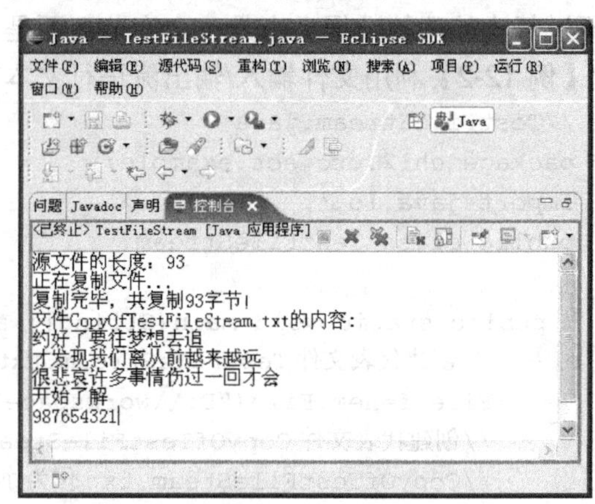

图 12-9　TestFileStream 运行结果图

12.3.3　Java 剪贴板

Java 提供两种类型的剪贴板：系统的和本地的。本地剪贴板只在当前虚拟机中有效。Java 允许多个本地剪贴板同时存在，可以方便地通过剪贴板的名称来进行存取访问。系统剪贴板与同等操作系统直接关联，允许应用程序与运行在该操作系统下的其他程序之间进行信息交换。

在进一步深入之前，先看看与剪贴板相关的Java类，这些类主要包含在java.awt.datatransfer包中，主要有以下几种：

Clipboard 类：此类实现一种使用剪切、复制、粘贴操作传输数据的机制。ClipboardOwner 接口：任何处理剪贴板的类都必须实现该接口。该接口用于剪贴板中的原始数据被替换时发出通知。Dataflavor 类：提供有关数据的元信息，通常用于访问剪贴板上的数据。Transferable 接口：为传输操作提供数据所使用的类的接口。StringSelection 类：创建能传输指定 String 的 Transferable。

1．Clipboard 类的方法

- String getName( )：返回剪贴板对象的名字。
- setContents(Transferable contents, ClipOwner owner)：将剪贴板的内容设置到指定的 Transferable 对象，并将指定的剪贴板所有者作为新内容的所有者注册。
- Transferable getContents(null)：返回表示剪贴板当前内容的 Transferable 对象，无则返回空对象 null。
- DataFlavor[] getAvailableDataFlavors( )：返回 DataFlavor 的数组，其中提供了此剪贴板的当前内容，无则返回空对象 null。
- boolean isDataFlavorAvailable(DataFlavor flavor)：返回是否能够以指定的 DataFlavor 形式提供此剪贴板的当前内容。

- Object getData(DataFlavor flavor)：返回一个对象，表示此剪贴板中指定 DataFlavor 类型的当前内容。

2. Transferable 接口

包括两个属性：stringFlavor 属性，表示要传输的字符串数据；imageFlavor 属性，表示要传输的图片数据。

3. Transferable 接口的方法

- Object getTransferData(DataFlavor flavor)：返回一个对象，该对象表示将要被传输的数据。
- DataFlavor getTransferDataFlavors( )：返回 DataFlavor 对象的数组，指示可用于提供数据的 flavor。
- boolean isDataFlavorSupported(DataFlavor flavor)：返回此对象是否支持指定的数据 flavor。

例如：向剪贴板中写数据，记事本项目中的复制功能使用如下代码：

```
String text = textArea.getSelectedText();
StringSelection selection= new StringSelection(text);
clipboard.setContents(selection,null);
```

作用是将文本区中的选中文本赋值给 String 类型的变量 text，再利用选中的文本创建 selection 对象，最后将 selection 对象中的内容放置在 Java 剪贴板对象中，从而实现复制功能。

从剪贴板中读取数据：记事本项目中的粘贴功能就是从剪贴板中读取数据到本地字符串对象中，再写到文本区中，从而实现粘贴功能，代码如下所示：

```
Transferable contents = clipboard.getContents(this);
if(contents==null)
        return;
String text;
text="";
try{
    text = (String)contents.getTransferData(DataFlavor.stringFlavor);
}catch(UnsupportedFlavorException ex){ }
catch(IOException ex){ }
textArea.replaceText(text,textArea.getSelectionStart(),textArea.getSelecti
onEnd());
```

12.3.4 异常处理

造成程序运行时错误的原因很多，比如，越界访问数组、复制一个不可复制的对象、打开一个不存在的文件等，这些错误需要不同种类的异常来表示，因此，Java 中提供了丰富的定义各种异常的异常类，异常便是这些异常类的实例。比如：异常输出信息中“java.io. IOException”描述了此时产生的异常是 IOException 类型的异常，这种异常类定义在 java.io 包中。Java 的所有异常类都是 Throwable 的子类，它们的层次关系如图 12-10 所示。

图 12-10 中显示了一部分系统预定义的异常类，其中 Error 及其子类描述的是系统内部错误，这样的错误一旦产生，程序一般便没有机会再进行捕获和处理了。所以，本章阐述的异常处理只考虑另外一类异常，也就是 Exception 及其子类。表 12-1 列举了一部分常见的系统预定义异常类。

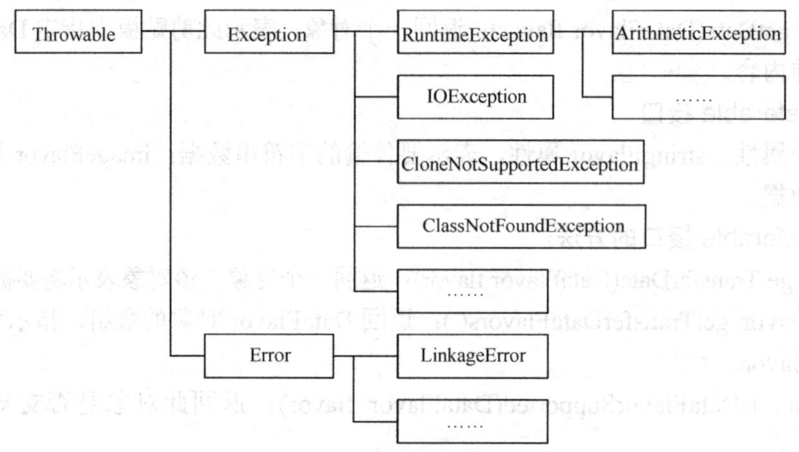

图 12-10　异常类的层次关系

表 12-1　常见系统预定义异常类

异常类	异常描述
ClassNotFoundException	试图使用一个不存在的类
ArrayIndexOutOfBoundsException	试图访问不存在的数组元素
FileNotFoundException	试图打开一个不存在的文件
CloneNotSupportedException	试图克隆一个没有实现 Cloneable 接口类的实例
IOException	输入无效数据、打开不存在的文件等
NullPointException	访问空引用

在记事本项目中，用到了 FileNotFoundException、IOException 两种异常类型，比如记事本项目中打开文件的功能，即文件的读取，用如下代码实现：

```
try{
        File file = new File(fileName);
        FileReader readIn = new FileReader(file);
        int size = (int)file.length();
        int charsRead = 0;
        char[] content = new char[size];
        while(readIn.ready())
            charsRead += readIn.read(content,charsRead,size-charsRead);
        readIn.close();
        textArea.setText(new String(content,0,charsRead));
}
catch(Exception e)   {
        System.out.println("Error opening file!");
}
```

其中，FileReader readIn = new FileReader(file);语句，当创建文件输入流对象时，可能找不到该物理文件，会发生 FileNotFoundException 异常，因此需要用 try-catch 处理。

其中，readIn 对象是创建好的文件输入流对象，readIn.ready( )用来判断该流是否准备好，readIn.read( )用来用输入流从文件中向内存读入内容，readIn.close( )用来关闭文件输入流，这 3 个方法均声明了 IOException 异常类型，说明在调用这些方法时，有可能发生 I/O 异常，因此也需要用 try-catch 处理。所以，实现记事本的打开文件操作时，可能会发生 FileNotFoundException

和 IOException 两种异常，在代码中，用 try 将可能发生异常的语句包围，用 catch 子句进行捕获了异常后的异常处理。根据异常类的层次关系图，FileNotFoundException 和 IOException 类均是 Exception 的子类，因此用 catch(Exception e)可同时捕获这两种异常类型的对象。在 catch 子句中可写入当发生异常时需要执行的代码。

在记事本项目中实现粘贴操作时，用到如下代码：

```
try{
text = (String)contents.getTransferData(DataFlavor.stringFlavor);

}
catch(UnsupportedFlavorException ex){ }
catch(IOException ex){ }
```

作用是从 Java 剪贴板中得到字符数据，赋值给本地 text 字符串，用到了 getTransferData 方法。查找该方法的源码或帮助可发现，该方法声明了 UnsupportedFlavorException 和 IOExceptioni 两种异常类型，因此需要用两个 catch 子句处理这两种异常，即多异常的处理。或者，也可用 catch(Exception ex)处理这两个异常类型。

12.4 项 目 学 做

1. 步骤一

首先创建类 NoteBookDemo，该类本身即是一个窗体，因此需继承 JFrame 类。要实现项目目标与任务中的两大功能，需要对窗体上的菜单事件进行响应，因此需监听 ActionEvent 事件。在记事本项目中，使用 NoteBookDemo 类同时作为监听器来监听菜单的 ActionEvent 事件，因此，NoteBookDemo 类需要实现 ActionListener 接口。同时，在 NoteBookDemo 类中创建 main 方法，从 main 方法开始运行记事本程序。

创建类的界面如图 12-11 所示。

图 12-11　创建记事本类

创建的 NoteBookDemo 类初始代码请扫描二维码“12.4 节源代码 1”。

12.4 节源代码 1

在步骤一的代码中，用注释标明了后续步骤二到步骤六中将添加代码的位置和代码的主要功能。

2．步骤二

添加 NoteBookDemo 类的成员，如菜单相关组件、文本区、打开或保存操作时用到的文件名、剪贴板、文件对话框（完整程序请扫描二维码“12.4 节源代码 2”）。

12.4 节源代码 2

3．步骤三

添加 NoteBookDemo 类的无参构造方法，在无参构造方法中进行界面布局和事件处理的注册监听（完整程序请扫描二维码“12.4 节源代码 3”）。

12.4 节源代码 3

4．步骤四

创建 openFile 和 writeFile 方法，完成文件的打开和保存。该步骤即是本章的主要知识点的应用：文件的输入/输出（完整程序请扫描二维码“12.4 节源代码 4”）。

12.4 节源代码 4

5．步骤五

完善 actionPerformed 方法，对菜单项产生的事件进行响应，完成新建、打开、保存、退出 4 项文件操作功能和全选、复制、剪切、粘贴 4 项编辑功能（完整程序请扫描二维码“12.4 节源代码 5”）。

12.4 节源代码 5

6．步骤六

完善 main 方法，创建窗体对象并显示窗体，运行记事本程序。

```
NoteBookDemo noteBook = new NoteBookDemo();
noteBook.setVisible(true);
```

12.5 知 识 拓 展

12.5.1 常见输入/输出流

1．数据输入/输出流

基本输入/输出流(如 FileInputStream 和 FileOuputStream)中的方法只能用来处理字节或字符。如果想要处理更为复杂的数据类型，就需要用一个类来“包裹”基本输入/输出流。数据输入/输出流类(DataInputStream 和 DataOutputStream)就是这样的类(通常被称为包装流类)，它们常用来处理基本数据类型，如：整型、浮点型、字符型和布尔型。后面要介绍的 BufferedReader 也是包装流，它用来处理字符串。

构造 DataInputStream 类或 DataOutputStream 类对象时，参数要求是其他 InputStream 类或 OutputStream类对象，这相当于用数据输入/输出流去“包裹”其他字节流，目的是完成更为复杂数据类型的访问。

DataInputStream 类中读取数据的方法都以“read”开头，例如：readByte( )、readFloat( )等，分别用于读取对应的数据类型；同样地，DataOutputStream 类中写数据的方法都以“write”开头，例如：writeInt( )、writeChar( )等，分别用于写入对应类型的数据。

数据输入/输出流以二进制方式读取和写入 Java 基本类型数据，所以在一台机器上写的一个数据文件可以在另一台具有不同文件系统的机器上读取。由于存储在 TestDataStream.txt 文件中的数据是二进制格式的，因此当以文本方式打开或者浏览时(例如，在 Windows 下用记事本打开)，将看不到正确的内容，显示出来的是一些奇怪的符号。读者可以试图打开这个文件查看。

【例 12-3】 数据输入/输出流测试程序。

```
//TestDataStream.java
package ch12.other;
import java.io.*;
public class TestDataStream
{
  public static void main(String[] args)
  {
      DataInputStream dis=null;
      DataOutputStream dos=null;
      File f=new File("TestDataStream.txt");
      try
      {   //用 DataOutputStream 包裹文件输出字节流
         dos=new DataOutputStream(new FileOutputStream(f));
          //向文件中写入 5 个随机浮点数
         for(int i=0;i<5;i++)
            dos.writeDouble(Math.random());
         //向文件中写入布尔类型值 true
         dos.writeBoolean(true);
         //向文件中写入字符对应的 Unicode 码
         dos.writeChar(65);
         //向文件中写入整型数 1234
           dos.writeInt(1234);
           dos.close();
          //重新用数据输入字节流打开文件，读取其中的所有数据
         dis=new DataInputStream(new FileInputStream(f));
         for(int i=0;i<5;i++)
            System.out.println(dis.readDouble());
         System.out.println(dis.readBoolean());
         System.out.println(dis.readChar());
         System.out.println(dis.readInt());
         dis.close();
      }
      catch(IOException e){e.printStackTrace();}
  }
}
```

运行结果如图 12-12 所示。

2. 打印流

打印流 PrintStream 和 PrintWriter 提供了丰富的输出方法，使用打印流将数据写入文件后可以用文本方式浏览。

PrintStream/PrintWriter 类为其他输出流添加了大量的输出功能，经过它们“包裹”的输出流可以用来向文件中写入各种类型的数据，其中包括整型、浮点型、字符型、布尔型、字符串、字符数组、对象类型。

构造 PrintStream 和 PrintWriter 类对象时，参数可以是代表文件名的字符串，可以是代表某一文件的 File 类对象，也可以是其他 OutputStream 类对象。

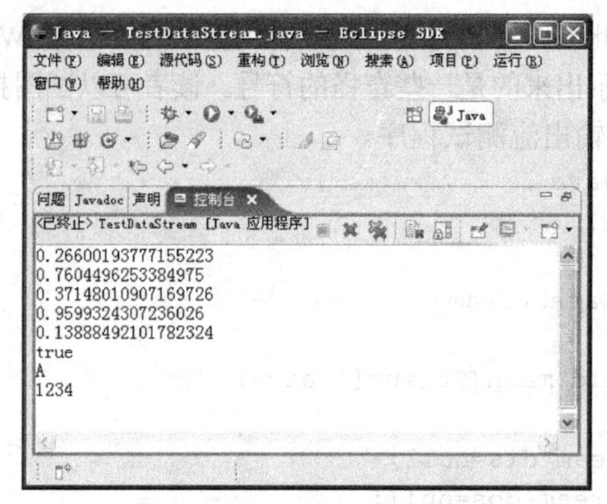

图 12-12　例 12-3 运行结果图

PrintStream 和 PrintWriter 类中为各种数据类型均提供了 println( )方法和 print( )方法，println( )方法和 print( )方法的不同在于前者在输出数据后开始一个新行。

编程时经常用到的 System.out 对象就是 PrintStream 类的一个实例。

【例 12-4】打印流测试程序。

```
//TestPrintStream.java
package ch12.other;
import java.io.*;
public class TestPrintStream
{
  public static void main(String[] args)
  {
      PrintStream ps=null;
      File f=new File("TestPrintStream.txt");
      try
      {
          //用打印流“包裹”文件输出流，这里用 PrintWriter 类也可以
          ps=new PrintStream(new FileOutputStream(f));
          //用打印流中的方法将字符串写入文件
          ps.println("北京时间 2006 年 6 月 20 日凌晨，世界杯 H 组第二轮
                      第二场比赛在西班牙和突尼斯间展开...");
         //用打印流中的方法将 5 个随机整数写入文件
         for(int i=0;i<5;i++)
           ps.print((int)(Math.random()*100)+" ");
         //在文件中写入换行符
         ps.println();
         //在文件中写入布尔类型
         ps.print(false);
         //关闭打印流
         ps.close();
      }
      catch(IOException e){e.printStackTrace();}
  }
}
```

例 12-4 编译运行后，产生一个名为 TestPrintStream.txt 的文件，以文本方式打开这个文件，可以看到文件中的内容如图 12-13 所示。

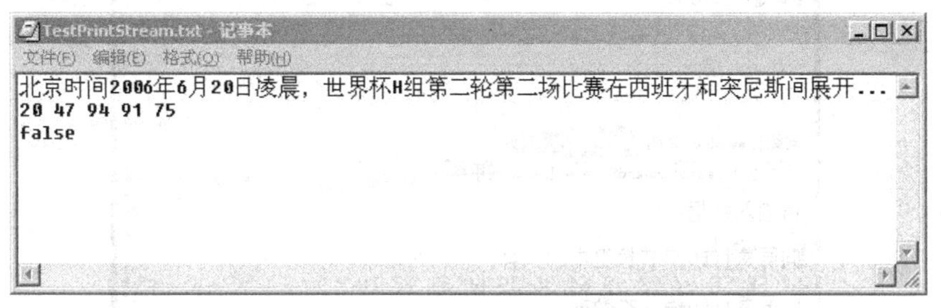

图 12-13 文件 TestPrintStream.txt 中的内容

【注意】由于例 12-4 随机产生了 5 个整数，因此每次运行后文件 TestPrintStream.txt 的内容可能会有所不同。

3. 标准输入/输出流

System 类在 java.lang 包中，它是 final 类，并且不能被实例化。该类提供了一些非常有用的属性和方法，其中包含 3 个静态 I/O 对象：System.in、System.out 和 System.err，分别被称为标准输入流(键盘)、标准输出流(屏幕)和标准错误流(屏幕)。这 3 个对象是 Java 程序员经常使用的基本对象，用于从键盘读入、向屏幕输出和显示错误信息。

【例 12-5】标准输入/输出流测试程序。

```
//TestStandardStream.java
package ch12.other;

import java.io.*;
public class TestStandardStream
{
public static void main(String[] args)
  {
     byte[] b=new byte[100];
     try
     {
        System.out.println("请输入数据：");
        int b_length=System.in.read(b);
        System.out.println("向屏幕打印字节数组中的内容：");
        for(int i=0;i<b_length;i++)
           System.out.print(b[i]+" ");
        System.out.println();
        System.out.println("向屏幕打印输入的数据：");
        for(int i=0;i<b_length;i++)
           System.out.print((char)b[i]);
        System.out.println("输入的字节数："+b_length);
     }
     catch(IOException e){}
  }
}
```

例 12-5 运行时从键盘输入数据 987abc@$ `23 后并按下回车键，界面如图 12-14 所示。

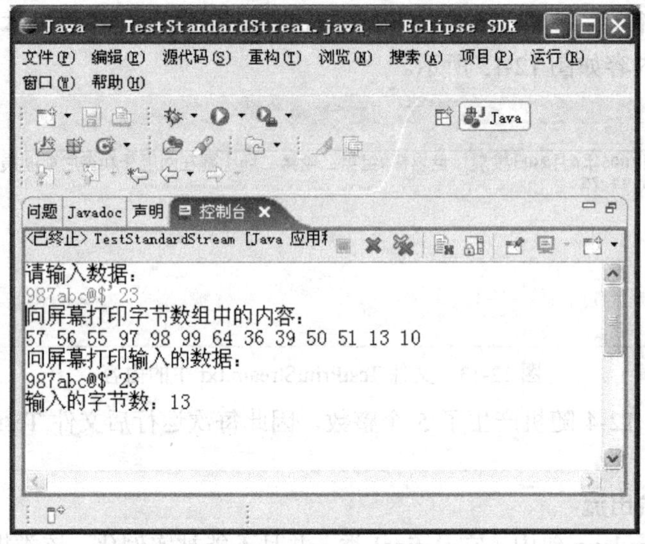

图 12-14　TestStandardStream 运行结果的界面

4．缓冲流

使用带缓冲功能的流可以提高输入和输出的效率，这些流通常以 Buffered 开头。利用缓冲流进行文件读取时，读入的数据先放入缓冲区，然后程序再从缓冲区中读数据；利用缓冲流进行输出时，数据先被写入缓冲区，然后再整块写入文件。

(1) BufferedReader 类

构造方法：public BufferedReader(Reader in)和 public BufferedReader(Reader in,int sz)用来构造缓冲输入字符流对象，其中第一个参数是一个 Reader 对象，第二个参数用来指定缓冲区大小，如果构造对象时没有给出第二个参数，则缓冲区大小采用默认设置。

BufferedReader 类中的 readLine( )方法可以一次从文件中读取一行文本，而不用一个一个字节或者字符进行循环读取。该方法返回一个字符串。

(2) 其他缓冲流

其他缓冲流还有 BufferedInputStream、BufferedOutputStream、BufferedWriter 等，它们都提供缓冲区。通常，使用缓冲流来“包裹”其他流，以便提高输入/输出效率。

【例 12-6】缓冲流测试程序。

```
//TestBufferedStream.java
package ch12.other;
import java.awt.*;
import javax.swing.*;
import java.awt.event.*;
import java.io.*;
public class TestBufferedStream extends JFrame
{
  private JButton jb1=new JButton("浏览...");
  private JButton jb2=new JButton("打开");
  private JTextField jtf=new JTextField();
  private JTextArea jta=new JTextArea();
    //打开的文件对象
  private File f=null;
```

```
public TestBufferedStream()
{
    Container c=this.getContentPane();
    //将文本区加入带滚动条的窗格中
    JScrollPane jsp=new JScrollPane(jta);
    c.add(jsp);
    JPanel p1=new JPanel();
    p1.setLayout(new BorderLayout());
    p1.add(new JLabel("文件名"),BorderLayout.WEST);
    p1.add(jtf);
    JPanel p2=new JPanel();
    p2.add(jb1);
    p2.add(jb2);
    p1.add(p2,BorderLayout.EAST);
    c.add(p1,BorderLayout.SOUTH);
    Listener l=new Listener();
    //按下按钮和在文本域中按下回车都会触发事件
    jb1.addActionListener(l);
    jb2.addActionListener(l);
    jtf.addActionListener(l);
}
class Listener implements ActionListener
{
  public void actionPerformed(ActionEvent e)
  {
         //按下浏览按钮后,弹出打开文件对话框
      if(e.getSource()==jb1)
         openFile();
         //按下打开按钮后,在文本区内显示文件内容
      if(e.getSource()==jb2)
         showFile();
         //在文本区中输入文件名,按下回车会打开相应文件
      if(e.getSource()==jtf)
      {
          f=new File(jtf.getText());
          showFile();
      }
  }
}
private void openFile()
{
  JFileChooser jfc=new JFileChooser();
  //如果用户选择了文件并单击确定按钮，就将文件名显示在文本域中
  if(jfc.showOpenDialog(this)==JFileChooser.APPROVE_OPTION)
  {
      f=jfc.getSelectedFile();
      jtf.setText(f.getAbsolutePath());
      jta.setText("");
```

```
        }
    }
    private void showFile()
    {
        //如果用户既没有选择文件也没有输入文件名，则弹出对话框报错
        if(f==null && jtf.getText().equals(""))
            JOptionPane.showMessageDialog(this,"请选择要打开的文件",
                    "错误消息",JOptionPane.ERROR_MESSAGE);
        else
        {
            //如果用户是直接在文本域中输入的文件名，则创建文件对象
            if(f==null)
                f=new File(jtf.getText());
            try
            {
                BufferedReader br=new BufferedReader(new FileReader(f));
                String s;
                //一次从文件中读入一行，添加到文本区中
                while((s=br.readLine())!=null)
                  jta.append(s+'\n');
                br.close();
                f=null;
            }
            catch(FileNotFoundException e)
            {
                JOptionPane.showMessageDialog(this,"您要打开的文件不存在",
                        "错误消息",JOptionPane.ERROR_MESSAGE);
            }
            catch(IOException e)
            {
                System.out.println(e.getMessage());
            }
        }
    }
    public static void main(String[] args)
    {
        TestBufferedStream tbs=new TestBufferedStream();
        tbs.setTitle("用缓冲流读文件...");
        tbs.setSize(400,300);
        tbs.setVisible(true);
        tbs.setDefaultCloseOperation(3);
    }
}
```

例 12-6 编译运行后，界面如图 12-15 所示。

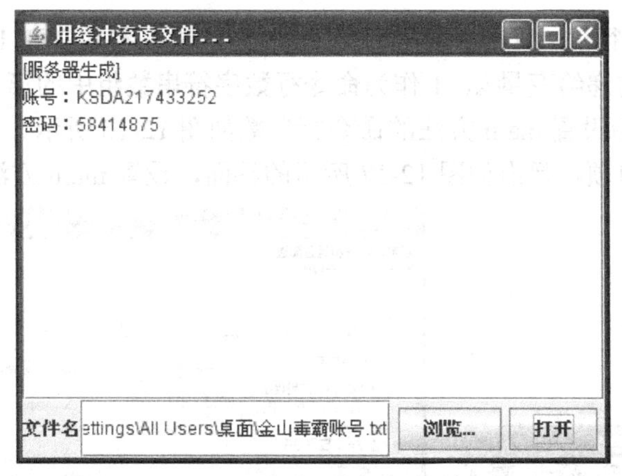

图 12-15　TestBufferedStream 运行结果的界面

12.5.2　Java 异常处理机制

1. 异常的处理

前面说过，异常抛出后需要对其进行处理，以保证程序的正常运行，Java 中是通过 try-catch 语句对异常进行捕获和处理的。具体的方法就是将可能抛出异常的语句写在 try 语句中，一旦抛出异常，就可以用 catch 语句进行捕获并处理了。下面看一个例子。

【例 12-7】 对命令行参数的异常处理。

```
//TestTryCatch.java
public class TestTryCatch
{
    public static void main(String[] args)
    {
       try{
        //将命令行参数转换成整数
int x = Integer.parseInt(args[0]);
//打印输出 x 的值
System.out.println("x = "+x);
//将命令行参数转换成整数
        int y = Integer.parseInt(args[1]);
        //打印输出 y 的值
System.out.println("y = "+y);
int m = x/y;
System.out.println("m = "+m);
        System.out.println("end of try");
     }catch(ArithmeticException ex)
     {
        System.out.println(ex);
        System.out.println("end of catch");
     }
     System.out.println("end of main");
    }
}
```

代码编译并运行时，随着用户输入的命令行参数的不同，可能会产生不同的情况。

情况 1：用户在运行 TestTryCatch 类时给 main 方法输入参数 2 和 1，2 作为命令行字符串数组中的第一个参数传递给变量 x，1 作为命令行数字符串数组中的第二个参数传递给程序中的变量 y。在 Eclipse 中设置 main 方法的命令行参数如图 12-16 所示。

单击“运行”菜单项，弹出如图 12-17 所示的界面，设置 main 方法的命令行参数。

图 12-16　在 Eclipse 中设置 main 方法的命令行参数的菜单选项

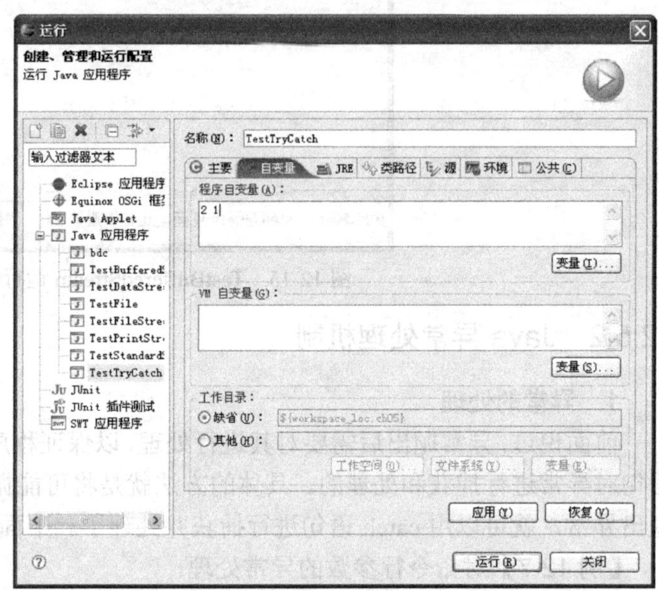

图 12-17　设置 main 方法参数对话框

程序输出如图 12-18 所示。

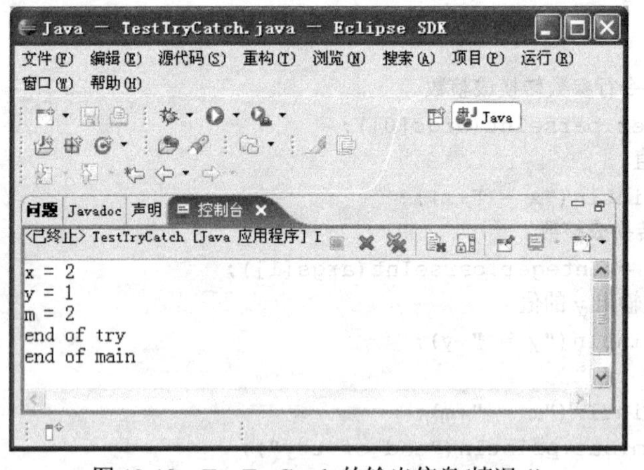

图 12-18　TestTryCatch 的输出信息(情况 1)

从输出信息可以看到，当用户输入的命令行参数为 2 和 1 时，x 的值为 2，y 的值为 1，m 的值为 2，这时没有异常抛出。另外还打印出了“end of try”和“end of main”字符串，说明在没有异常抛出时 try 语句正常结束，没有执行 catch 子句，并且整个程序也正常结束了。

情况 2：当用户将 main 方法的命令行参数设定为 2 和 0，并运行 TestTryCatch 类时，程序输出如图 12-19 所示。

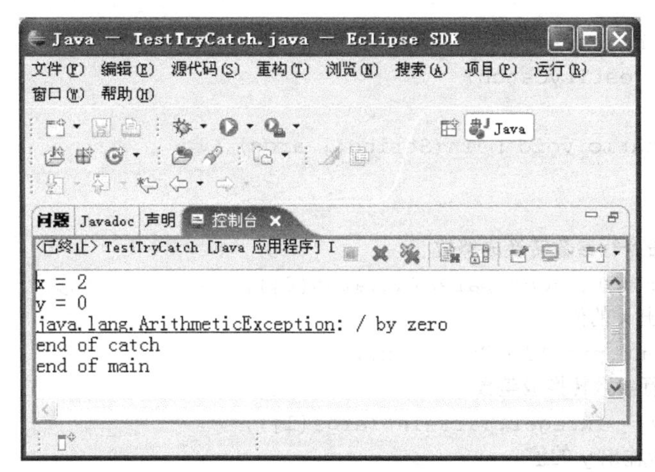

图 12-19 TestTryCatch 的输出信息(情况 2)

从输出信息可以看到，当用户输入的命令行参数为 2 和 0 时，x 和 y 的值正常打印出来，但 m 的值没有输出，说明这时产生了异常。而且，“end of try”也没有输出，说明当异常发生时 try 语句中断了。程序打印的异常类型信息表明抛出的异常是 ArithmeticException 类型的异常，它和 catch 子句捕获异常的类型相同，而且，“end of catch”字符串也打印出来，说明在这种情况下，异常捕获成功，并且执行 catch 子句。“end of main”的输出表明程序在异常捕获成功后，仍能保持正常结束。

情况 3：当用户将 main 方法的命令行参数设定为一个参数 2 时，运行 TestTryCatch 类，程序输出如图 12-20 所示。

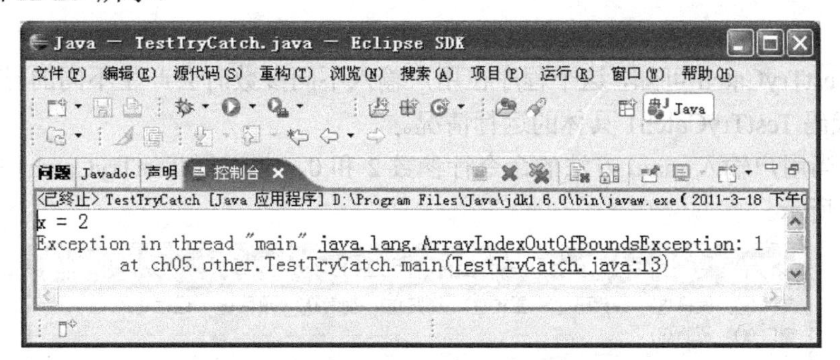

图 12-20 TestTryCatch 的输出信息(情况 3)

从输出信息可以看到，由于命令行只输入了一个参数，而程序中却访问了 args 数组的第二个元素 args[1]，这时产生 ArrayIndexOutOfBoundsException 异常，导致 try 子句的中断。而且，“end of catch”字符串没有输入，说明没有执行 catch 子句，原因是由于 catch 子句描述的异常类型与实际 try 语句中产生的异常类型不同，这时说明异常捕获失败。在这种情况下，“end of main”也没有输出，说明程序中断，也就是说 try-catch 子句没有起到任何作用。

从以上例子可以看出，如果产生异常的异常类型与 catch 子句后描述的异常类型相同，则异常捕获成功，否则异常捕获失败。那么，是否产生的异常必须和 catch 子句描述的异常完全相同才能捕获呢？将 TestTryCatch 改造为 TestTryCatch1，将 catch 子句描述的异常类改成 Exception。

【例 12-8】对命令行参数的异常处理——捕获 Exception 类的异常对象。

```
package ch12.other;
```

```
//TestTryCatch1.java
public class TestTryCatch1
{
    public static void main(String[] args)
    {
        try{
        //将命令行参数转换成整数
        int x = Integer.parseInt(args[0]);
      //打印输出 x 的值
      System.out.println("x = "+x);
      //将命令行参数转换成整数
        int y = Integer.parseInt(args[1]);
        //打印输出 y 的值
        System.out.println("y = "+y);
        int m = x/y;
        System.out.println("m = "+m);
        System.out.println("end of try");
      }catch(Exception ex)
      {
        System.out.println(ex);
        System.out.println("end of catch");
      }
       System.out.println("end of main");
    }
}
```

从代码 TestTryCatch 可知，这个程序在用户输入不同参数时会产生不同的异常，下面来看修改过后的代码 TestTryCatch1 具体的运行情况。

情况 1：当用户输入 main 方法的命令行参数 2 和 0，并运行 TestTryCatch1 类时，程序输出如图 12-21 所示。

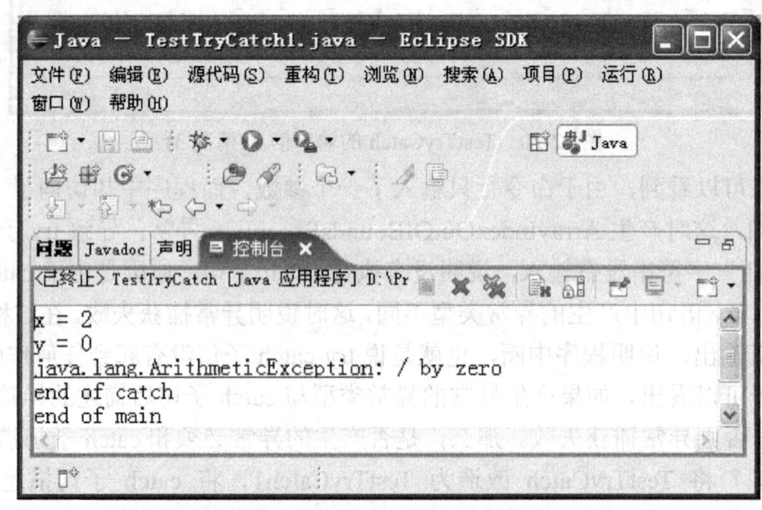

图 12-21　TestTryCatch1 输出信息(情况 1)

从输出信息可以看到，异常捕获成功，程序正常结束。

情况 2：当用户输入 main 方法的命令行参数为一个参数 2，并运行 TestTryCatch1 类时，程序输出如图 12-22 所示。

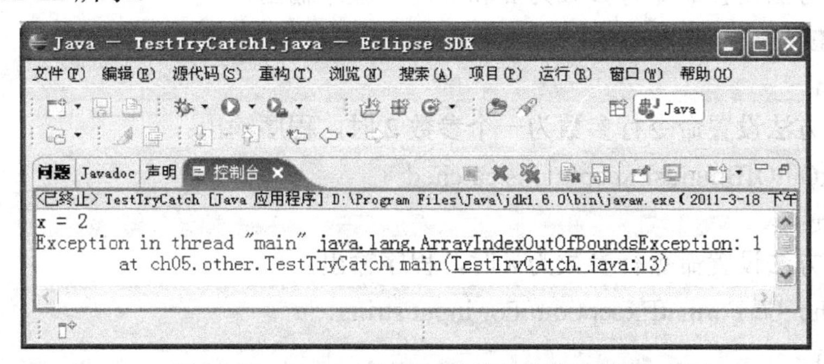

图 12-22 TestTryCatch1 的输出信息(情况 2)

从输出信息可以看出，异常捕获成功，程序正常结束。

在 TestTryCatch1 中，两种情况产生的异常类型是不同的，但是这两种类型的异常都是 Exception 类的子类，这说明 catch 子句可以捕获其描述的异常类的所有子类异常。

在 try 语句中可以包含多条语句，因此可能产生的异常也许不止一种。针对这种情况，可以用多个 catch 语句进行捕获，并分别进行处理。比如 TestTryCatch1 就可能会产生 3 种异常，如果希望对这 3 种异常进行不同处理，就必须用多个 catch 子句进行捕获了。下面将 TestTryCatch1 类改造为 TestTryCatch2 类。

【例 12-9】多个 catch 子句处理多种异常。

```
// TestTryCatch2.java
package ch12.other;
public class TestTryCatch2
{
    public static void main(String[] args)
    {
        try{
        int x = Integer.parseInt(args[0]);
        int y = Integer.parseInt(args[1]);
        int m = x/y;
        System.out.println("end of try");
        }catch(ArithmeticException ex)
        {
            System.out.println("ArithmeticException is catched");
        }
        catch(ArrayIndexOutOfBoundsException ex)
        {
            System.out.println("ArrayIndexOutOfBoundsException is catched");
        }
        catch(Exception ex)
        {
            System.out.println(ex);
        }
            System.out.println("end of main");
    }
}
```

当给 main 方法设置命令行参数为 2 和 0 时，程序输出：

```
ArithmeticException is catched
end of main
```

当给 main 方法设置命令行参数为一个参数 2 时，程序输出：

```
ArrayIndexOutOfBoundsException is catched
end of main
```

当给 main 方法设置命令行参数为 a 时，程序输出：

```
java.lang.NumberFormatException: For input string: "a"
end of main
```

从 TestTryCatch2 的输出信息中可以看到，当用户输入的命令行参数为 2 和 0 时，会产生算术异常(ArithmeticException)。那么从打印的输出结果看，该异常被第一个 catch 子句捕获并处理。当用户输入的命令行参数只有一个参数 2 时，由于在程序中访问了 args[1]，这时会产生数组越界异常(ArrayIndexOutOfBoundsException)。那么从打印的输出结果看，这个异常被第二个 catch 子句捕获并处理。最后，当用户输入的命令行参数为 a 时，由于 a 无法转换成整数，因此会产生数字格式异常(NumberFormatException)。那么从打印的输出结果看，这个异常被第三个 catch 子句捕获并处理。

这里有一个技巧，就是一般情况下把捕获 Exception 类型异常的 catch 子句写在最后。由于 Exception 是所有异常的父类，因此这个 catch 能够捕获所有的异常。这样，即使程序产生的异常超出了预见，也能够保证这个异常在最后被捕获并处理。

【注意】多个 catch 子句之间的顺序是很重要的，如果前面 catch 子句捕获的异常类是后面异常类的父类，那么后面 catch 子句将永远不可到达，这样会导致编译错误。比如例 12-9 中，catch (Exception ex)如果不写在最后，就会产生编译错误。

2. 异常的声明

前面说过，异常抛出后，需要对其进行异常处理，否则会导致程序意外中断。但是，在定义一个方法时，是不是必须像前面的例子那样，在遇到可能产生异常的语句时使用 try-catch 语句对其进行异常处理呢？下面看一个例子。

【例 12-10】自定义异常类。

```
//TestSalaryException.java
package ch12.other;
//自定义的工资异常类
class SalaryException extends Exception
{
  //无参的构造方法
public SalaryException()
  {
  }
  //有参的构造方法
  public SalaryException(String message)
  {
       super(message);
  }
}
//员工类
```

```
class Employee
{
  private double salary = 500;
  //设置工资方法，其声明了异常
  public void setSalary(double salary) throws SalaryException
  {
      if(salary<500)
          throw new SalaryException();
      this.salary = salary;
  }
  public double getSalary()
  {
      return salary;
  }
}
//主类，测试员工类
public class TestSalaryException
{
  public static void main(String[] args)
  {
       Employee em = new Employee();
       try
       {
           em.setSalary(300);
       }catch(SalaryException ex)
       {
         System.out.println("SalaryException is catched");
       }
       System.out.println("end of program");
  }
}
```

程序运行后向控制台输出如下结果：

```
SalaryException is catched
end of program
```

本例中定义了一个员工类 Employee 和一个工资异常类 SalaryException。由于规定员工的工资不能低于 500 元，因此在设置工资的方法 setSalary 中，如果给定的参数 salary 小于 500 元，就会抛出一个 SalaryException 异常。但是在 setSalary 方法中并没有对这个异常进行处理，而是在方法头上加上了 throws SalaryException，这时在编译这个类时顺利通过了。这个在方法头上加上 throws 的过程称为异常的声明，有时也称为报告异常。

方法异常声明的语法是：

```
返回值类型 方法名(参数列表)throws 异常列表;
```

关键字 throws 后面列出方法中可能抛出的未被处理的异常。

例 12-10 中还定义了一个测试类，在类的 main 方法中创建了员工对象，并设置工资为 300 元，这时 setSalary 方法会抛出异常，从例子的输出信息看，main 方法捕获到了这个异常，并且处理成功。说明 setSalary 方法中抛出的异常由这个方法的调用者捕获并处理。这说明方法头部异常声明的作用是告诉这个方法的调用者，此方法中会有未处理的异常发生，需要进行异常处理。读者可以设想一下，如果方法的调用者也不想进行异常处理，是不是也可以再报告给它的上一级调用者呢？答案是肯定的，这个报告的过程可以一直延续到 main 方法的调用者 Java 运行环境，如果一个异常抛给了运行环境，那么就会导致程序的中断。

从例 12-10 可以了解到，如果一个方法中有异常抛出，则可以有两种选择：一是在方法内部通过 try-catch 语句对异常进行捕获处理；另外还可以不进行异常处理，通过 throws 声明这些未处理的异常，将这些异常报告给它的上一级调用者。

【**注意**】throws 用于声明异常，throw 用于抛出异常。

3．异常的抛出

前面说过程序在遇到运行错误时会产生异常，那么这个异常是如何产生的呢？从例 12-9 中看不到任何产生异常的语句，但是从输出信息看，的确有一种 ArithmeticException 异常产生。这说明异常是由系统自动产生并抛出的。那么是不是所有的异常都是由系统自动抛出呢？事实情况并非如此，Java 中的异常一部分是系统预定义的，还有一部分是程序员根据具体应用的需要自定义的。由于系统无法知道程序员自定义异常类的意义，所以，不难理解系统自动抛出的异常只能是系统预定义异常，而对于自定义的异常类，系统是无法自动抛出的。那这部分异常类如何抛出呢？在 Java 中使用 throw 关键字抛出异常。

语法是：

```
throw 异常对象;
```

比如：

```
throw new BallanceNotEnoughException ();
```

或者

```
BallanceNotEnoughException ex = new BallanceNotEnoughException();
throw ex;
```

这里需要说明的是，所有异常都是通过 throw 抛出的，虽然系统预定义的异常一般由系统自动抛出，但程序员也可以用 throw 抛出这部分异常，而不仅仅是自定义异常。

【**注意**】throw 语句会中断程序的运行，因此它后面不能写任何语句，否则会产生不可到达的编译错误。

4．finally 子句

有时，程序可能在无论异常是否发生或者是否被捕获时，都希望执行某些操作。这时可以通过异常处理的 finally 子句来达到这一目的。比如：

【**例 12-11**】finally 子句的用法。

```
// TestTryCatch.java
package ch12.other;
public class TestFinally
{
    public static void main(String[] args)
    {
       try{
          int x = Integer.parseInt(args[0]);
          int y = Integer.parseInt(args[1]);
          int m = x/y;
          System.out.println("end of try");
      }catch(ArithmeticException ex)
```

```
        {
           System.out.println("ArithmeticException is catched");
        }
        finally
        {
           System.out.println("end of finally");
        }
        System.out.println("end of main");
     }
  }
```

当运行时给 main 方法的命令行参数输入 2 和 1 时，程序输出：

```
end of try
end of finally
end of main
```

当运行时给 main 方法的命令行参数输入 2 和 0 时，程序输出：

```
ArithmeticException is catched
end of finally
end of main
```

当运行时给 main 方法的命令行参数输入一个参数 2 时，程序输出：

```
end of finally
Exception in thread "main"
java.lang.ArrayIndexOutOfBoundsException: 1
     at ch12.other.TestFinally.main(TestFinally.java:9)
```

从例 12-11 的输出信息可以看到，当用户输入的命令行参数为 2 和 1 时，程序没有产生异常，这时输出了"end of finally"，说明 finally 子句被执行。当用户输入的命令行参数只有一个参数 2 时，会产生数组越界异常(ArrayIndexOutOfBoundsException)。那么从打印的输出结果看，finally 子句仍然被执行。最后，当用户输入的命令行参数为 2 时，由于 catch 子句没有捕获这种异常，也就是说异常捕获失败。那么从打印的输出结果看，程序是在 finally 子句被执行后才中断的。这个例子可以说明程序只要进入异常处理，finally 子句是肯定会在最后被执行的。

Java 中异常处理是通过 try-catch 语句来实现的。语法规范如下：

```
try
{
    可能抛出异常的语句组;
}
catch (异常类1  e)
{
    异常处理语句组 1;
}
catch (异常类2  e)
{
    异常处理语句组 2;
}
……
catch (异常类n  e)
```

```
{
    异常处理语句组 n;
}
finally
{
    语句组;
}
```

Java 中，把可能产生异常的语句放入 try 语句中，这样当异常抛出时，可以通过 catch 语句进行捕获，然后执行 catch 语句中的异常处理语句。在 finally 子句中写入最终要执行的语句，这样这些语句无论异常是否发生，最终都会被执行。

12.6 强 化 训 练

编写应用程序，使用 RandomAccessFile 类及其方法，把程序本身分两次显示在屏幕上。第一次直接显示，第二次给每一行添加行号显示。

12.7 课 后 习 题

一、填空题

1．声明异常的关键字是______________。

2．抛出异常的关键字是______________。

3．不需要声明的异常是______________。

4．所有字节流类的基类是____________、____________。

5．所有字符流类的基类是____________、____________。

6．InputStream 类以__________为信息的基本单位。

7．Reader 类以__________为信息的基本单位。

8．__________类用以处理文件和路径问题。

9．Java 中标准输入/输出流对象是：________、________、________。

10．System.in 的类型是__________。

11．System.out 的类型是__________。

二、选择题

1．下列异常处理语句编写正确的是( )。

A) try{ System.out.println(2/0) ;}

B) try(System.out.println(2/0))

    catch(Exception e)

    (System.out.println(e.getMessage());)

C) try{ System.out.println(2/0) ;}

    catch(Exception e)

    { System.out.println(e.getMessage()); }

D) try{ System.out.println(2/0) ;}

    catch {   System.out.println(e.getMessage()); }

2．以下选项中属于字节流的是( )。

A) FileInputSream　　B) FileWriter　　C) FileReader　　D) PrintWriter

3．以下选项中不属于 File 类能够实现的功能的是( )。

A) 建立文件　　B) 建立目录　　C) 获取文件属性　　D) 读取文件内容

4．以下选项中哪个类是所有输入字节流的基类( )。

A) InputStream　　B) OutputStream　　C) Reader　　D) Writer

5．以下选项中哪个类是所有输出字符流的基类( )。

A) InputStream　　B) OutputStream　　C) Reader　　D) Writer

6．下列选项中能独立完成外部文件数据读取操作的流类是( )。

A) InputStream　　B) FileInputStream　　C) FilterInputStream　　D) DataInputStream

7．下列选项中能独立完成外部文件数据读取操作的流类是( )。

A) Reader　　B) FileReader　　C) BufferedReader　　D) ReaderInputStream

8．在建立 FileInputStream 流对象时，可能会产生下列哪种类型的异常( )。

A) ClassNotFoundException　　B) FileNotFoundException

C) RuntimeException　　D) AWTException

9．在使用 FileInputStream 流对象的 read 方法读取数据时，可能会产生下列哪种类型的异常( )。

A) ClassNotFoundException　　B) FileNotFoundException

C) RuntimeException　　D) IOException

三、简答题

1．阅读下面程序回答问题：

```
import java.io.*;
public class Class1
{
  public static void main(String args[])
  {
       int a=5;
       int b=0;
       System.out.println(a/b);
       try
       {
           System.out.println("a="+a);
           System.out.println(a/b);
           System.out.println("a*a="+a*a);
       }
       catch(ArithmeticException e)
       {   System.out.println("除数为 0，这是不行的！");          }
       finally
       {   System.out.println("finally 被执行！");        }
       System.out.println("异常已发生，但不影响程序的执行！");
  }
}
```

(1) 运行上述程序，输出结果是什么？(异常提示信息除外)

(2) 将变量 b 的初值改成 5 后，输出结果是什么？

四、编程题

1．从控制台获取两个字符串，并将两个字符串按照录入的先后顺序依次连接，然后将结果输出在控制台上。当其中有一个字符串为空或者两个均为空时，控制台输出“one string at least is not get”。

2．编写应用程序，使用 System.in.read( )方法读取用户从键盘输入的字节数据，回车后，把从键盘输入的数据存放到数组 buffer 中，并将用户输入的数据通过 System.out.print( )显示在屏幕上。

3．编写应用程序，使用 System.in.read( )方法读取用户从键盘输入的字节数据，回车后，把从键盘输入的数据存放到数组 buffer 中，并将用户输入的数据保存为指定路径下的文件。

4．编写应用程序，使用 FileInputStream 类对象读取程序本身(或其他目录下的文件)并显示在屏幕上。

第13章 电子时钟

【本章概述】本章以项目为导向，通过编写一个电子时钟重点介绍了多任务程序的工作原理，以及 Java 中多线程程序的编写过程；通过本章的学习，读者能够理解多线程的概念，掌握如何使用 Thread 类和 Runnable 接口编写多线程程序。

【教学重点】多线程的工作原理、Thread 类、Runnable 接口。

【教学难点】多线程的工作原理、Thread 类、Runnable 接口。

【学习指导建议】学习者应首先通过学习【技术准备】，了解 Java 中多任务程序的工作原理。通过学习本章的【项目学做】完成本章的项目，理解和掌握 Java 中多线程程序的编写过程。通过【强化训练】巩固对本章知识的理解。最后通过【课后习题】进行学习效果测评，检验学习效果。

13.1 项 目 任 务

采用图形化界面，完成一个电子时钟程序，该程序能够显示当前的时间。

13.2 项 目 分 析

1．项目完成思路

首先通过 Java 的 GUI 技术开发一个图形界面，用 JLabel 控件显示当前的时间。其次，创建一个线程，使线程永久执行。在线程中每隔 1s 将当前的时间显示到 JLabel 控件中。

2．需解决问题

在本项目中需要了解 Java 的 GUI 技术和多线程技术。

13.3 技 术 准 备

13.3.1 Thread 类

多线程是指在整个程序的一次运行过程中，多个线程在并发地执行。在单处理器的系统中，这多个并发执行的线程可以分享 CPU 的时间，操作系统负责对它们进行调度和资源分配。从宏观上看，这些线程好像在并行执行一样，但是实际上，在任意时刻，只能有一个线程在使用 CPU。只有在多处理器的系统中，多个线程才能达到真正意义上的并行执行。

多线程有许多用途，它在图形用户界面程序设计和网络程序设计中非常常用，多线程程序不仅可以有效地利用 CPU 资源，还可以有效地优化程序的吞吐量。在单处理器的系统中，多个线程的调度会降低一些效率；但是从程序设计、资源平衡和用户使用方便等方面来看，所牺牲的效率是完全值得的。

1. 示例代码

【例 13-1】分别显示数字和字母的多线程程序。

```
//Threads.java
public class Threads
{
    public static void main(String[] args)
    {
      System.out.print("main begins  ");
      Threads1 nt1=new Threads1();          //创建 Threads1 类的对象
      Threads2 nt2=new Threads2();          //创建 Threads2 类的对象
      nt1.start();           //通过 Threads1 类的对象调用 start 方法,启动线程执行
      nt2.start();           //通过 Threads2 类的对象调用 start 方法,启动线程执行
      System.out.print("main ends  ");
    }
}
class Threads1 extends Thread                   //通过继承 Thread 类，编写线程类 Threads1
{
    public void run()                           //线程运行时执行的代码
    {
        for(int i=1;i<=50;i++)
          System.out.print(i+"  ");
    }
}
class Threads2 extends Thread                   //通过继承 Thread 类，编写线程类 Threads2
{
    public void run()                           //线程运行时执行的代码
    {
        for(char c='A';c<='Z';c++)
            System.out.print(c+"  ");
        for(char c='a';c<='z';c++)
            System.out.print(c+"  ");
    }
}
```

如图 13-1 和图 13-2 展示了程序两次运行后的结果。

```
C:\PROGRA~1\XINOXS~1\JCREAT~1\GE2001.exe
main begins  main ends  1  2  3  4  5  6  7  8  9  10  11  12  13  14  15  16  A
 B  C  D  E  F  G  H  I  J  K  L  M  N  O  P  Q  R  S  T  U  V  W  X  Y  Z  a
b  c  d  e  f  g  h  i  j  k  l  m  n  o  p  q  r  s  t  u  v  17  18  19  20  2
1  22  23  24  25  26  27  28  29  30  31  32  33  34  35  36  37  38  39  40  4
1  42  43  44  45  46  47  48  49  50  w  x  y  z  Press any key to continue...
```

图 13-1　例 13-1 第一次运行结果的界面

```
C:\PROGRA~1\XINOXS~1\JCREAT~1\GE2001.exe
main begins  main ends  1  2  3  4  5  6  7  8  9  10  11  12  13  14  15  16  A
 B  C  D  E  F  G  H  I  J  K  L  M  N  O  P  Q  R  S  T  U  V  W  X  Y  Z  a
b  c  d  e  f  g  h  i  j  k  l  m  n  o  p  q  r  s  t  u  v  w  x  y  17  18
19  20  21  22  23  24  25  26  27  28  29  30  31  32  33  34  35  36  37  38
39  40  41  42  43  44  45  46  47  48  49  50  z  Press any key to continue...
```

图 13-2　例 13-1 第二次运行结果的界面

2. 代码分析

例 13-1 中编写了两个线程类 Threads1 和 Threads2，它们都继承了 Thread 类。这两个类中都有 run( )方法，方法内的代码是线程在运行时执行的。主类的 main( )方法中，创建了这两个线程类的对象，并通过对象调用它们的 start( )方法开启两个线程的运行。

从结果图中可以看到，main( )方法和两个 run( )方法的执行输出交织在一起，一个方法的执行没有结束，另外一个方法已经开始执行了，并且 main( )方法的最后一条语句在两个 run( )方法开始执行以前就已经执行完毕了。

图 13-2 是程序连续两次运行的结果图，读者运行上面的程序时，所得到的结果也可能会与本书的图示不同。

3. 知识点

(1) 继承 Thread 类编写线程

在 Java 中编写一个线程非常容易，最简单的做法就是继承类 java.lang.Thread，这个类已经具有了创建和运行一个线程所必要的基本内容。Thread 类中最重要的方法就是 run( )，用于完成一个线程实际功能的代码都放在这个方法内，因此当从 Thread 类继承后，应该覆盖这个方法，把希望并行处理的代码都写在 run( )方法中，这样这些代码就能够与程序中的其他线程“同时”执行。

(2) 线程的执行

线程类编写好后，要想启动线程的运行，首先需要创建线程类的对象，并通过对象引用去调用 start( )方法开启线程的执行，然后由线程执行机制通过 start( )方法调用 run( )方法。如果不调用 start( )方法，线程将永远不会启动。Thread 类中的 run( )方法从来不会被显式调用，start( )方法也不会被覆盖。

(3) 多线程的并发

当在程序中使用 start( )方法启动了一个线程后，程序控制立刻返回给调用方法，然后新线程与调用方法就开始并发地执行。无论程序中启动了多少个线程，这些线程都共享 CPU 的处理资源，Java的线程调度机制负责这些线程之间的切换。从宏观上看，这些线程是在并行执行，但是，在单 CPU 的系统中，任意时刻只有一个线程在使用 CPU。由于线程调度机制的行为是不确定的，所以哪一时刻应该由哪一个线程使用 CPU 执行代码也是不确定的，这样就导致程序的每次运行的输出结果都不尽相同。

(4) 举一反三

仿照例 13-1 进行一个编程练习。要求如下：利用 Thread 类编写一个线程类，这个线程类应该有一个标识线程的 id 属性，并且有一个带参构造方法，希望并发执行的代码写在了这个线程类的 run( )方法中。在主类中创建这个线程类的多个对象，每个对象有不同的标识，然后启动这些线程的运行。编译这个程序，并多次运行它并观察输出结果，体会多线程的并发机制。

13.3.2 Runnable 接口

在 Java 中，除了使用 Thread 类来建立自己的线程类外，还可以通过实现 Runnable 接口来编写线程。

1. 示例代码

【例 13-2】使用 Runnable 接口实现多线程程序。

```
// Threads_Runnable.java
```

```
public class Threads_Runnable
{
  public static void main(String[] args)
  {
  //利用 Thread 类构造线程实例，参数是实现了 Runnable 接口的类
  Thread t1=new Thread(new Threads(1));
         Thread t2=new Thread(new Threads(2));
         t1.start();
         t2.start();
         //main 方法的循环打印语句
         for(int i=0;i<10;i++)
             System.out.println("main print "+i);
  }
}
class Threads implements Runnable          //实现 Runnable 接口
{  int i;                                  //线程的标识
  Threads(int i){
     this.i=i;
   }
     public void run(){                    //覆盖 Runnable 接口中的 run()方法
       for(int ii=0;ii<10;ii++)            //循环打印语句
         System.out.println("Thread "+i+" print "+ii);
     }
}
```

代码的运行结果如图 13-3 所示。

```
C:\PROGRA~1\XINOXS~1\JCREAT~1\GE2001.exe
main print 0
main print 1
main print 2
main print 3
Thread 1 print 0
Thread 2 print 0
Thread 1 print 1
Thread 2 print 1
Thread 1 print 2
Thread 2 print 2
Thread 1 print 3
Thread 2 print 3
Thread 1 print 4
Thread 2 print 4
Thread 1 print 5
Thread 2 print 5
Thread 1 print 6
Thread 1 print 7
Thread 1 print 8
Thread 1 print 9
Thread 2 print 6
Thread 2 print 7
Thread 2 print 8
Thread 2 print 9
main print 4
main print 5
main print 6
main print 7
main print 8
main print 9
Press any key to continue...
```

图 13-3 例 13-2 运行结果的界面

2．代码分析

例 13-2 中，编写了一个类 Threads 实现了 Runnable 接口，并且覆盖了 Runnable 接口中的 run( )方法。主类 Threads_Runnable 中，以 Threads 类的对象作为参数构造了 Thread 类的两个对象，即生成两个线程，并通过调用 start( )方法启动这两个线程的运行。通过运行结果可知，两个线程中的打印语句与 main( )方法中的打印语句并发执行，交替输出运行结果。读者可以尝试多次运行这段程序，仍会发现运行结果不唯一，但始终保证三段打印语句轮流执行。

3．知识点

Java 中，不继承 Thread 类仍然可以实现线程的编写，但这需要借助于 Runnable 接口。

Runnable 接口很简单，它只包含 run( )方法。利用 Runnable 接口开始一个线程，首先需要编写一个实现 Runnable 接口的类，并在这个类中覆盖接口中的 run( )方法，像继承 Thread 类那样，在 run( )方法中写入希望并发执行的代码；然后使用 Thread 类的构造方法创建线程对象：

```
public Thread(Runnable target)
```

target 参数是那个实现了 Runnable 接口的类的对象；最后通过调用线程对象的 start( )方法启动线程的执行。

既然 Thread 类可以实现线程的编写，为什么还需要 Runnable 接口呢？

如果一个对象仅仅是作为线程创建的，并不具有任何其他行为，那么通过继承 Thread 类来编写线程是很合理的。然而，有时一个类可能已经继承了其他类(比如：Java 小程序，它必须继承 java.applet.Applet 类)，这时如果还想实现代码的并发就需要这个类同时继承 Thread 类，但 Java 中并不支持多重继承。这时，可以使用 Runnable 接口达到上述目的。事实上，Thread 类也是从 Runnable 接口实现而来的。但是 Runnable 接口并不像 Thread 类那样，它本身并不带有任何和线程相关的特性。因此，借助于 Runnable 对象产生一个线程时，就必须像例 13-2 那样建立一个单独的 Thread 对象，并把 Runnable 对象作为参数传递给 Thread 类的构造方法。然后通过这个线程对象的 start( )方法执行一些通常的初始化动作，再调用 run( )方法执行并发代码。

4．举一反三

利用 Runnable 接口改写例 13-1，实现多线程的编写。

13.4 项 目 学 做

在 Eclipse 的 ch13 项目中新建一个包 ch13.project1。在这个包中创建类 ClockFrame，通过在 JFrame 窗体中添加一个标签控件用以显示当前的时间。具体代码请扫描二维码“13.4 节源代码”。

运行这个程序可以发现，程序不能够动态地显示当前的时间。要想完成这样的功能，就需要在当前的程序中添加一个线程，将当前的时间不断地写到标签中显示出来。

13.4 节源代码

在 ClockFrame 类中添加如下代码：

```
//添加的线程代码
new Thread(new Runnable() {
        public void run() {
            while (true) {
                try {
                    Thread.sleep(1000);// 当前线程休眠 1000ms
```

```
                } catch (InterruptedException e) {
                    e.printStackTrace();
                }
                lblClock.setText(getDate());// 在标签中显示时间
            }
        }
    }).start();
```

在这个线程中首先采用一个无限循环，使线程中的代码能够不断运行，在每次运行时都将休眠 1000ms，然后将当前的时间取出，通过标签显示出来。由于代码是不断运行的，因此显示出动态的效果。

13.5 知 识 拓 展

在 Java 中每一个线程都归属于某个线程组管理的一员，例如在主函数 main( )主工作流程中产生一个线程，则产生的线程属于 main 这个线程组管理的一员。简单地说，线程组就是由线程组成的管理线程的类，这个类是 java.lang.ThreadGroup 类。

1. 示例代码

【例 13-3】采用线程组管理线程的程序。

```
//TestThreadGroup.java
public class TestThreadGroup
{
  public static void main(String[] args)
  {
      ThreadGroup tg=new ThreadGroup("myGroup");  //创建线程组
      Thread[] ths=new Thread[10];
      //循环在线程组中添加 10 个线程并启动
      for(int i=0;i<10;i++){
  ths[i]=new Thread(tg,new OneThread(i),"myGroup");
  ths[i].start();
      }
      while(tg.activeCount()!=0)   //循环输出线程组中当前活动的线程数目
          System.out.println("active count is"+tg.activeCount());
      OneThread tt=new OneThread(1); //查看新建线程默认所属的线程组
      System.out.println(tt.getThreadGroup());
      System.out.println(tg.getParent());//查看线程组的父线程组
  }
}
class OneThread extends Thread
{
int num;
OneThread(int num){
    this.num=num;
}
public void run() {//控制线程执行一段时间(几毫秒)
  for(int i=0;i<=num;i++)
    try{
```

```
        sleep(1);
      }
    catch(Exception e){}
  }
  }
```

程序编译运行后，输出如下结果：

```
active count is10
active count is10
active count is10
active count is10
…………………
active count is7
active count is7
active count is6
active count is6
…………………
active count is5
…………………
active count is3
active count is3
active count is2
…………………
active count is1
active count is1
active count is1
java.lang.ThreadGroup[name=main,maxpri=10]
java.lang.ThreadGroup[name=main,maxpri=10]
Press any key to continue...
```

2．代码分析

例 13-3 中创建了一个名为 myGroup 的线程组，这个线程组包含 10 个线程对象，程序首先用循环动态监控线程组中的活动线程数目并输出到屏幕，随着线程依次执行结束，活动线程数不断减少。

其次，程序中还创建了一个没有显式加入任何一个线程组的线程 tt，并在屏幕中显示它所属的线程组(默认线程组)，程序输出为：

```
java.lang.ThreadGroup[name=main,maxpri=10]
```

其中，java.lang.ThreadGroup 代表 tt 所属的线程组的类型，main 为默认线程组的名字，maxpri 代表这个线程组可以拥有的最大优先级。

最后程序向屏幕输出线程组 myGroup 的父线程组，myGroup 的默认父线程组的信息也是 java.lang.ThreadGroup[name=main,maxpri=10]。

3．知识点

一个线程组是线程的一个集合。在某些程序中，有时包含很多具有相似功能的线程，为了方便对这些线程进行管理与操作，通常将它们合在一起当作一个整体来对待。比如，可以同时挂起或者唤醒这些线程，这样就需要把这些功能相似的线程放入一个线程组中。

在 Java 中，构造和使用线程组的主要操作如下：

(1) 构造线程组

```
ThreadGroup tg=new ThreadGroup("myGroup");
```

这条语句创建了一个名为“myGroup”的线程组 tg。组名必须是唯一的字符串。

```
ThreadGroup tgChild=new ThreadGroup(tg, "one child threadgroup");
```

这条语句创建了一个属于 tg 的子线程组 tgChild，名为“one child threadgroup”。线程组可以构成一个树形结构，除起始线程组外，树中的每个线程组都属于一个父线程组。

(2) 线程加入线程组

```
Thread t=new Thread(tg, new OneThread(10), "one thread 10");
```

这条语句创建了一个名为“one thread 10”的线程 t，并且这个线程属于线程组 tg。

(3) 线程组的常用方法

使用线程组的 activeCount( )方法可以返回这个线程组及其所有子线程组中当前处于运行阶段的线程数。

事实上，每个线程都属于一个线程组。默认情况下，一个新建的线程属于生成它的当前线程组，可以使用 getThreadGroup( )方法查看一个线程属于哪一个线程组。线程组对象还可以使用 getParent( )方法查看它所属的父线程组。

getMaxPriority( )和 setMaxPriority( )方法分别用于返回和设置一个线程组的最大优先级。

13.6 强化训练

编写 applet(大小 140*60)，其背景色为蓝色，画一个长方形(其填充色为粉色，各边离 applet 的边为 10 像素)和一个在填充的长方形中左右移动的小球(半径 15)。

13.7 课后练习

1．简述线程的基本概念、线程的基本状态及状态之间的关系。

2．简述线程与进程的区别。

3．请编写一个类，类名为 MulThread，类中定义了含一个字符串参数的构造函数，并实现了 Runnable 接口，接口中的 run( )方法如下实现：方法中先在命令行显示该线程信息，然后随机休眠小于 1s 的时间，最后显示线程结束信息：“finished” +线程名。编写应用程序，在其中通过 Runnable 创建 MulThread 类的 3 个线程对象 t1、t2、t3，并启动这 3 个线程。

第14章　模拟售票系统

【**本章概述**】本章以项目为导向，通过编写一个模拟售票系统程序介绍了在编写多线程程序时可能出现访问冲突的问题，以及解决问题的方法；通过本章的学习，读者能够理解线程同步的作用和工作原理，能够熟练使用线程同步实现线程访问安全。

【**教学重点**】线程同步。

【**教学难点**】线程同步。

【**学习指导建议**】学习者应首先通过学习【技术准备】，了解在编写多线程程序时可能出现访问冲突的问题，以及解决问题的方法。通过学习本章的【项目学做】完成本章的项目，理解和掌握线程同步的作用和工作原理，能够熟练使用线程同步实现线程访问安全。通过【强化训练】巩固对本章知识的理解。最后通过【课后习题】进行学习效果测评，检验学习效果。

14.1　项 目 任 务

用 Java 语言完成一个模拟的多人售票系统，该售票系统能够支持 4 个售票窗口同时售票。

14.2　项 目 分 析

1．项目完成思路

首先创建一个实现 Runnable 接口的类，在这个类中设置一个 int 型的属性，模拟需要销售的火车票。通过创建 4 个线程，模拟 4 个售票窗口，对这个类的属性进行减操作，观察运行的结果。然后，在线程的方法中加入同步处理，观察运行的结果。完成此项目，必须掌握线程和线程同步的技术。

2．需解决问题

(1) 如何创建线程？

采用实现 Runnable 接口的方式创建线程。

(2) 如何实现多线程共享数据？

每个线程要共享同一个 Runnable 接口实现的类，详细请见代码部分。

14.3　技 术 准 备

14.3.1　线程同步

在多线程的程序中，有时会发生多个线程都要访问同一资源的情况，这时程序的运行可能会产生一些错误或者发生一些不可预知的行为。这时，就需要采用同步技术来约束这多个线程对共享资源的访问。本节将举例演示这样的问题，并用同步技术来解决这个问题。

1. 不使用同步访问共享资源

【例 14-1】 模拟银行交易(不使用同步)程序。

```
//DepositInBank.java
public class DepositInBank{
  public static void main(String[] args){
      BankAccount ba=new BankAccount();//创建一个银行账户 ba
      ThreadGroup tg=new ThreadGroup("BankClient Group");
      for(int i=0;i<5;i++){//模拟 5 位银行客户同时操作账户 ba
              Thread t=new Thread(tg,new BankClient(ba));
              t.start();
      }
      while(tg.activeCount()!=0){}
      //操作结束后统计账户 ba 的余额
      System.out.println("BankAccount balance is:"+ba.getBalance());
  }
}
class BankAccount
{   //银行账户类
   private int balance;  //余额属性
   BankAccount()
   {
      balance=0;
   }
   int getBalance()
   {return balance;}
   void add()                    //向账户汇款 1000 元
   {
    int newBalance=balance+1000;
      try
      {//这里用 Thread.sleep(1)语句模拟银行交易处理的延迟
         Thread.sleep(1);
      }
      catch(InterruptedException e)
      {System.out.println(e);}
      balance=newBalance;
   }
}
class BankClient extends Thread  //银行客户类，每个客户都持有一个账户
{
    BankAccount ba;
    BankClient(BankAccount ba)
    {
       this.ba=ba;
    }
    public void run()            //客户的行为，向账户汇款
    {
      ba.add();
    }
}
```

上述代码通过编译和运行后，输出的结果是：

```
BankAccount balance is:1000。
```

代码分析：本例中为了模拟银行的交易处理，定义了一个用于模拟银行账户的类 BankAccount，这个类有一个属性 balance，用来描述账户中的剩余金额。对账户的操作封装在方法 getBalance( )和 add( )中。

银行的客户要参与银行的交易处理，类 BankClient 用来描述客户，每个客户应该持有一个账户，因此银行账户作为 BankClient 类的属性出现；在例 14-1 中，客户的操作就是向自己的银行账户中存入 1000 元。由于银行的交易存在并发性，也就是说，客户的操作是可以并发完成的，因此程序用多线程实现。

主类 DepositInBank 中，首先创建了一个银行账户 ba，余额为 0 元。接着，创建了 5 个银行客户线程，同时操作这个账户，分别向账户中存入 1000 元。由于这 5 个线程功能类似，因此它们被定义在一个线程组中。

按照预期的想象，最终程序运行结束后，账户 ba 中的余额应该为 5000 元，可是程序的输出却是 1000 元，究竟是什么原因导致了错误呢？下面给出这个程序在运行过程中可能出现的情景，如图 14-1 所示。

时间轴	线程	操作	balance	newBalance
↓	1	int newBalance=balance+1000;	0	1000
	1	Thread.sleep(1);		
	2	int newBalance=balance+1000;	0	1000
	2	Thread.sleep(1)		
	3	int newBalance=balance+1000;	0	1000
	3	Thread.sleep(1)		
	4	int newBalance=balance+1000;	0	1000
	4	Thread.sleep(1)		
	5	int newBalance=balance+1000;	0	1000
	5	Thread.sleep(1)		
	1	balance=newBalance;	1000	
	2	balance=newBalance;	1000	
	3	balance=newBalance;	1000	
	4	balance=newBalance;	1000	
	5	balance=newBalance;	1000	

图 14-1　5 个线程给同样的余额加 1000 元

图 14-1 表明，在运行的时间顺序上，线程 1 首先读取账户余额，然后加上 1000 元，但在将余额写入账户之前“休息”了一小段时间，在这段时间内，恰巧线程 2 读取账户余额，由于这时线程 1 还没有将余额写入账户，因此读取余额的结果仍然为 0，加上 1000 元后，新余额为 1000 元，可是线程 2 在将余额写入帐号之前也“休息”了，这时线程 3 又来读取账户余额……，如此一来，这 5 个线程读取到的账户余额都是 0，因此加上 1000 元之后新余额都是 1000 元，这样在将账户余额写回账户的时候，余额都是 1000 元。

这种情况表明，当多个线程同时访问共享资源时发生了冲突，冲突发生的是因为当一个客户对账户的访问还没有结束时，另外一个客户又开始了对这个账户的访问，这种冲突致使程序的执行结果发生了错误。那么该如何避免冲突并解决错误呢？请见例 14-2。

2．使用同步访问共享资源

【例 14-2】模拟银行交易(使用同步技术)程序。

```
//DepositInBankWithSync.java
```

```
public class DepositInBankWithSync
{
   public static void main(String[] args)
   {
      BankAccount ba=new BankAccount(); //创建一个银行账户 ba
      ThreadGroup tg=new ThreadGroup("BankClient Group");
      for(int i=0;i<5;i++){//模拟 5 位银行客户同时操作账户 ba
         Thread t=new Thread(tg,new BankClient(ba));
         t.start();
      }
       while(tg.activeCount()!=0){}
       //操作结束后统计账户 ba 的余额
       System.out.println("BankAccount balance is:"+ba.getBalance());
   }
}
class BankAccount                        //银行账户类
{
   private int balance;                  //余额属性
   BankAccount()
   {
      balance=0;
   }
   int getBalance()
   {return balance;}
   synchronized void add()                          //向账户汇款 1000 元
   {
     int newBalance=balance+1000;
       try
       {  Thread.sleep(1);}      //这里用 Thread.sleep(1)语句模拟银行交易处理的延迟
       catch(InterruptedException e)
       {  System.out.println(e);}
       balance=newBalance;
    }
}
class BankClient extends Thread //银行客户类，每个客户都持有一个账户
{
   BankAccount ba;
   BankClient(BankAccount ba)
    {
       this.ba=ba;
    }
   public void run()                  //客户的行为，向账户汇款
   {
      ba.add();
   }
}
```

上述代码通过编译和运行后，输出的结果是：

BankAccount balance is:5000

3. 知识点

为避免资源访问的冲突，Java 中使用关键字 synchronized 控制对共享资源的访问。在访问共享资源的方法前面加上 synchronized，可以保证一旦某个线程处于这个方法中，那么在这个线程从该方法返回前，其他所有想调用该方法的线程都会被阻塞。synchronized 相当于给方法加锁，当被加锁方法是非静态方法时，调用该方法的对象也会加锁；当被加锁的方法是静态方法时，这个类的所有对象都会加锁。

有时方法内部只有部分而不是全部代码在访问共享资源，因此没有必要锁住整个方法，这时可以采用如下方法加锁一段代码：

```
synchronized(ObjectName)
{
        //访问共享资源的代码
}
```

其中，ObjectName 代表访问这段代码的对象。

14.3.2 线程的优先级

1. 线程的优先级

【例 14-3】测试线程优先级程序。

```
//ThreadPriority.java
//主类 ThreadPriority
public class ThreadPriority
{
public static void main(String argv[])
  {   //显示线程类的优先级常量
     System.out.println("MIN_PRIORITY:"+Thread.MIN_PRIORITY);
     System.out.println("MAX_PRIORITY:"+Thread.MAX_PRIORITY);
     System.out.println("NORM_PRIORITY:"+Thread.NORM_PRIORITY);
     //显示创建的两个线程的优先级
     MyThread1 t1=new MyThread1();
     MyThread2 t2=new MyThread2();
     System.out.println("MyThread t1 Priority:"+t1.getPriority());
     System.out.println("MyThread t2 Priority:"+t2.getPriority());
     t1.setPriority(2);
     t2.setPriority(6);
     System.out.println("MyThread t1 Priority:"+t1.getPriority());
     System.out.println("MyThread t2 Priority:"+t2.getPriority());
     //优先级设定后,启动线程的运行,观察输出
     t1.start();
     t2.start();
  }
}

//线程类 MyThread1
class MyThread1 extends Thread
{
   public void run()
```

```
    {
      int i;
      for(i=0;i<10;i++)    System.out.println("Thread1: "+i);
      System.out.println("Thread1 end");
    }
}
//线程类MyThread2
class MyThread2 extends Thread
{
    public void run()
      {
        int i;
        for(i=0;i<10;i++)   System.out.println("Thread2: "+i);
        System.out.println("Thread2 end");
      }
  }
```

上述代码通过编译和运行后，输出的结果是：

```
MIN_PRIORITY:1
MAX_PRIORITY:10
NORM_PRIORITY:5
MyThread t1 Priority:5
MyThread t2 Priority:5
MyThread t1 Priority:2
MyThread t2 Priority:6
Thread2: 0
Thread2: 1
Thread2: 2
Thread2: 3
Thread2: 4
Thread2: 5
Thread2: 6
Thread2: 7
Thread2: 8
Thread2: 9
Thread2 end
Thread1: 0
Thread1: 1
Thread1: 2
Thread1: 3
Thread1: 4
Thread1: 5
Thread1: 6
Thread1: 7
```

```
Thread1: 8
Thread1: 9
Thread1 end
Press any key to continue...
```

2．代码分析

在例 14-3 中，程序首先向屏幕输出 Thread 类中用于表示线程优先级的常量，其中线程最小的优先级是 1，最大优先级是 10，默认的优先级是 5；接着，程序创建两个线程 t1 和 t2，从屏幕中的显示可以看到，这两个线程的优先级都是 5；然后，这两个线程的优先级被更改，更改后，线程 t2 的优先级比 t1 高；最后，启动 t1 和 t2 的运行，发现 t2 比 t1 先执行结束。

3．知识点

(1) Thread 类中的静态属性

MIN_PRIORITY、MAX_PRIORITY 和 NORM_PRIORITY 分别用来表示线程的最小、最大和默认的优先级。

(2) setPriority( )方法和 getPriority( )方法

这两个方法分别用于设置和读取线程的优先级。

(3) 优先级对线程执行的影响

一个线程创建之后，它默认的优先级是 5。可以使用 setPriority( )方法和 getPriority( )方法对线程的优先级进行设置。线程的优先级能表明它的重要性。虽然多个线程分时使用 CPU 的顺序是不固定的，但是如果某个线程的优先级较高，则它获得 CPU 的机会就相对较高。然而，这并不意味着低优先级的线程将永远得不到执行，只不过会导致执行的效率较低而已。

14.3.3　线程的状态

1．常用的控制线程的方法

- public void run( )：线程运行时调用的方法，用户编写的线程类必须覆盖这个方法，把需要并发执行的代码写入这个方法中。
- public void start( )：启动线程的执行，它会引起 Java 虚拟机调用 run( )方法运行线程。事实上，run( )方法永远不会被显式调用，而是通过 start( )方法间接调用。
- public static void sleep(long millis) throws InterruptedException：使当前运行的线程休眠 millis 指定的毫秒数。
- public final void wait( ) throws InterruptedException：使当前线程处于等待状态，直到其他线程唤醒它。
- public final void notify( )：唤醒一个正在等待的线程。
- public final void notifyAll( )：唤醒所有正在等待的线程。
- public static void yield( )：当前正在运行的线程让出 CPU 的处理资源，允许其他线程运行。

2．线程的状态

一个线程有 5 种状态：新建、就绪、运行、阻塞和结束。

新建：线程对象已创建，但还没有启动。

就绪：调用 start( )方法后，线程进入就绪状态。在这种状态下，只要它获得 CPU 的处理资源，它就可以运行了。

运行：操作系统给准备就绪的线程分配 CPU 时间，线程就开始运行。

阻塞：线程能够运行，但需要等待某种条件。比如：线程调用了 sleep( )方法正在休眠，或者调用了 wait( )方法正在等待，又或者它正在等待一个 I/O 操作的完成。处于这个状态的线程，操作系统是不会分配给它任何 CPU 处理时间的，除非等待的条件已经满足并且重新进入就绪状态。

结束：线程的 run( )方法执行完毕后，线程就进入结束状态。进入结束状态的线程将被系统永久清除。

3. 线程状态之间的切换

线程状态之间的切换如图 14-2 所示。

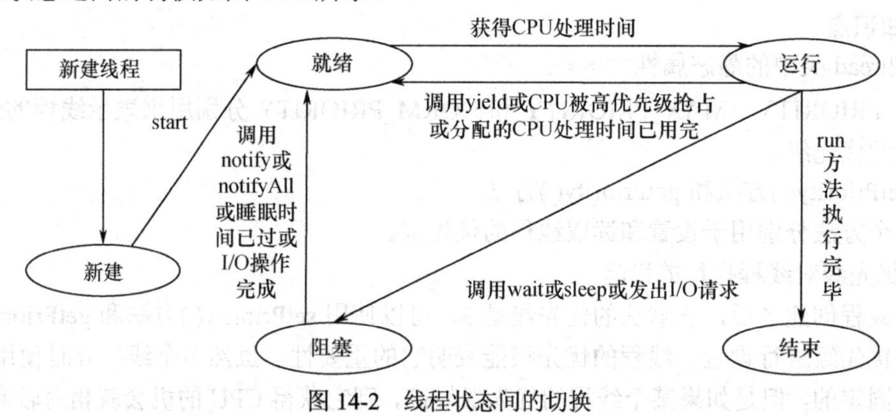

图 14-2 线程状态间的切换

14.4 项 目 学 做

在 Eclipse 的 ch14 项目中新建一个包 ch14.project2。在这个包中创建类 TicketSystem，并且实现 Runnable 接口。

定义一个私有属性 ticket 用来模拟所卖的票数，在线程的 run( )方法中，将 ticket 属性减 1 用来模拟卖一张票。为了保证线程安全，需要加上同步的方法。在 main()方法中，分别创建 4 个线程，用来模拟 4 个人同时卖票。具体代码（完整程序请扫描二维码“14.4 节源代码”）如下：

14.4 节源代码

```
// TicketSystem.java
package ch14.project2;
public class TicketSystem implements Runnable {
⋮
```

14.5 知 识 拓 展

线程的调度(wait( )、notify( )、notifyall( )的用法)——生产者和消费者模型。多线程同步状态下需要协同工作时，可以通过 wait( )和 notify( )、notifyAll( )完成。

程序 ProducerConsumer1.java 模仿一位母亲给儿子零花钱的过程。母亲通过储钱罐提供给儿子零用钱，儿子从储钱罐中取零用钱。如此一来，母亲相当于生产者，而儿子就是消费者。零用钱的存取都是每次 10 元钱。当母亲发现储钱罐中还有钱时，她就不会再向其中放钱；当儿子发现储钱罐中没有钱时，也不会从其中取钱。

【例 14-4】无协同的生产者和消费者模型程序。

```
//ProducerConsumer1.java
public class ProducerConsumer1{
  public static void main(String args[])  {
     PiggyBank pb=new PiggyBank();
     Mother m=new Mother(pb);
     Son s=new Son(pb);
     m.start();
     s.start();
  }
}
class Mother extends Thread{     //母亲类，储钱罐是它的属性
  PiggyBank pb;
  Mother(PiggyBank pb)  {
     this.pb=pb;
  }
  public void run()              //母亲的行为是向储钱罐中放入 10 元钱，共计 5 次
  {
     for (int i=1; i<=5; i++)
     {
        pb.put(i);
        System.out.println("母亲向储钱罐中放第" +  i+"个十元钱");
     }
  }
}
class Son extends Thread         //儿子类，储钱罐是它的属性
{
  PiggyBank pb;
  Son(PiggyBank pb)
  {
     this.pb=pb;
  }
  public void run()              //儿子的行为是从储钱罐中取钱，一次取 10 元，共计 5 次
  {
     for (int i=1; i<=5; i++)
     {
        int number=pb.get();
        System.out.println("儿子从储钱罐中取第" +  number+"个十元钱");
     }
  }
}
class PiggyBank                  //储钱罐类
{
   private int number;           //表示储钱罐中当前这张十元钱的编号
   synchronized int get()
   {return number;}
   synchronized void put(int i)
   {number=i;}
}
```

例 14-4 的运行结果如图 14-3 所示。

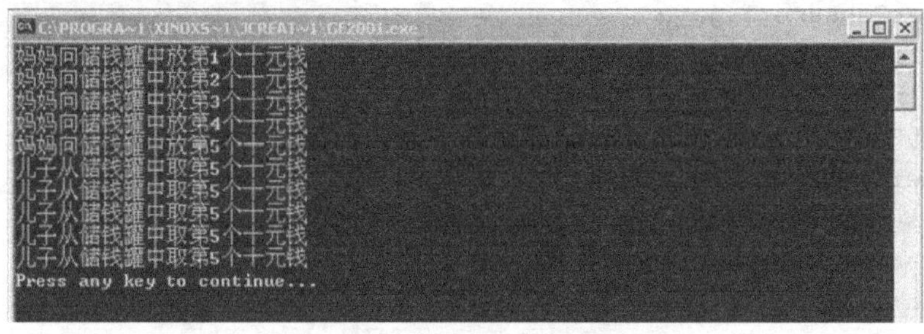

图 14-3　例 14-4 的运行结果图

例 14-4 中，母亲相当于生产者，她不停地向储钱罐中放入 10 元钱，儿子相当于消费者，他不停地从储钱罐中取钱，储钱罐实际上是一个共享的内存区。图 14-3 的运行结果表明，生产者与消费者并没有协同工作，在消费者没有从共享内存中取走数据之前，生产者又将新的数据放入其中，导致了数据的丢失(丢失了其他编号的十元钱)。如果改变例 14-4，先启动儿子线程的运行(即将语句 m.start( )和 s.start( )换一下位置)，将得到如图 14-4 所示运行结果。

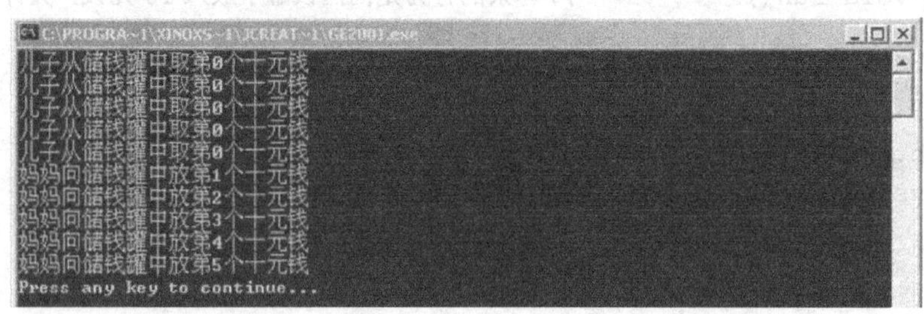

图 14-4　改变例 14-4 后程序的运行结果图

上述结果表明，在生产者没有向共享内存中放入新数据之前，消费者又访问了数据，这就导致数据的重复。

不管是数据的丢失还是重复，都是由于生产者和消费者没有协同工作的结果，为解决例 14-4 存在的问题，需要协同生产者和消费者的行为。

【例 14-5】协同的生产者和消费者模型程序。

```
//ProducerConsumer2.java
public class ProducerConsumer2
{
  public static void main(String args[])
  {
     PiggyBank pb=new PiggyBank();
     Mother m=new Mother(pb);
     Son s=new Son(pb);
     m.setPriority(6);          //改变母亲线程的优先级为 6
     s.setPriority(2);          //改变儿子线程的优先级为 2
     s.start();                //先启动儿子线程
     m.start();
  }
}
class Mother extends Thread   //母亲类，储钱罐是它的属性
{
```

```
  PiggyBank pb;
  Mother(PiggyBank pb)
  {
       this.pb=pb;
  }
  public void run()             //母亲的行为是向储钱罐中放入10元钱，共计5次
  {
     for (int i=1;i<=5;i++)
     {
        pb.put(i);
     }
  }
}
class Son extends Thread        //儿子类，储钱罐是它的属性
{
  PiggyBank pb;
  Son(PiggyBank pb)
  {
       this.pb=pb;
  }
  public void run()            //儿子的行为是从储钱罐中取钱，一次取10元，共计5次
  {
     for (int i=1;i<=5;i++)
     {
        pb.get();
     }
  }
}
class PiggyBank                    //储钱罐类
{
   private int number;             //表示储钱罐中当前这张十元钱的编号
   private boolean empty=true;       //表示储钱罐是否为空的布尔属性
   synchronized void get()
   {
      while(empty==true)            //如果储钱罐中没有钱，则不能从中取钱
      {
        try{
             wait();             //线程进入等待池中
        }catch (InterruptedException e){}
      }
      empty=true;
      System.out.println("儿子从储钱罐中取第" +  number+"个十元钱");
      notify();                     //唤醒等待从储钱罐中取钱的线程
   }
   synchronized void put(int i)
   {
      while(empty==false)        //如果储钱罐中有钱，则不能再向其中放入钱
      {
```

```
            try{
                wait();
            }catch (InterruptedException e){}
        }
        number=i;
        empty=false;
        System.out.println("母亲向储钱罐中放第" +  i+"个十元钱");
        notify();                   //唤醒等待向储钱罐中放入钱的线程
    }
}
```

例 14-5 的运行结果如图 14-5 所示。

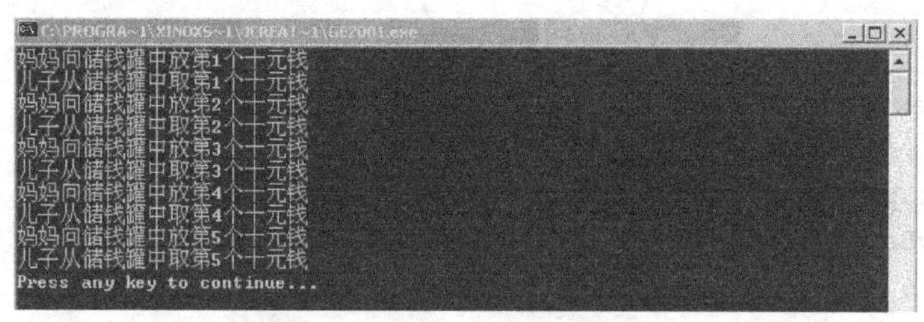

图 14-5　例 14-5 的运行结果图

在例 14-5 中，当生产者访问共享内存时，如果发现数据还没有被取走，就调用 wait( )方法等待；否则就放入新数据，并调用 notify( )方法通知消费者来取走数据。同理，当消费者访问共享内存时，如果发现没有新的数据项，就调用 wait( )方法等待；否则就取走数据，并调用 notify( )方法通知生产者可以继续放入新数据了。程序中对线程的优先级分别进行了设置，并且先调用了消费者线程，但程序的运行结果仍然是合理的。

14.6　强 化 训 练

编写一个程序，开启 3 个线程，这 3 个线程的 ID 分别为 A、B、C，每个线程将自己的 ID 在屏幕上打印 10 遍，要求输出结果必须按 ABC 的顺序显示，如：ABCABC….。

14.7　课 后 练 习

1．以下多线程对 int 型变量 x 的操作，哪几个不需要进行同步(　　)。

A) x=y;　　B) x++;　　C) ++x;　　D) x=1;

2．以下关于栈和堆的叙述，正确的是(　　)。

A) 栈公有，堆私有　B) 栈公有，堆公有　C) 栈私有，堆公有　D) 栈私有，堆私有

3．编写小程序实现 Runnable 接口，通过多线程实现在小程序窗口中不断地显示自然数：从 1 到 100。

第15章 自制浏览器

【本章概述】本章以项目为导向，通过编写一个浏览器程序介绍了网络的基本概念，以及Java中相关类的用法；通过本章的学习，读者能够理解网络编程的基本方法，了解InetAddress类和URL类的用法。

【教学重点】InetAddress、URL。

【教学难点】网络基础概念。

【学习指导建议】学习者应首先通过学习【技术准备】，了解Java中网络编程相关类的用法。通过学习本章的【项目学做】完成本章的项目，理解和掌握网络编程的基本方法。通过【强化训练】巩固对本章知识的理解。最后通过【课后习题】进行学习效果测评，检验学习效果。

15.1 项目任务

开发一个简单的浏览器，能够显示访问网页的文字内容，并且可以显示访问的IP地址。

15.2 项目分析

1．项目完成思路

首先通过Java的GUI技术，实现一个浏览器的界面。通过使用URL类获得网络上的一个HTML文件，将HTML的内容解析显示到屏幕。

2．需要解决问题

使用何种控件可以将HTML内容方便解析并且显示在屏幕中？如何可以显示访问网站的IP地址？

15.3 技术准备

Java语言非常适合开发网络程序，其丰富的网络类库使用户可以方便地开发出功能强大的网络应用程序。

15.3.1 网络基础

网络编程的实质是通过网络协议与网络上的其他计算机进行通信。协议是为了在两台计算机之间交换数据而预先规定的标准。而TCP/IP协议是计算机网络中最重要的网络协议，学习网络编程必须对TCP/IP协议有所了解。

1．TCP/IP协议

TCP/IP协议从字面上理解就是TCP(传输控制协议)和IP(网络互连协议)这两个通信协议。实际上，TCP/IP是一个由一系列协议组成的协议族，所有这些协议相互配合，实现网络上的通信。由于TCP和IP这两个协议是整个协议族中最重要的两个协议，所以就以它们命名整个协议族。目前TCP/IP已经成为计算机网络事实上的工业标准协议。TCP/IP支持路由选择，支持广域网和 Internet访问，能为跨越不同操作系统、不同硬件体系结构的互连网络提供通信服务。如果用户想建立一个与 Internet 相接或与运行其他操作系统(如 UNIX)的网络相连的网络，则一定要选择 TCP/IP 协议。TCP/IP 不仅在Internet上广泛使用，并经常用于建立大的路由专用互连网络。目前几乎所有的网络操作系统都支持 TCP/IP 协议组，一方面由于 TCP/IP 的优越特性，另一方面也是因为要连接Internet就必须支持TCP/IP。

2．TCP/IP 模型

TCP/IP 协议族可以用图15-1进行描述。

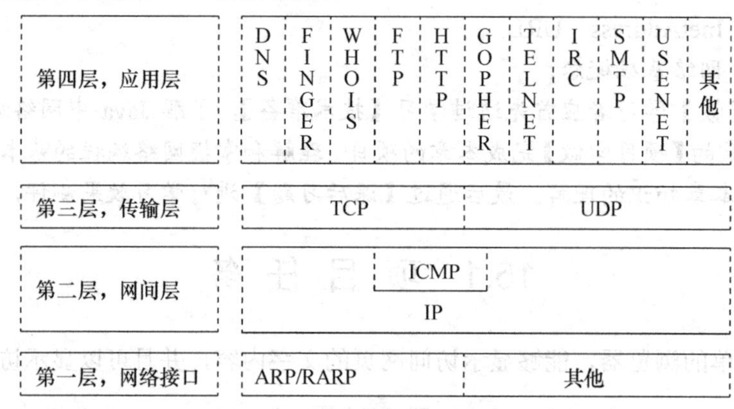

图15-1　TCP/IP 模型

应用层：应用层为用户提供了直接的服务。包括像FTP(文件传输协议)、HTTP(超文本传输协议)、SMTP(简单邮件传输协议)、TELNET(终端仿真协议)、TFTP(简单文件传输协议)、SNMP(简单网络管理协议)等很多这样的高层协议。

传输层：传输层解决的是进程到进程之间的通信问题，包括TCP(传输控制协议)和 UDP(用户数据传输协议)。

网间层：解决的是主机到主机的通信问题，其核心是寻址与路由，包括 IP、ICMP、ARP、RARP 等协议。

网络接口层：指定如何通过网络物理地址发送数据，包括直接与网络介质(如同轴电缆、光纤或双绞线)接触的硬件设备如何将比特流转换成电信号。网际层可以是 LAN(局域网)、WAN(广域网)、MAN (城域网)。

3．IP 协议

IP 是无连接的、不可靠的数据报协议，主要负责在主机之间寻址和选择数据包的路由。无连接意味着交换数据之前不需要建立会话，在节点之间建立连接或传输数据之前，不交换控制信息来建立连接，即不进行所谓“握手”。不可靠意味着IP协议传输的每个数据包都是独立的，不分前后顺序地在IP协议的网络层传输，传递没有担保，IP数据包可能丢失、不按顺序传递、重复或延迟。IP 不尝试从这些错误类型中恢复，所传递的数据包的确认以及丢失数据包的恢复是更高层协议的责任，如 TCP 协议就提供了错误检测和恢复机制，从而使丢失的 IP 数据报重发。

IP地址是TCP/IP网络标识网络实体的唯一标识符。IP地址是一个32位的二进制数，为了便于人们使用，一般把32位的IP地址分成4个8位组，在每个8位组之间用“.”分开，在书写时，使用十进制数，这种写法称作“十进制点分法”，例如：IP地址200.200.202.202。

4．TCP 协议和 UDP 协议

传输控制协议(TCP)负责提供可靠的、面向连接的端到端的数据传递服务。

(1) TCP 协议的功能

- 确保 IP 数据报的成功传递。
- 对程序发送的大块数据进行分段和重组。
- 确保正确排序以及按顺序传递分段的数据。
- 通过计算校验和，进行传输数据的校验。

(2) UDP 协议

UDP 与 TCP 位于同一层，UDP 是一个“不可靠”的协议，因为它不能保证数据报的接收顺序与发送顺序相同，甚至不能保证它们是否全部到达。使用 UDP 的服务包括 SNMP(简单网络管理协议)和 DNS(DNS 也使用 TCP)。

(3) 端口

传输层与应用层的接口称作端口。端口的实质是一种地址。在 TCP/IP 网络中，IP 协议可以标识主机，而在 TCP 协议中，为了在数据传输时区分不同的应用层协议，使用端口来标识不同的应用层协议(程序)。每个端口都有一个端口号。一个端口号对应一个 16 比特的数。服务进程通常使用一个固定的端口，例如，SMTP 使用 25、xWindows 使用 6000。下面是标准 TCP 程序使用的一些已知的 TCP 端口。

这些端口号是“广为人知”的，因为在建立与特定的主机或服务的连接时，需要这些地址和目的地址进行通信。

- 20 FTP 服务器(数据通道)
- 21 FTP 服务器(控制通道)
- 23 Telnet 服务器
- 25 SMTP
- 80 Web 服务器 (HTTP)

在编程时，要注意不能使用这些已知端口。

(4) URL

URL(Uniform Resoure Locator，统一资源定位符)表示 Internet 上某一资源的地址，通过解释 URL，应用程序可以解析 URL 来定位网络上的某一资源。URL 格式为：

协议：//主机地址域名 或 IP 地址：端口号/路径

例如，http：//www.sohu.com/computer/ShowArticle.asp 就是一个典型的完整的 URL。

网络编程中需要解决两个主要问题：一是如何定位网络上的主机和主机上的程序，IP 地址或域名用于定位网络上的计算机，端口号可以定位计算机上运行的程序；另一个问题是如何进行数据的传输。TCP 或 UDP 可以解决这个问题，TCP 提供可靠的数据传输；UDP 提供不可靠的数据传输，但相对来说速度稍快，它们可以分别应用于不同的场合。

15.3.2 InetAddress 编程

1．示例代码

【例 15-1】获取 IP 地址的实例程序。

```
// AddressTest.java
import java.net.*;
```

```
public class AddressTest{
   InetAddress clientIPaddress=null;
   InetAddress serverIPaddress=null;
   public static void main(String args[]){
        AddressTest myAddress;
        myAddress =new AddressTest();
        System.out.println("client IP is:"+myAddress.getClientIP());
        System.out.println("The Server IP is:"+myAddress.getServerIP());
}
public InetAddress getClientIP(){
    //使用 InetAddress 类的 getLocalHost()方法得到本机的 IP 地址
      try {
         clientIPaddress= InetAddress.getLocalHost();
      }
   catch (UnknownHostException e){}
   return(clientIPaddress);
}
public InetAddress getServerIP()
{
     //使用 InetAddress 类的 getByName 方法得到 www.163.com 的 IP 地址
  try {
     serverIPaddress = InetAddress.getByName("www.163.com");
  }
     catch (UnknownHostException e){}
     return(serverIPaddress);
  }
}
```

2. 代码分析

例 15-1 中定义了类 AddressTest，这个类有两个返回值类型为 InetAddress 的方法，方法 getClientIP( )得到客户端的地址，方法 getServerIP( )得到服务器的地址。在 main( )方法中，实例化类 AddressTest 的对象，并调用该对象的 getClientIP( )方法和 getServerIP( )方法。

3. 知识点

InetAddress 类用来封装 IP 地址和域名。每个 InetAddress 对象包含 IP 地址、主机名等信息。InetAddress 类避免了用户了解如何实现地址细节的问题。

InetAddress 类没有构造方法，因此不能用 new 来构造一个 InetAddress 对象，可以使用 InetAddress 类提供的静态方法来获取 InetAddress 对象。

- public static InetAddress getByName(String host)：用于为名为 host 的主机获取地址信息。
- public static InetAddress getLocalHost( )：获取本地主机的地址信息。
- public static InetAddress[] getAllByName(String host)：有的主机有一个以上的地址，该方法能够取得指定主机名对应的所有地址的数组。

InetAddress 类其他的常用方法：

- public String getHostName( )：获取该 InetAddress 对象对应的主机名称。
- public byte[] getAddress( )：以字节数组形式返回该 InetAddress 对象 64 位的 IP 地址。

15.3.3 URL 编程

1．示例代码

【例 15-2】使用 URL 类将网络上的一个 HTML 文件的内容输出到屏幕。

```
//PrintHtml.java
import java.net.*;
import java.io.*;
public class PrintHtml
{
  public static void main(String[] args) throws Exception
  {
      try{//使用一个 URL 串构造一个 URL 对象
      URL url = new URL("http://www.runsky.com/news/index.htm");
      //得到指定 URL 连接的输入流
      BufferedReader in = new BufferedReader(new
      InputStreamReader(url.openStream()));
      String inputLine=null;   //向屏幕输出
      while ((inputLine = in.readLine()) != null)
      System.out.println(inputLine);
      in.close();
  }
  catch (IOException e) {
      System.out.println("Error in I/O:" + e.getMessage()); }
  }
}
```

2．代码分析

例 15-2 中定义了类 PrintHtml，在 main( )方法中首先用一个 URL 串来构造一个 URL 对象，再得到这个 URL 连接的输入流，在循环中不断从输入流中读出字符并输出到屏幕上。

3．知识点

URL 类提供了一个相当容易理解的形式来唯一确定或对 Internet 上的信息进行编址。在 Java 类库中，java.net.URL 类为用 URL 在 Internet 上获取信息提供了一个非常方便的编程接口。

(1) URL 类的构造方法

- URL(String protocol,String host,int port,String file)：第一个参数是协议的类型，可以是 HTTP、FTP 等；第二个参数是主机名；第三个 int 型的参数是端口号；最后一个参数给出路径和文件名。
- URL(String protocol,String host, String file)：第一个参数是协议的类型，可以是 HTTP、FTP 等；第二个参数是主机名；最后一个参数给出路径和文件名。
- URL(String)：只有一个字符串参数，这个字符串包含一个 URL。

(2) URL 类其他常用方法

- public String getFile( )：得到文件名。
- public String getHost( )：得到主机名。
- public String getPort( )：得到端口号。
- public String getProtocol( )：得到协议名。

4．举一反三

如何将例 15-2 适当修改，不将网络上的文件输出到屏幕而是复制到本地文件中。

15.4 项 目 学 做

在 Eclipse 的 ch15 项目中新建一个包 ch15.project1。在这个包中创建 URLFrame 类，完成如图 15-2 所示界面。

图 15-2 自制浏览器界面

界面实现代码如下：

【例 15-3】自制浏览器界面代码。

```
//URLFrame.java
package ch15.project1;
import java.awt.event.ActionEvent;
import java.awt.event.ActionListener;
import java.io.IOException;
import java.net.InetAddress;
import java.net.MalformedURLException;
import java.net.URL;
import javax.swing.*;
public class URLFrame extends JFrame  {
  JButton btnOK;//按钮
  URL url;//URL类
  JTextField txtUrl;//文本框
  JEditorPane editPane;//可以解释执行HTML文件
  JLabel lblURL;//显示访问的IP地址
  public URLFrame(){
      this.setTitle("浏览器");
      txtUrl=new JTextField(20);
      txtUrl.setText("http://www.google.com");
      editPane=new JEditorPane();
      editPane.setEditable(false);
      btnOK=new JButton("浏览");
      lblURL=new JLabel("",JLabel.RIGHT);
```

```
        JPanel p=new JPanel();//定义一个面板对象
        //组件添加到面板中
        p.add(new JLabel("请输入网址:"));
        p.add(txtUrl);
        p.add(btnOK);
        this.add(p,"North");//添加到窗体上
        //定义一个滚动条，在 JEditPane 添加滚动条
        JScrollPane scroll=new JScrollPane(editPane);
        this.add(scroll);//添加到窗体中
        this.add(lblURL,"South");
        this.setDefaultCloseOperation(JFrame.EXIT_ON_CLOSE);
        btnOK.addActionListener(new ActionListener() {  //按钮单击事件
            public void actionPerformed(ActionEvent e) {
                btnOKClick();
            }
        });
        try {//修改窗体的显示风格
           UIManager.setLookAndFeel
    ("com.sun.java.swing.plaf.windows.WindowsLookAndFeel");
       } catch (Exception evt) {
          evt.printStackTrace();
       }
        this.setSize(800,600);
        this.setLocationRelativeTo(null);//居中显示
        this.setVisible(true);
    }
    protected void btnOKClick() {
        //请添加实现代码
    }
    public static void main(String[] args) {
        new URLFrame();
    }
}
```

在按钮的单击事件中，通过使用 URL 类获得网络上的一个 HTML 文件，利用 JEditPane 控件将 HTML 的内容解析显示到屏幕。同时通过 InetAddress 类获得访问的 IP 地址，并且利用标签控件显示在屏幕中。btnOKClick( )具体实现代码如下：

【例 15-4】自制浏览器按钮事件代码。

```
//URLFrame.java
protected void btnOKClick() {
    editPane.setText(null);
    try {
        //获得 DNS 名称，去掉地址前的 Http://
        String dns=txtUrl.getText().replace("http://", "").trim();
        int tmp=dns.indexOf("/");
        if(tmp>0){//如果不只是站点名，则要去掉网址中有其他文件名
            dns=dns.substring(0,tmp);
        }
```

```
            //获得访问的 IP 地址
            String ip=InetAddress.getByName(dns).getHostAddress();
            lblURL.setText("  IP 地址是: "+ip);//通过标签显示
            url=new URL(txtUrl.getText().trim());//获得访问的地址
            editPane.setPage(url);//将获得的 HTML 文件在 JEditPane 中解析
        } catch (Exception e) {
            e.printStackTrace();
            editPane.setText("访问失败");
        }
    }
```

15.5 强 化 训 练

请完善自制浏览器的功能，可以显示超链接和图片。

15.6 课 后 练 习

1．计算机网络中两种重要的应用模式是____________和___________。

2．下列哪一个不是 InetAddress 类提供的静态方法( )。

A) getLocalHost( )　　B) getHostName( )　　C) getAddress( )　　D) getPort( )

第16章　自制HTTP服务器

【**本章概述**】本章以项目为导向，通过编写一个简单HTTP服务器介绍Java中编写网络应用程序的基本方法。通过本章的学习，读者能够熟悉Java中网络编程相关接口的用法，掌握通过套接字实现客户机-服务器模式程序的基本过程。

【**教学重点**】套接字的基本概念、Socket类和ServerSocket类的用法。

【**教学难点**】Socket类和ServerSocket类的用法。

【**学习指导建议**】学习者应首先通过学习【技术准备】，了解Java中编写网络应用程序的基本方法。通过学习本章的【项目学做】完成本章的项目，理解和掌握Java中网络编程相关接口的用法，掌握通过套接字实现客户机-服务器模式程序的基本过程。通过【强化训练】巩固对本章知识的理解。最后通过【课后习题】进行学习效果测评，检验学习效果。

16.1　项 目 任 务

根据HTTP协议，实现一个简单的HTTP服务器。可以从客户端浏览器中接收GET请求，并且返回响应。

16.2　项 目 分 析

1．项目完成思路

利用网络编程的ServerSocket类建立服务器端的监听程序，用于接收客户端的HTTP请求。服务器监听程序会为每一个客户端的HTTP请求创建一个单独的线程，通过这个线程获得客户端的HTTP请求信息，并且按照HTTP协议要求响应给客户端。

2．需要解决的问题

基于TCP/IP协议的网络编程如何实现、HTTP协议具体内容、多线程网络编程的实现。

16.3　技 术 准 备

16.3.1　Socket网络编程

1．示例代码

【**例16-1**】Socket通信服务端的程序。

```
// Server1.java
import java.net.*;
import java.io.*;
public class Server1
{
   public static void main(String argv[])
```

```
    {
        ServerSocket serverSocket=null;
        Socket socket=null;
        BufferedReader sockIn;
        PrintWriter sockOut ;
        BufferedReader stdIn = new BufferedReader(new
          InputStreamReader(System.in));
        try {
        //创建一个端口号为 8888 的 ServerSocket
        serverSocket=new ServerSocket(8888);
        System.out.println("Server listening on port 8888");
        // 监听客户端的连接请求，当建立连接时，返回一个代表此连接的 Socket 对象
        socket=serverSocket.accept();
        if(socket==null){
        System.out.println("socket null");
        System.exit(1);
        }
        System.out.println("accept connection  from:"
                +socket.getInetAddress().getHostAddress());
        //得到输入流
        sockIn=new BufferedReader(new InputStreamReader(socket.getInputStream()));
        sockOut=new PrintWriter(socket.getOutputStream());//向客户端输出信息
        sockOut.println("hello,i am server");
        sockOut.flush();
        String s=sockIn.readLine();//接收客户端传过来的数据并输出
        System.out.println("Server received: "+s);
        sockOut.close();//关闭连接
        sockIn.close();
        socket.close();
        serverSocket.close();
    }//try 结束
    catch(Exception e) {System.out.println(e.toString());}
    System.out.println("server exit");
    }//main 方法结束
}
```

【例 16-2】Socket 通信客户器端程序。

```
// Client1.java
import java.net.*;
import java.io.*;
public class Client1{
   public static void  main(String argv[])  {
        Socket socket=null;
        BufferedReader sockIn;
        PrintWriter sockOut ;
        try {
        //创建一个连接 IP 地址为 127.0.0.1(此地址为本地机的 IP 地址)服务器的 Socket。
        //端口号为 8888；这样一个 Socket 就可以和服务器的 Socket 对应，进行通信
        socket=new Socket("127.0.0.1",8888);
```

```
        if(socket==null)  {
            System.out.println("socket null,connect error");
            System.exit(1);
      }
      System.out.println("connected to server");
  //利用 Socket 的两个方法，getInputStream()和 getOutputStream()方法
  //分别用来得到输入流和输出流
    sockIn=new BufferedReader(new InputStreamReader(socket.getInputStream()));
    sockOut=new PrintWriter(socket.getOutputStream());
    sockOut.println("hello,i am client"); //向服务器输出信息
    sockOut.flush();
    String s=sockIn.readLine();  //从服务器读取信息
    System.out.println("Client received: "+s);
    sockOut.close();//关闭连接
    sockIn.close();
    socket.close();
      }  //try 结束
      catch(Exception e) {System.out.println(e.toString());}
      System.out.println("client exit");
     } //main 方法结束
  }
```

2. 代码分析

例 16-1 中定义了类 Server1，在类 Server1 的 main( )方法中首先创建一个端口号为 8888 的 ServerSocket 对象，再调用该对象的 accept( )方法监听客户端的连接请求。当建立连接时，返回一个代表此连接的 Socket 对象，利用这个 Socket 对象的 getInputStream( )和 getOutputStream( )方法，分别用来得到输入流和输出流，然后就可以利用它们发送和接收数据了。服务器端的输出如图 16-1 所示。

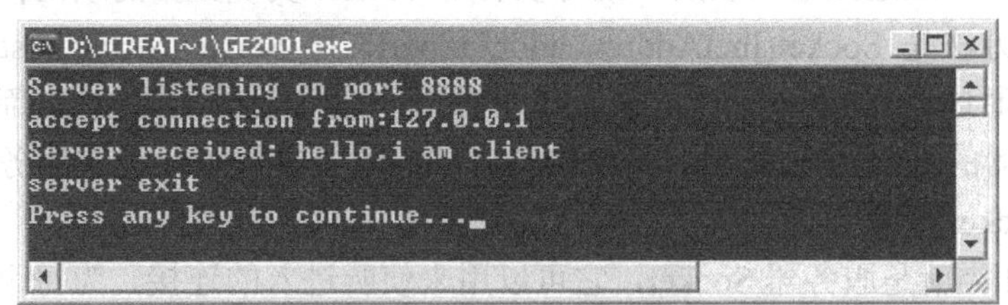

图 16-1 服务器端的输出

例 16-2 中定义了类 Client1，在类 Client1 的 main( )方法中创建一个连接 IP 地址为 127.0.0.1(此地址为本地机的 IP 地址)服务器的 Socket，端口号为 8888；利用这个 Socket 对象的 getInputStream( )和 getOutputStream( )方法，分别用来得到输入流和输出流，可以利用它们和服务器交换数据，客户端的输出如图 16-2 所示。

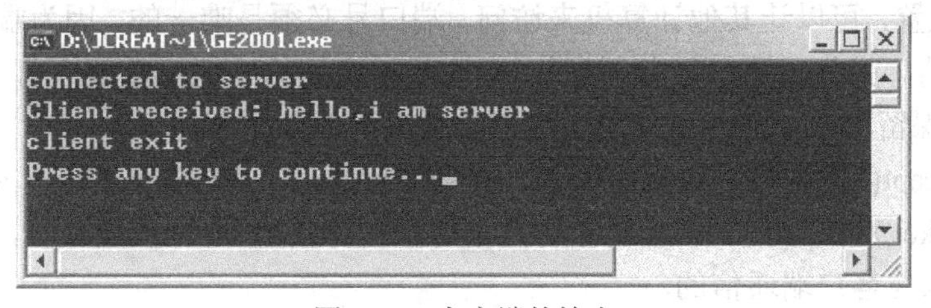

图 16-2 客户端的输出

服务器端程序和客户端程序的通信过程如图 16-3 所示。

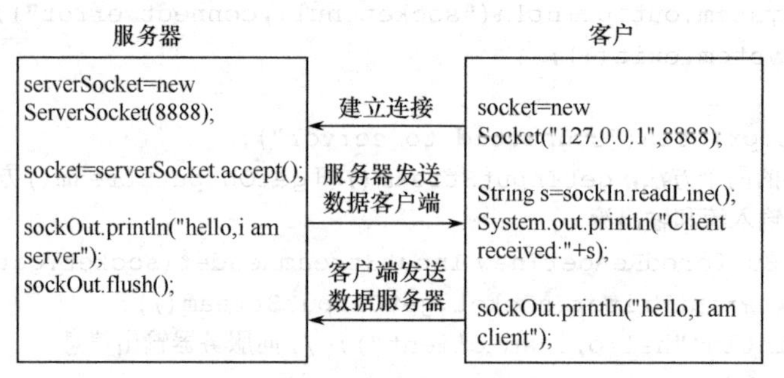

图 16-3　服务器端程序和客户端程序的通信过程

3．知识点

套接字(Socket)是 TCP/IP 网络编程接口，用来实现客户机-服务器模型。套接字是网络中双向通信的端点，包含 IP 地址、端口号等信息，通信双方都需要创建套接字。Java 处理套接通信的方式很像处理 I/O 操作，程序对套接字的操作就像读写文件一样容易。客户机-服务器模型是网络编程中最常用的基本模型，简单地说，就是两个进程之间相互通信，其中一个必须提供一个固定的位置，而另一个则只需要知道这个固定的位置，并去建立两者之间的联系，然后完成数据的通信就可以了。这里提供固定位置的通常称为服务器，而建立联系的通常称作客户端。多数情况下，客户端总是主动向服务器发出服务请求，而服务器的角色就是响应客户端的请求。

Java 套接字类主要包括 Socket 类和 ServerSocket 类。

(1) Socket 类

利用 Java 来编写网络程序，最基础的类就是 Socket 类，它可以实现程序间双向的面向连接的通信。通过 Socket 类建立的连接是一个点对点的连接，在建立连接之间，必须有一方监听，另一方请求，一旦连接建立以后，就可以利用 Socket 实现数据的双向传输。Socket 类的两个常用的构造方法是 Socket(InetAddress addr,int port) 和 Socket(String host,int port)。在第一个构造方法中，通过 InetAddress 类对象 addr 设置服务器主机的 IP 地址，而第二个构造方法 host 参数是服务器的 IP 地址或域名。两个构造方法都通过参数 port 设置服务器的端口号。

(2) ServerSocket 类

ServerSocket 类就是服务器 Socket，它可以用来侦听进入的连接，为每个新建的连接都创建一个 Socket 对象。ServerSocket 有几个构造方法，最简单的是 ServerSocket(int port)， port 参数传递端口号，这个端口就是服务器监听连接请求的端口。如果在创建 ServerSocket 对象时出现错误将抛出 IOException 异常对象，否则将创建 ServerSocket 对象并开始准备接收连接请求。

具体用法如下：

① serverSocket=new ServerSocket(8888);创建一个端口号为 8888 的 ServerSocket 对象，建立了一个固定位置，可以让其他计算机来访问。端口号必须是唯一的，因为端口是为了唯一标识这个 Socket 的。另外，端口号必须是从 0～65535 之间的一个正整数，前 1024 个端口已经被 TCP/IP 作为保留端口，因此所使用的端口必须大于 1024。

② 调用 accept( )方法将导致调用阻塞，直到连接建立。在建立连接后，accept( )返回一个最近创建的 Socket 对象。该 Socket 对象绑定了客户程序的 IP 地址或端口号，服务器就是利用这个 Socket 对象与客户端通信的。

③ 数据的传输还是依赖于 I/O 操作，所以必须导入 java.io 这个包。

④ sockIn=new BufferedReader(new InputStreamReader(socket.getInputStream()));

sockOut=new PrintWriter(socket.getOutputStream());

上面的两条语句就是通过 Socket 的两个方法 getInputStream( )和 getOutputStream( )方法分别得到输入流和输出流，然后就可以利用输入流和输出流发送和接收数据。

16.3.2 多线程的网络通信

由于存在单个服务器程序与多个客户程序通信的可能，所以服务器程序响应客户程序不应该等待很多时间，否则客户程序在得到服务前有可能花很多时间来等待通信的建立，而且服务器程序和客户程序的会话有可能是很长的，因此需要加快服务器对客户程序连接请求的响应。典型的方法是服务器端为每一个客户连接运行一个后台线程，这个后台线程负责处理服务器程序和客户程序的通信。

1. 示例代码

【例 16-3】多线程 Socket 通信服务器端程序。

```
// SSServer.java
import java.io.*;
import java.net.*;
import java.util.*;
public class SSServer
{
public static void main (String [] args) throws IOException
{  System.out.println ("Server starting...\n");
   // 创建一个端口号为 8888 的 ServerSocket
   ServerSocket server = new ServerSocket (8888);
   while (true){
      // 监听客户端的连接请求，当建立连接时，返回一个代表此连接的 Socket 对象
       Socket s = server.accept ();
       System.out.println ("Accepting Connection...\n");
       new ServerThread (s).start ();// 启动一个处理此连接的线程
     }//while 结束
   }//main 方法结束
}
class ServerThread extends Thread
{
 private Socket s;
 ServerThread (Socket s){
    this.s = s;
 }
 public void run (){
    BufferedReader br = null;
    PrintWriter pw = null;
    try{
      InputStreamReader isr = new InputStreamReader (s.getInputStream ());
      br = new BufferedReader (isr);
      pw = new PrintWriter (s.getOutputStream (), true);
```

```
      String name = br.readLine (); //从客户端读入一行数据
      System.out.println("用户"+name+"访问服务器");
      pw.println ("我是Server,欢迎你" + name);} //向客户端输出欢迎信息
   catch (IOException e){System.out.println (e.toString ());}
   finally{System.out.println ("Closing Connection...\n");}
   //关闭连接
    try{
      br.close ();
      pw.close ();
      s.close ();
    }
    catch (IOException e){ }
   }//run方法结束
}
```

【例 16-4】多线程 Socket 通信客户端的实例。

```
// SSClient.java
import java.io.*;
import java.net.*;
public class SSClient
{
  //定义从键盘读入字符串的方法
  static String readString()
  {
     BufferedReader br= new BufferedReader(
            new InputStreamReader(System.in), 1);
     String string = "";
     try{
         string = br.readLine();
     }
     catch (IOException ex){System.out.println(ex);}
         return string;
     }
  public static void main (String [] args)
  {
   String host = "127.0.0.1";
   BufferedReader br = null;
   PrintWriter pw = null;
   Socket s = null;
   try{
       s = new Socket (host, 8888); //创立一个端口号为8888的Socket
       InputStreamReader isr = new InputStreamReader (s.getInputStream ());
       br = new BufferedReader (isr);
       pw = new PrintWriter (s.getOutputStream (), true);
       System.out.println("请输入您的姓名："); //输入姓名
       String name=readString();
       pw.println (name); //向服务器发送数据
       //向控制台输出服务器端输送过来的欢迎信息
       System.out.println (br.readLine ());
```

```
    }//try 结束
    catch (IOException e){System.out.println (e.toString ());}
    finally{    //关闭连接
      try{ br.close ();
          pw.close ();
      s.close ();
      }
      catch (IOException e){}
     }
    }
   }
```

2. 代码分析

SSServer 的源代码声明了两个类：SSServer 和 ServerThread；SSServer 的 main( )方法创建了一个 ServerSocket 对象，SSServer 进入一个无限循环中，调用 ServerSocket 的 accept( )方法来等待连接请求，当接收到连接请求则启动一个后台线程处理客户程序的连接请求(accept( )返回的请求)。线程由 ServerThread 类对象的 start( )方法开始，并执行 ServerThread 类的 run( )方法中的代码。

在开始运行 SSServer 后，就可以运行一个或多个 SSClient 程序，服务器端的输出如图 16-4 所示。

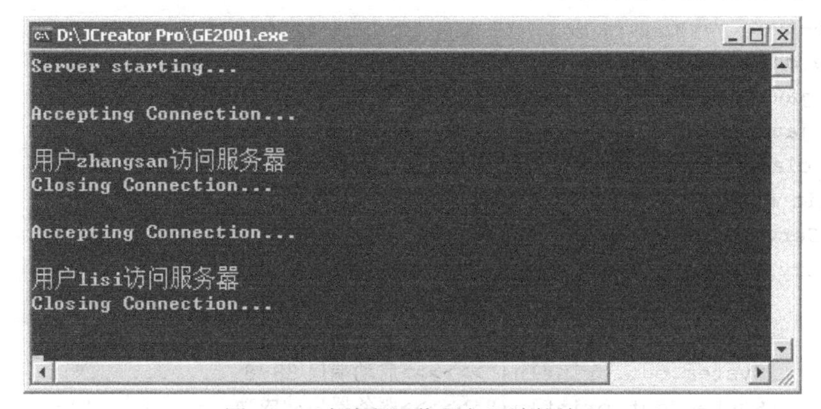

图 16-4　多线程通信服务器端的输出

例 16-4 中定义了类 SSClient，在类 SSClient 的 main( )方法中创建了一个 Socket 对象，与运行在端口 8888 的服务器程序联系。获得 Socket 的输入/输出流后，从键盘输入信息，通过输出流向服务器输出；通过输入流从服务器接收数据后，向控制台输出。客户端 1 的输出如图 16-5 所示。

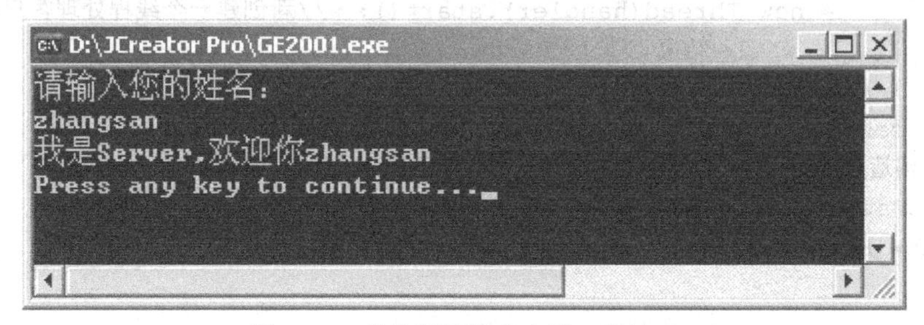

图 16-5　多线程通信客户端 1 的输出

客户端 2 的输出如图 16-6 所示。

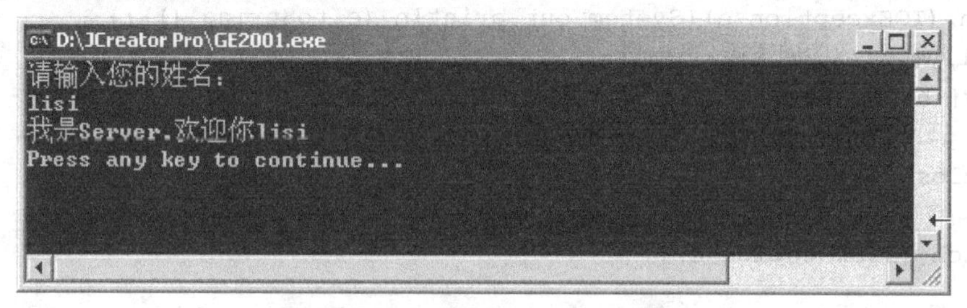

图 16-6 多线程通信客户端 2 的输出

16.4 项 目 学 做

(1) 在 Eclipse 的 ch16 项目中新建一个文件夹 webapps，在这个文件夹中新建两个 HTML 文件(可以创建多个)，分别是 index.html 和 hello.html，并添加相应的内容。webapps 是 Http 服务器用来存放 HTML 文件的目录。

(2) 在 Eclipse 的 ch16 项目中新建一个包 ch16.project2，在包中创建 HTTP 服务器类 HttpServer。具体代码如下：

【例 16-5】 HTTP 服务器程序。

```
//HttpServer.java
package ch16.project2;
import java.net.*;
import java.io.*;
public class HttpServer {
   public HttpServer(){
       ServerSocket server=null;
       try {
           server=new ServerSocket(8888);//建立监听，端口是 8888
           System.out.println(">>>>>>服务器正在启动........");
           System.out.println(">>>>>>启动端口 8888...........");
           System.out.println(">>>>>>服务器启动成功..........");
           while(true){  //无限循环，接收客户的请求
               Socket sc=server.accept();  //获得客户的请求
               System.out.println("接收来自："
                   +sc.getInetAddress().getHostName()+"的请求");
               Handler handler=new Handler(sc);//处理每个客户端请求的
               new Thread(handler).start();  //新创建一个线程处理客户的请求
           }//while 结束
       } //try 结束
       catch (IOException e) {e.printStackTrace();}
   }//构造方法结束
  public static void main(String[] args) {
      new HttpServer();
  }
}
```

(3) 创建用于处理客户端请求的 Handler 类，具体代码如下：

【例 16-6】HTTP 服务器中处理客户端请求的 Handler 类。

```
//Handler.java
package ch16.project2;
import java.io.*;
import java.net.*;
public class Handler implements Runnable {
  private Socket sc;//定义 Socket 类
  public Handler(Socket sc) {
        this.sc = sc;
 }
 public void run() {
     BufferedReader request = null;
     OutputStream out = null;
     try {
         //获得客户端输入流(HTTP 客户端请求的信息)
         request = new BufferedReader(
                  new InputStreamReader(sc.getInputStream()));
         out = sc.getOutputStream();
         String str="";
         //while((str=request.readLine())!=null){
         //获得 HTTP 请求的所有信息
         //System.out.println(str);
         //}
         str = request.readLine();//读取 HTTP 请求信息的第一行
         if (str.indexOf("GET") > -1) {//如果是 GET 请求
             String fileName = str.replace("GET", "");//获得请求的文件名
             fileName = fileName.replace("HTTP/1.1", "").trim();
             if (fileName.length()==1) {//如果没有文件名，则默认是 index.html
                 fileName="index.html";
             }
             response(out, fileName);//响应客户端请求的文件
         }
     } catch (IOException e) {
         e.printStackTrace();
     }finally{
         try {
             sc.close();
         } catch (IOException e) {e.printStackTrace();}
     }
  }
  private void response(OutputStream out, String fileName) {
      FileInputStream in=null;
      try {
           //服务器端存放 html 的路径是 webapps，获得请求文件的输入流
           in = new FileInputStream("webapps/" + fileName);
           byte[] buf=new byte[1024];
           int tmp=0;
           //向客户端发送 HTTP 响应状态行信息
```

```
            out.write("HTTP/1.1 200 OK\r\n".getBytes());
            out.write("Content-Type:text/html\r\n\r\n".getBytes());
            while((tmp=in.read(buf))!=-1){  //向客户端发送正文信息
                out.write(buf,0,tmp);
                out.flush();
            }
        } //try结束
    catch (FileNotFoundException e) {
            e.printStackTrace();
            try {
                in.close();
                out.close();
            } catch (IOException e) {e.printStackTrace();}
        }
      }
    }
```

(4) 测试结果：首先运行 HttpServer，然后打开本机浏览器，在地址栏中输入

```
http://localhost:8888/hello.html
```

浏览器将显示 hello.html 文件的内容。

16.5 知 识 拓 展

UDP 协议(User Datagram Protocol，用户数据报协议)，主要用来支持那些需要在计算机之间传输数据的网络应用。它是一种面向非连接的协议，在正式通信前不必与对方先建立连接，直接发送数据。因此，采用 UDP 协议不能保证对方接收到数据，是一种不可靠协议。但是，UDP 协议仍然不失为一项非常实用和可行的网络传输层协议。尤其是在实时交互的场合，如网络游戏、视频会议、网络聊天等，UDP 协议更具有极强的威力。

UDP 协议和 TCP 协议的主要区别是两者在如何实现信息的可靠传递方面不同。TCP 协议中包含专门的传递保证机制，当数据接收方收到发送方传来的信息时，会自动向发送方发出确认消息；发送方只有在接收到该确认消息之后才继续传送其他信息，否则将一直等待直到收到确认信息为止。因此，TCP 协议保证了传输的准确。

UDP 协议适用于一次传递少量数据、对可靠性要求不高的环境，因为它没有建立连接的过程，因此它的通信效率高，但也正因为如此，它的可靠性不如 TCP 协议高。

Java 的 UDP 编程主要有两个类，一个是 DatagramSocket，它是 Socket(套接字)对象管理类，负责接收和发送数据。计算机之间是通过各自的 DatagramSocket 来传递数据的，没有客户端和服务器的概念。因此，DatagramSocket 本身类似邮局的功能。另一个类是 DatagramPacket，UDP 的数据包用于传输数据，类似于邮局中的邮寄包裹。

1．示例代码

【例 16-7】UDP 协议接收数据的程序。

```
//UDPReceive.java
package ch16.project3.example;
import java.net.*;
public class UDPReceive{
  public static void main(String[] args) {
```

```
    System.out.println("UDPReceive 启动，端口 8888.........");
    DatagramSocket ds = null;
    try {
        ds = new DatagramSocket(8888); //创建 DatagramSocket 用于发送数据
        byte[] buf=new byte[124]; //创建接收数据的字节数组
        DatagramPacket dp =
            new DatagramPacket(buf,buf.length); //创建 DatagramPacket
        System.out.println("UDPReceive 等待接收数据.........");
        ds.receive(dp);// 接收数据报包
        //将接收的数据转换成字符串
        String msg=new String(buf,0,dp.getLength());
        String ip=dp.getAddress().getHostAddress();//获得传输方的 IP 地址
        System.out.println("UDPReceive 接收来自"+ip+"的信息: "+msg);
    } catch (Exception e) {e.printStackTrace();}
    finally{ds.close();}
  }//main 方法结束
}
```

【例 16-8】UDP 协议发送数据程序。

```
// UDPSend.java
package ch16.project3.example;
import java.net.*;
public class UDPSend {
   public static void main(String[] args) {
      System.out.println("UDPSend 启动.........");
      DatagramSocket ds = null;
      try {
          ds = new DatagramSocket();//创建 DatagramSocket 用于发送数据
          String str = "Hello World";
          //创建 DatagramPacket，将数据转换成字节数组，
          //提供发送方的 IP 地址和端口号
          DatagramPacket dp = new DatagramPacket(str.getBytes(),
                  str.getBytes().length,
                  InetAddress.getByName("127.0.0.1"),8888);
          ds.send(dp);//数据发送
          System.out.println("UDPSend 发送成功.........");
      } catch (Exception e) {e.printStackTrace();}
       finally{ds.close();}
   }
}
```

2. 代码分析

Java 的 UDP 通信协议是通过 DatagramSocket 完成的，DatagramSocket 主要有 3 种构造方式。

- DatagramSocket( )：构造数据报套接字并将其绑定到本地主机上任何可用的端口。
- DatagramSocket(int port)：创建数据报套接字并将其绑定到本地主机上的指定端口。
- DatagramSocket(int port, InetAddress laddr)：创建数据报套接字，将其绑定到指定的本地地址。

本次程序采用的是第二种方式，将套接字绑定到 8888 端口上。DatagramSocket 主要用于接收和发送数据，具体接收和发送的数据报包是 DatagramPacket。DatagramPacket 的主要构造方法如下：

- DatagramPacket(byte[] buf, int length, InetAddress address, int port)：构造数据报包，用来将长度为 length 的包发送到指定主机上的指定端口号。
- DatagramPacket(byte[] buf, int length)：构造 DatagramPacket，用来接收长度为 length 的数据包。

本次程序采用第二种方式创建 DatagramPacket 对象，给出用于接收数据的具体字节数组和大小，通过调用 DatagramSocket 的方法 receive( )等待数据报的到来，在数据到来前，程序将一直处于等待状态，直到收到一个数据报为止。

启动应用程序如图 16-7 所示。

```
UDPReceive [Java Application] E:\eclipse-3.5.2\jdk\b
UDPReceive启动，端口8888..........
UDPReceive等待接收数据..........
```

图 16-7　UDP 协议等待接收数据

发送数据的程序与接收数据的程序类似，由于是发送程序，因此 DatagramSocket 创建时不需要指定端口号。通过采用 DatagramPacket 的第一种构造方法，将发送的数据转换为字节数组、指定数组的大小，通过 InetAddress 类指定发送的 IP 地址和端口号(注意这个端口号和接收程序的 DatagramSocket 的端口号要一致)。调用 DatagramSocket 的 send( )方法，将创建好的数据报包发送给接收程序，接收程序将接收数据报包，并且将结果输出到控制台。运行发送数据程序，具体结果如图 16-8 和图 16-9 所示。

```
<terminated> UDPSend [Java Application] E:\eclipse-3.5.2\jdk\bin\javaw.exe (
UDPSend启动..........
UDPSend发送成功..........
```

图 16-8　UDP 协议发送数据

```
<terminated> UDPReceive [Java Application] E:\eclipse-3.5.2\jdk\bin\javaw.exe (
UDPReceive启动，端口8888..........
UDPReceive等待接收数据..........
UDPReceive接收来自127.0.0.1的信息：Hello World
```

图 16-9　UDP 协议接收数据

3．知识点

① Java 的 UDP 协议是通过建立双方的 DatagramSocket 进行数据通信，DatagramSocket 的 send( )方法用来发送数据报包，receive( )方法用来接收数据报包。

② DatagramPacket 代表数据报包，发送和接收的数据是封装在 DatagramPacket 传输的。

16.6　强 化 训 练

采用网络编程的技术自制一个聊天室。

16.7 课 后 练 习

1．流套接字在通信过程中包括 3 个相关的类，分别是_______、_______和________。

2．数据报套接字在通信过程中包括 3 个相关的类，分别是________、________和_______。

3．下列哪一个不属于数据报套接字的工作中相关的类(　)。

A) DatagramPacket　　B) DatagramSocket　　C) MulticastSocket　　D) InetAddress

4.Socket 和 ServerSocket 是 Java 网络类库提供的两个类，它们位于下列哪一个包( )。

A) java.net　　B) java.io　　C) java.net.ftp　　D) java.util

5．如何判断一个 ServerSocket 已经与特定端口绑定，并且还没有被关闭(　)。

A) boolean isOpen=serverSocket.isBound( );

B) boolean isOpen=!serverSocket.isClosed( );

C) boolean isOpen=serverSocket.isBound( ) && !serverSocket.isClosed( );

D) boolean isOpen=serverSocket.isBound( ) && serverSocket.isConnected( );

6．编写一个使用 TCP/IP 协议建立线程通信的 Java 应用程序，要求服务器端与客户端均具有发送与接收信息的功能，由服务器端向客户端发送的信息是“东软信息学院”，客户端接收该信息后将其修改为“东软信息大学”，然后再发送给服务器端。

提示：

(1) 编写客户端和服务器两个类都要实现 Runnable 接口，所有操作在 run( )方法中实现。

(2) 要创建客户端和服务器两个线程，输入/输出时分别调用 getInputStream( )和 getOutputStream( )。

第 17 章　商品信息管理系统

【本章概述】本章以项目为导向，通过编写一个简单商品信息管理系统程序介绍了 JDBC 编程接口的用法。通过本章的学习，读者能够了解 JDBC 的基本概念，掌握 JDBC 中 Connection、Statement 和 ResultSet 类的用法，掌握使用 JDBC 访问数据库的步骤。

【教学重点】JDBC 访问数据库的步骤。

【教学难点】JDBC 访问数据库的步骤。

【学习指导建议】学习者应首先通过学习【技术准备】，了解 Java 中 JDBC 编程接口的用法。通过学习本章的【项目学做】完成本章的项目，理解和掌握 JDBC 访问数据库的基本方法和过程。通过【强化训练】巩固对本章知识的理解。最后通过【课后习题】进行学习效果测评，检验学习效果。

17.1　项 目 任 务

编写一个简单的商品信息管理系统程序，该程序能够实现基本商品信息的添加、修改、删除和查询等管理功能。要求商品信息保存在数据库服务器中，程序通过 JDBC 访问数据库服务器。

17.2　项 目 分 析

1．项目完成思路

通过 Java 应用程序完成商品信息管理需要完成以下工作：

(1) 项目运行后弹出如图 17-1 所示的“商品信息管理”初始界面；

(2) 使用 JDBC 建立与数据库的连接；

(3) 读取用户在界面输入的数据，并利用 JDBC 完成对数据库的添加、删除和修改等更新操作；

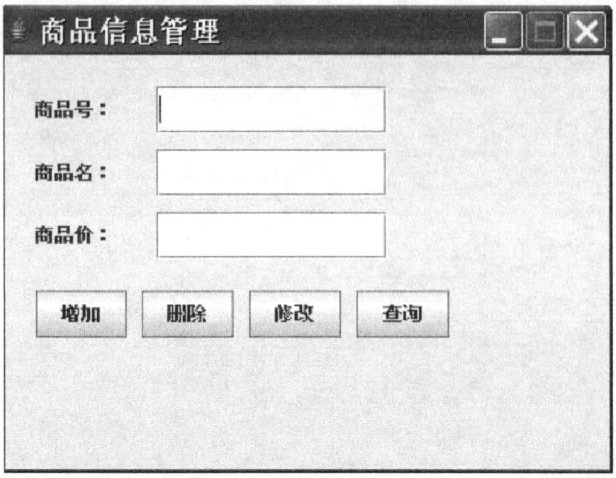

商品信息管理

商品号：

商品名：

商品价：

增加　删除　修改　查询

图 17-1　商品信息管理主界面

(4) 当用户输入信息后，单击“查询”按钮时，利用 JDBC 完成对数据库的查询操作；

(5) 将查询结果显示在如图 17-2 所示的对话框中，如果查询失败，则弹出如图 17-3 所示的对话框。

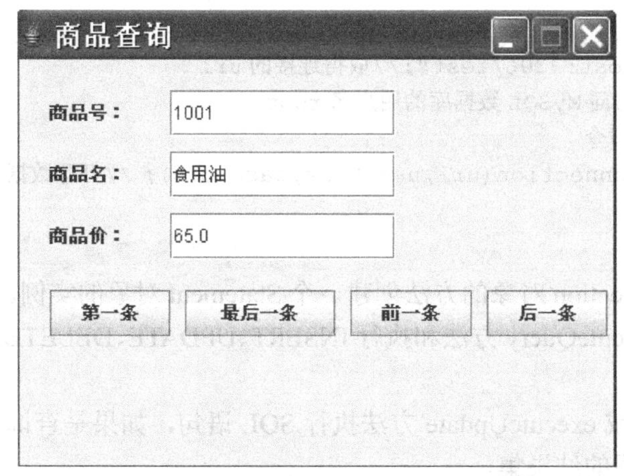

图 17-2　商品查询主界面

图 17-3　查询失败弹出提示对话框

2. 需要解决的问题

(1) 如何利用 JDBC 建立与数据库的连接？

(2) 如何利用 JDBC 完成对数据库的更新操作？

(3) 如何利用 JDBC 完成对数据库的查询操作，并获取查询的结果？

(4) 当对数据库操作错误时，如何进行处理？

17.3 技 术 准 备

17.3.1 JDBC 技术

JDBC(Java DataBase Connectivity，Java 数据库连接)是 Java 程序连接和存取数据库的应用程序接口(API)，它由一组用 Java 语言编写的类与接口组成。通过 JDBC 提供的方法，用户能够以一致的方式连接多种不同的数据库系统，而不必再为每一种数据库系统编写不同的 Java 程序代码。JDBC 连接数据库之前，必须先装载特定厂商提供的数据库驱动程序(Driver)，通过 JDBC 通用的 API 访问数据库。

JDBC 是一组由 Java 语言编写的类和接口，其 API 包含在 java.sql 和 javax.sql 两个包中。JDBC API 可分为两个层次：面向底层的 JDBC Driver API 和面向程序员的 JDBC API。

使用 JDBC 查询存储在数据库中的数据包括 5 个基本操作步骤。

(1) 在应用程序中加载驱动程序

首先要在应用程序中加载驱动程序 driver，使用 Class.forName( )方法加载特定的驱动程序，每种数据库管理系统的驱动程序不同，由数据库厂商提供。

例如，加载的 MySQL 的语句是：

```
Class.forName("com.mysql.jdbc.Driver"); //加载 MySQL 的 JDBC 驱动
```

(2) 建立数据库连接

通过 DriverManager 类的 getConnection( )方法获得表示数据库连接的 Connection 类对象。

该方法以一个数据库的 String 类型的 URL 为参数，返回一个连接数据库的接口类 Connection。数据源名称格式为“jdbc:mysql://localhost:3306/test”，第二个参数为用户名，第三个参数为密码。

创建的实例语句是：

```
String url = "jdbc:mysql://localhost:3306/test";//取得连接的 url
String userName = "root";//使用能访问 MySQL 数据库的用户名 root
String password = "mysql"; //使用口令
Connection con=DriverManager.getConnection(url,userName,password); //打开数据库连接
```

(3) 生成语句对象

获取 Connection 对象以后，可以用 Connection 对象的方法创建一个 Statement 对象的实例。Statement 对象可以执行 SELECT 语句的 executeQuery 方法和执行 INSERT、UPDATE、DELETE 语句的 executeUpdate 方法。

调用 Statement 对象中的 executeQuery 或 executeUpdate 方法执行 SQL 语句，如果是查询语句，则要定义一个 ResultSet 对象接收返回的结果集。

创建的实例语句是：

```
Connection con = getConnection();//取得数据库的连接
Statement stmt = con.createStatement();//创建一个声明，用来执行 SQL 语句
```

(4) 利用语句对象进行数据库操作

返回的结果及对象 ResultSet 包含一些用来从结果集中获取数据并保存到 Java 变量中的方法。主要包括 next 方法，用于移动结果集游标，逐行处理结果集；getString、getInt、getDate、getDouble 等方法，用于将数据库中的数据类型转换为 Java 的数据类型。

```
String query = "select * from student";//执行查询数据库的 SQL 语句
ResultSet rs = stmt.executeQuery(query); //返回一个结果集
```

可以使用 while 循环语句来遍历整个结果集。分析结果集的基本框架如下：

```
while(rs.next())
{
    处理结果集;
}
```

(5) 关闭使用完的对象

使用与数据库相关的对象非常消耗内存，因此在数据库访问后要关闭与数据库的连接，同时还应该关闭 ResultSet、Statement 和 Connection 等对象。可以使用每个对象自己的 close( )方法完成。

```
rs.close();//关闭数据集
stmt.close();//关闭语句
con.close();//关闭连接
```

17.3.2 JDBC 驱动

目前比较常见的 JDBC 驱动程序可分为以下 4 个种类。

(1) JDBC-ODBC 桥加上 ODBC 驱动程序

JDBC-ODBC 桥产品利用 ODBC 驱动程序提供 JDBC 访问。

(2) 本地 API

这种类型的驱动程序把客户机 API 上的 JDBC 调用转换为 Oracle、Sybase、Informix、DB2

或其他 DBMS 的调用。这种驱动方式将数据库厂商的特殊协议转换成 Java 代码及二进制类码，使 Java 数据库客户方与数据库服务器方通信。

(3) JDBC 网络纯 Java 驱动程序

这种驱动程序将 JDBC 转换为与 DBMS 无关的网络协议，之后这种协议又被某个服务器转换为一种 DBMS 协议。服务器中间件能够将它的纯 Java 客户机连接到多种不同的数据库上。数据库客户以标准网络协议(如 HTTP、SHTTP)同数据库访问服务器通信，数据库访问服务器然后翻译标准网络协议成为数据库厂商的专有特殊数据库访问协议与数据库通信。

(4) 本地协议纯 Java 驱动程序

这种类型的驱动程序将 JDBC 调用直接转换为 DBMS 所使用的网络协议，这将允许从客户机机器上直接调用 DBMS 服务器。这种方式也是纯 Java driver。数据库厂商提供了特殊的 JDBC 协议，使 Java 数据库客户与数据库服务器通信。

4 种类型驱动程序如图 17-4 所示。

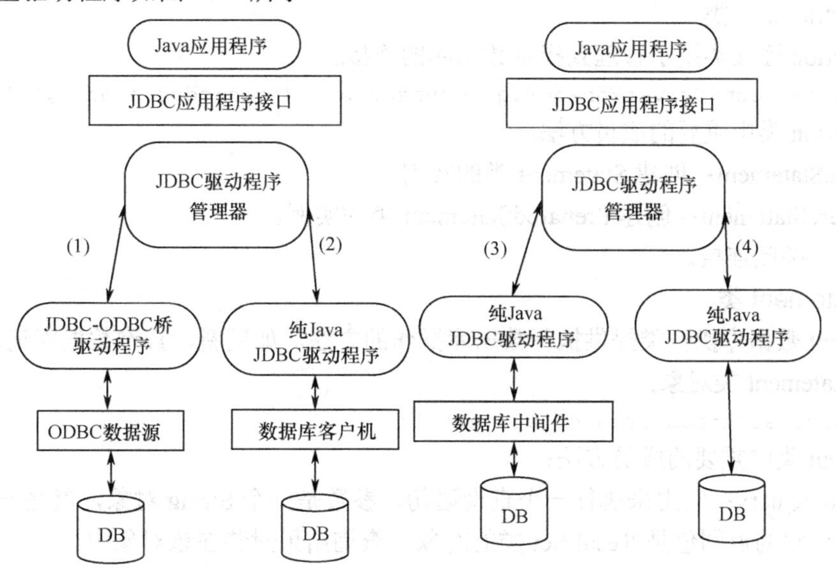

图 17-4　四种类型的 JDBC 驱动程序

17.3.3　JDBC 中主要的类及常用方法

使用 JDBC 编写访问数据库的应用程序，需要经过加载数据库驱动程序、创建连接、创建 Statement 对象、发送 SQL 语句、解析操作结果等步骤，它们由 JDBC API 中一组类的方法实现。主要的类如下：

1. Class 类

Class 类全称 java.lang.Class，是 Java 的一个类。Java 程序运行时，会自动创建程序中的每个类的 Class 对象，通过 Class 类的方法，可以得到程序中每个类的信息。

Class 类定义的成员方法：

- public static Class forName(String className)：该方法根据给定的字符串参数返回相应的 Class 对象。

例如：

```
Class.forName(sun.jdbc.odbc.JdbcOdbcDriver);//加载指定名称(JDBC-ODBC 桥)的驱动程序
```

● public String getName( )：返回类名。

例如：

```
String str="This is a String"; System.out.println(str.getClass().getName());
```

2．DriverManager 类

DriverManager 驱动程序管理器类在用户程序和数据库系统之间维护着与数据库驱动程序之间的连接。它实现驱动程序的装载、创建与数据库系统连接的 Connection 类对象。

DriverManager 类定义的静态成员方法：

● public static Connection getConnection(String url, String user, String password)：根据 url(数据库的 JDBC-ODBC 桥名称)、数据库登录的用户名、密码获取一个数据库的连接对象。

例如：

```
DriverManager.getConnection("jdbc:odbc:sinfo"," "," ") ;//创建 Connection 类对象，jdbc:odbc 固定格式，sinfo 是数据源
```

3．Connection 类

Connection 连接类用于管理到指定数据库的连接。

```
Connection con=DriverManager.getConnection ("jdbc:odbc:sinfo"," "," ");
```

Connection 类中重要的成员方法：

● createStatement：创建 Statement 类的实例。

● prepareStatement：创建 PreparedStatement 类的实例。

● close：关闭连接。

4．Statement 类

Statement 数据库操作类提供执行数据库操作的方法，如更新、查询数据库记录等。

创建 Statement 类对象：

```
Statement stmt=con.createStatement();
```

Statement 类中重要的成员方法：

● executeQuery：它用来执行一个查询语句，参数是一个 String 对象，就是一个 SELECT 语句。它的返回值是 ResultSet 类的对象，查询结果封装在该对象中。

例如：

```
stmt.executeQuery("select*from users where username='张三' and password='123' ");
```

● executeUpdate：它用来执行更新操作，参数是一个 String 对象，即一个更新数据表记录的 SQL 语句。使用它可以对表中的记录进行修改、插入和删除等操作。

例如：

```
stmt.executeUpdate("INSERT INTO users(username,password) values('刘青', 'aaa') ");
stmt.executeUpdate("UPDATE users set password='bbb'where username='张三'");
stmt.executeUpdate("DELETE from users where username='李四'");
```

使用它还可以创建和删除数据表及修改数据表结构。例如：

```
stmt.executeUpdate("create table users(id int IDENTITY(1,1),username varchar(20))");
stmt.executeUpdate("drop table users");
stmt.executeUpdate("alter table users add column type char(1)");
stmt.executeUpdate("alter table users drop column type");
```

● close：关闭 Statement 对象。

5. ResultSet 类

ResultSet 结果集类提供对查询结果集进行处理的方法。

例如：

```
ResultSet rs=stmt.executeQuery("select * from users");
```

ResultSet 对象维持着一个指向表格的行的指针，开始时指向表格的起始位置(第一行之前)。

ResultSet 类常用的方法：

- next：光标移到下一条记录，返回一个布尔值。
- previous：光标移到前一条记录。
- getXXX：获取指定类型的字段的值。调用方式 getXXX("字段名") 或 getXXX(int i)。i 值从 1 开始表示第一列的字段。
- close：关闭 ResultSet 对象。

例如：

```
while(rs.next()){
      id=rs.getInt(1);username=rs.getString("username");
}
```

17.3.4 PreparedStatement 对象

PreparedStatement 对象继承了 Statement，但 PreparedStatement 语句中包含警告预编译的 SQL 语句，因此可以获得更高的执行效率。

虽然使用 Statement 可以对数据库进行操作，但它只适用于简单的 SQL 语句。如果需要执行带参数的 SQL 语句，我们则必须利用 PreparedStatement 类对象。PreparedStatement 对象用于执行带或不带输入参数的预编译的 SQL 语句，语句中可以包含多个用问号代表的字段，在程序中可以利用 setXXX 方法设置该字段的内容，从而增强了程序设计的动态性。

例如，要查询编号为 1 的人员信息，可用以下代码段：

```
ps=con. PreparedStatement("select id,name from person where id=?");
ps.setInt(1,1);
rs=ps.executeQuery();//查询表格，取得返回的数据集
```

接着当需查询编号为 2 的人员信息时，仅需以下代码：

```
ps.setInt(1,1);
rs=ps.executeQuery();//查询表格，取得返回的数据集
```

PreparedStatement 同 Statement 对象一样，提供了很多基本的数据库操作方法，下面列出了执行 SQL 命令的 3 种方法。

- ResultSet executeQuery(String sql)：可以执行 SQL 查询并获取 ResultSet 对象。
- int executeUpdate(String sql)：可以执行 Update /insert/delete 操作，返回值是执行该操作所影响的行数。
- boolean execute(String sql)：这是一个最为一般的执行方法，可以执行任意 SQL 语句，然后获得一个布尔值，表示是否返回 ResultSet。

利用 PreparedStatement 对象执行数据库的代码如下：

```
public static void main(String[]  args){
  Connection  con=null;
  PreparedStatement  ps=null;
```

```
    ResultSet  rs=null;
  try{
      String  insertStatement="insert  into person(id,name)values(?,?)";
      ps=con.prepareStatement(insertStatement);
      ps.setInt(1,50);
      ps.setString(2,"litao");
      ps.executeUpdate();
      ps=con.prepareStatement("Select * From Person");
      rs=ps.executeQuery(); //查询数据库表，取得返回的数据集
      catch(SQLException e){
      System.out.println("SQLException"+e.getMessage());
      System.exit(1);//终止应用程序
  }
```

17.4 项 目 学 做

17.4.1 身份认证模块

17.4 节源代码 1

(1) 定义 UserLogin 类，构造基本的登录用户界面，添加相应的组件。具体程序请扫描二维码“17.4 节源代码 1”。

17.4 节源代码 2

(2) 定义构造方法，设置界面及面板布局，在面板上添加相应的标签和按钮组件，为按钮组件注册事件监听器。具体程序请扫描二维码“17.4 节源代码 2”。

17.4 节源代码 3

(3) 定义监听器事件处理方法，在处理方法中通过 JDBC 加载驱动、数据库的连接、生成语句对象、对数据库的查询操作，根据结果集在相应的标签组件中判断用户名是否合法。具体程序请扫描二维码“17.4 节源代码 3”。

(4) 定义 UserLogin 类的主函数，创建 UserLogin 类的对象同时调用 UserLogin 类的构造方法。

```
public static void main(final String[] args) {
               new UserLogin();
}
```

17.4.2 商品信息维护模块

17.4 节源代码 4

(1) 首先在 Eclipse 中创建一个包名 goods，在包中创建连接 MySQL 数据库的 JdbcConnection 类。具体程序请扫描二维码“17.4 节源代码 4”。

(2) 在 goods 包中创建 InsertData 的类，实现增、删、改的主要功能，可参考下面的代码实现。

17.4 节源代码 5

① 商品信息管理主页面

初始界面是使用 Swing 组件实现的 GUI，具体程序请扫描二维码“17.4 节源代码 5”。

②【增加】按钮的事件处理程序

在主页面中填写商品编号、商品名称及商品价格后，单击【增加】按钮弹出增加记录的对

话框，单击【确定】按钮完成添加功能。运行效果如图 17-5 所示。具体程序请扫描二维码“17.4 节源代码 6”。

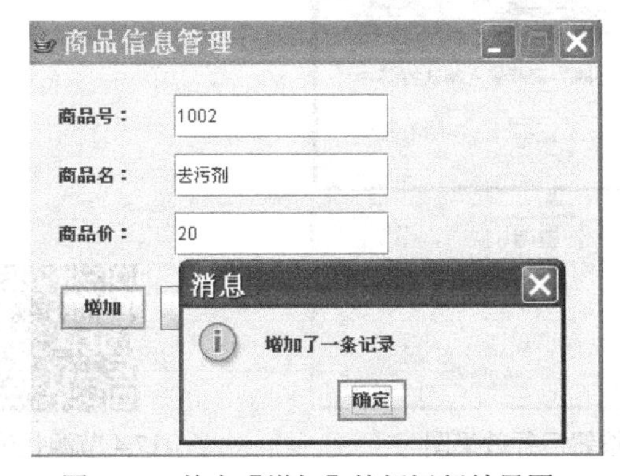

图 17-5　单击【增加】按钮运行效果图

17.4 节源代码 6

③【修改】按钮的事件处理程序

在主页面中对上面添加的信息进行修改，单击【修改】按钮弹出修改记录的对话框，单击【确定】按钮完成修改功能。运行效果如图 17-6 所示。具体程序请扫描二维码“17.4 节源代码 7”。

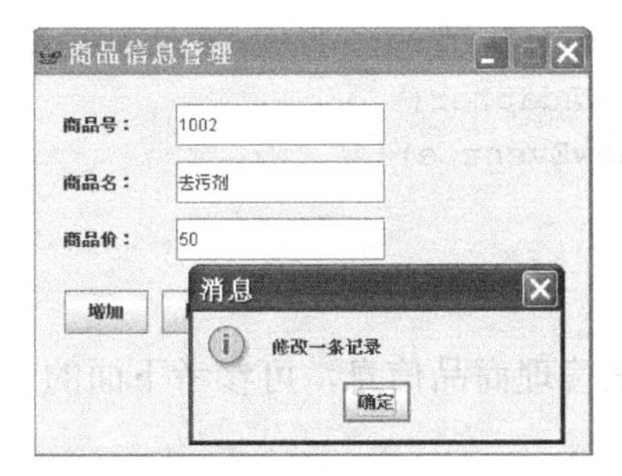

图 17-6　单击【修改】按钮运行效果图

17.4 节源代码 7

④【删除】按钮的事件处理程序

在主页面中对显示的商品信息进行删除，单击【删除】按钮弹出删除记录的对话框，单击【删除】按钮完成删除功能。运行效果如图 17-7 所示。具体程序请扫描二维码“17.4 节源代码 8”。

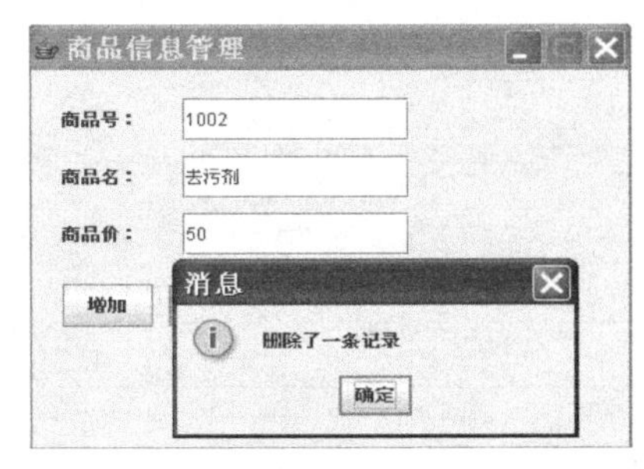

图 17-7　单击【删除】按钮运行效果图

17.4 节源代码 8

⑤【查询】按钮的事件处理程序

如果没有填写商品信息直接单击【查询】按钮，则弹出“信息不能为空或输入格式错误”对话框，单击【确定】按钮回到主界面。运行效果如图 17-8 所示。具体程序请扫描二维码“17.4 节源代码 9”。

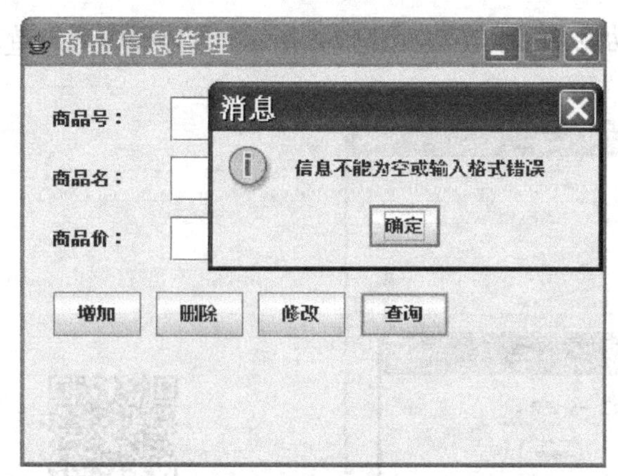

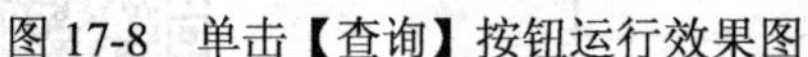
图 17-8　单击【查询】按钮运行效果图

17.4 节源代码 9

⑥ 在主界面中填写商品号，单击【查询】按钮，运行效果如图 17-8 所示。具体查询功能代码实现请扫描二维码“17.4 节源代码 10”。

⑦ 该项目中，直接实现了 ActionListener 接口，为各个按钮注册了监听，实现的事件处理程序请扫描二维码“17.4 节源代码 11”。

17.4 节源代码 10

17.4 节源代码 11

⑧ 定义一个窗口的关闭类，当主界面关闭时，商品查询界面自动退出，代码实现如下：

```
class windowclosing extends WindowAdapter{
   public void windowClosing(WindowEvent e){
   System.exit(0);
   }
}
```

(3) 在 goods 包中创建 Shop 的类，用来管理商品信息，可参考下面的代码实现：

```
package goods;
//商品类
public class Shop {
  private String id;
  private String name;
  private double price;
  public Shop(String id, String name, double price) {
    super();
    this.id = id;
    this.name = name;
     this.price = price;
  }
  public Shop() {
  }
  public void setId(String id) {
     this.id = id;
  }
  public String getId() {
     return id;
  }
```

```
    public String getName() {
      return name;
    }
    public void setName(String name) {
     this.name = name;
    }
    public double getPrice() {
     return price;
    }
    public void setPrice(double price) {
     this.price = price;
    }
}
```

17.5 知 识 拓 展

17.5.1 用 JDBC 连接不同的数据库

1. Oracle8/8i/9i(thin 模式)

```
Class.forName("Oracle.jdbc.driver.OracleDriver");
String  url="jdbc:oracle:thin:@localhost:1521:orcl";//orcl 为数据库的 SID
String  user="test";
String  password="test";
Connection  con=DriverManager.getConnection(url,user,password);
```

2. DB2 数据库

```
Class.forName("com.ibm.jdbc.app.DB2Driver");
String  url="jdbc:db2://localhost:5000:sample";// sample 为数据库名
String  user="admin";
String  password="";
Connection  con=DriverManager.getConnection(url,user,password);
```

3. Sybase 数据库

```
Class.forName("com.sybase.jdbc.SybDriver");
String  url="jdbc: Sybase:Tds:localhost:5007//sample";// sample 为数据库名
Properties  sysProps=System.getProperties();
sysProps.put("user","userid");
sysProps.put("password","user_password");
Connection  con=DriverManager.getConnection(url,sysProps);
```

4. SQLServer 数据库

```
Class.forName("Com.microsoft.jdbc.sqlserver.SQLServerDriver");
String  url="Jdbc:Microsoft:sqlserver://localhost:1433//sample";
//sample 为数据库名
String  user="admin";
String  password="admin";
Connection  con=DriverManager.getConnection(url,user,password);
```

17.5.2 JDBC 连接池

进行 JDBC 操作的第一步就是建立数据连接。如果每进行一次数据库操作，都要先做一次连接，那么消耗在建立连接上的时间和资源将大大影响程序的效率。

为了解决这一问题，JDBC 使用“连接池”概念。在“连接池”中，保存了若干个已经建立好的数据连接，每次需要与数据源通信时，如果所需的连接在“连接池”里，那么直接使用这些现成的数据连接即可，从而省去了建立连接的巨大消耗，运行的速度将会大大提高。

下面是一个 JDBC+MySQL 连接池例子，主要实现方法是：使用一个容器(LinkedList)，初始化时设定好连接数，生成 Connection 对象放在容器中，以后每次获取连接时都从容器中获取。但是这样有一个问题，当关闭连接时调用 Connection 的 close( )方法时会直接将 Connection 关闭而不是重新放到容器中。

```
import java.sql.Connection;
import java.sql.DriverManager;
import java.sql.SQLException;
import java.util.LinkedList;
public class MyDataSource{
private static String url = "jdbc:mysql://localhost:3306/jdbc";
  private static String user = "root";
private static String password = "root";
  //初始化连接个数
    private static int initCount = 1;
    //最大连接个数
    private static int maxCount = 1;
    //当前连接个数
    int currentCount = 0;
    /**
     * 使用 linkedList 是由于频繁地对容器进行增加和删除操作,相比 ArrayList 快
     */
LinkedList<Connection> connectionsPool = new LinkedList<Connection>();

    /**
     * 初始化数据连接池中的连接个数
     * @throws ClassNotFoundException
     */
    public MyDataSource() throws ClassNotFoundException {
        Class.forName("com.mysql.jdbc.Driver");
        try {
            for (int i = 0; i < initCount; i++) {
                this.connectionsPool.addLast(this.createConnection());
                this.currentCount++;
            }
        } catch (SQLException e) {
            throw new ExceptionInInitializerError(e);
        }   }
    /**
     * 从数据连接池中获取连接
```

```
 * @return
 * @throws SQLException
 */
public Connection getConnection() throws SQLException {
    synchronized (connectionsPool) {
        if (this.connectionsPool.size() > 0)
            return this.connectionsPool.removeFirst();
          if (this.currentCount < maxCount) {
            this.currentCount++;
            return this.createConnection();
        }
          throw new SQLException("数据库连接异常");
    }   }
/**
 * 连接关闭后返回连接池中
 * @param conn
 */
public void free(Connection conn) {
    this.connectionsPool.addLast(conn);
        }
        /**
 * 创建连接,使用代理模式,实际上生成的不是java.sql.Connection
 * proxy.bind(realConn);返回的是经过封装后的Connection
 * 在调用close()方法时拦截,然后在close()方法中将连接放回连接池而不是直接关闭
 * @return
 * @throws SQLException
 */
private Connection createConnection() throws SQLException {
      Connection realConn=DriverManager.getConnection(url,user,password);
      MyConnectionHandler proxy = new MyConnectionHandler(this);
      return proxy.bind(realConn);
        }
public static void main(String[] args) throws Exception {
    MyDataSource mds = new MyDataSource();
    for(int i=0; i<10; i++) {
        Connection conn = mds.getConnection();
        System.out.println(conn);
        conn.close();
    }
   }
}
```

17.5.3 JDBC 支持事务操作

有时需要对多个数据表进行操作，只有对这几个表的操作都成功时，才能认为整个操作成功，这样的操作称为“事务操作”。如果某一个步骤失败，则之前的各种操作都要取消。这种取消的动作称为“回滚(Rollback)”。

需要注意的是，JDBC 的事务操作是基于同一个数据连接的，各个连接之间互相独立，当

数据连接断开后一个事务就结束了。

下面是 JDBC 事务操作实例，主要代码如下：

```
import java.sql.*;
public class TestTransaction {
  public static void main(String[] args) {
  Connection conn = null;
  Statement stmt = null;
  ResultSet rs = null;
  try{
      Class.forName("com.mysql.jdbc.Driver");
      String url = "jdbc:mysql://localhost:3306/test? user=root&
      password=root";
      conn = DriverManager.getConnection(url);
      stmt = conn.createStatement();
      //将自动提交事务设置为 false
      conn.setAutoCommit(false);
      stmt.addBatch("update person set name = 'maomaocong' where id = 6");
      stmt.addBatch("insert into person values(5,'huixianmaomao')");
      stmt.addBatch("delete from person where id = 5");
      stmt.executeBatch();
      //提交事务以后要恢复事务的自动提交状态
      conn.commit();
      conn.setAutoCommit(true);
      rs = stmt.executeQuery("select * from person");
      while(rs.next()){
      System.out.print(rs.getString(1));
      System.out.println(rs.getString(2));
      }
      }
      catch(ClassNotFoundException e){
      e.printStackTrace();
      }
      catch(SQLException e){
      e.printStackTrace();
      try{
      if(conn != null){
        conn.rollback();
        conn.setAutoCommit(true);
        System.out.println("rollback OK!");
      }
      } catch (SQLException e1){
         e1.printStackTrace();
      }
    }
  }
}
```

17.6 强 化 训 练

设计实现一个简单的图书管理系统，要求该系统能够管理图书、读者和借阅信息，实现对这些信息的添加、删除、修改和查询等基本功能。

17.7 课 后 练 习

一、选择题

1．使用下面 Connection 的哪个方法可以建立一个 PreparedStatement 接口(　　)。

A) createPrepareStatement( )　　B) prepareStatement( )

C) createPreparedStatement( )　　D) preparedStatement( )

2．在 JDBC 中可以调用数据库的存储过程的接口是(　　)。

A) Statement　　B) PreparedStatement

C) CallableStatement　　D) PrepareStatement

3．下面的描述正确的是(　　)。

A) PreparedStatement 继承自 Statement　　B) Statement 继承自 PreparedStatement

C) ResultSet 继承自 Statement　　D) CallableStatement 继承自 PreparedStatement

4．下面的描述错误的是(　　)。

A) Statement 的 executeQuery( )方法会返回一个结果集

B) Statement 的 executeUpdate( )方法会返回是否更新成功的布尔值

C) 使用 ResultSet 中的 getString( )方法可以获得一个对应于数据库中 char 类型的值

D) ResultSet 中的 next()方法会使结果集中的下一行成为当前行

5．如果数据库中某个字段为 numberic 型，则可以通过结果集中的哪个方法获取(　　)。

A) getNumberic( )　　B) getDouble( )

C) setNumberic( )　　D) setDouble( )

二、简答题

1．简述 Class.forName( )的作用。

2．JDBC API 提供的类或接口主要有哪些？

3．简述你对 Statement，PreparedStatement，CallableStatement 的理解。

4．简述 JDBC 提供的连接数据库的几种方法。

5．用 JDBC 编写能实现数据库连接和断开的程序代码。

参考文献

[1] 陈明. Java 语言程序设计课程实践. 北京：清华大学出版社，2009.
[2] 耿祥义. Java 课程设计（第 2 版）. 北京：清华大学出版社，2009.
[3] Liang（美）. Java 编程原理与实践（第 4 版）. 北京：清华大学出版社，2005.
[4] Gary B.Shelly（美）. Java 实例导学. 北京：北京大学出版社，2004.
[5] 杨洪雪. Java 开发入门与项目实战. 北京：人民邮电出版社，2010.

反侵权盗版声明